广联达 计量计价实训系列教程

GUANGLIANDA JILIANG JIJIA SHIXUN XILIE JIAOCHENG

建筑工程计量与计价实训教程（广西版）

JIANZHU GONGCHENG JILIANG YU JIJIA
SHIXUN JIAOCHENG

主　编
宋　芳　广西建设职业技术学院
王全杰　广联达软件股份有限公司
李春玲　广西建设职业技术学院
副主编
朱溢镕　广联达软件股份有限公司
梁　华　广西财经学院
刘丽君　广西城市建设学校
参　编
刘师雨　广联达软件股份有限公司
李　玲　广西建设职业技术学院
阳利君　广西交通职业技术学院
朱金海　广西现代职业技术学院
吴美琼　广西水利电力职业技术学院
周慧玲　广西建设职业技术学院
陈美萍　广西工业职业技术学院
主　审
林贞圳　广西万汇房地产开发有限公司

重庆大学出版社

内容提要

　　本书分建筑工程计量和建筑工程计价两篇。上篇建筑工程计量,详细介绍了如何识图,如何从清单与定额的角度进行分析,确定算什么、如何算的问题;然后讲解了如何应用广联达土建算量软件完成工程量的计算。下篇建筑工程计价,主要介绍了在采用广联达造价系列软件完成土建工程量计算与钢筋工程量计算后,如何完成工程量清单计价的全过程,并提供了报表实例。

　　通过本书的学习,可以让学生掌握正确的算量和组价流程,掌握软件的应用方法,能够独立完成工程量计算和清单计价。

　　本书可作为高校工程造价专业的实训教材,也可作为建筑工程技术、工程管理等专业的教学参考用书,以及岗位技能培训教材或自学用书。

图书在版编目(CIP)数据

建筑工程计量与计价实训教程:广西版／宋芳,王全杰,李春玲主编．—重庆:重庆大学出版社,2014.11(2017.1 重印)

广联达计量计价实训系列教程

ISBN 978-7-5624-8665-7

Ⅰ.①建… Ⅱ.①宋… ②王… ③李… Ⅲ.①建筑工程—计量—教材②建筑造价—教材 Ⅳ.①TU723.3

中国版本图书馆 CIP 数据核字(2014)第 263304 号

广联达计量计价实训系列教程

建筑工程计量与计价实训教程

(广西版)

主　编　宋　芳　王全杰　李春玲
副主编　朱溢镕　梁　华　刘丽君
责任编辑:桂晓澜　　版式设计:桂晓澜
责任校对:谢　芳　　责任印制:赵　晟

＊

重庆大学出版社出版发行
出版人:易树平
社址:重庆市沙坪坝区大学城西路 21 号
邮编:401331
电话:(023) 88617190　88617185(中小学)
传真:(023) 88617186　88617166
网址:http://www.cqup.com.cn
邮箱:fxk@ cqup.com.cn (营销中心)
全国新华书店经销
万州日报印刷厂印刷

＊

开本:787mm×1092mm　1/16　印张:18.25　字数:456千
2014 年 11 月第 1 版　　2017 年 1 月第 3 次印刷
印数:6 001—9 000
ISBN 978-7-5624-8665-7　定价:39.00 元

编审委员会

再版说明

近年来,每次与工程造价专业的老师交流时,大家都希望能够有一套广联达造价系列软件的实训教材——帮助老师们切实提高教学效果,让学生真正掌握使用软件编制造价的技能,从而满足企业对工程造价人才的需求,达到"零适应期"的应用教学目标。

围绕工程造价专业学生"零适应期"的应用教学目标,我们对150多家企业进行了深度调研,包括:建筑安装施工企业69家、房地产开发企业21家、工程造价咨询企业25家、建设管理单位27家。通过调研,我们分析总结出企业对工程造价人才的四点核心要求:

1.识读建筑工程图纸能力	90%
2.编制招投标价格和标书能力	87%
3.造价软件运用能力	94%
4.沟通、协作能力强	85%

同时,我们还调研了近300家院校,包括本科、高职高专、中职等;从中我们了解到,各院校工程造价实训教学的推行情况,以及对软件实训教学的期待:

1.进行计量计价手工实训	98%
2.造价软件实训教学	85%
3.造价软件作为课程教学	93%
4.采用本地定额与清单进行实训教学	96%
5.合适图纸难找	80%
6.不经常使用软件,对软件功能掌握不熟练	36%
7.软件教学准备时间长、投入大,尤其需要编制答案	73%
8.学生的学习效果不好评估	90%
9.答疑困难,软件中相互影响因素多	94%
10.计量计价课程要理论与实际紧密结合	98%

从本次面向企业和学校展开的广泛交流与调研中,我们得到如下结论:

1.工程造价专业计量计价实训是一门将工程识图、工程结构、计量计价等相关课程的知识、理论、方法与实际工作结合的应用性课程。

2.工程造价技能需要实践。在工程造价实际业务的实践中,能够更深入领会所学知识,全面透彻理解知识体系,做到融会贯通,知行合一。

3.工程造价需要团队协作。随着建筑工程规模的扩大,工程多样性、差异性、复杂性的提高,工期要求越来越紧,工程造价人员需要通过多人协作来完成项目;因此,造价课程的实践需要以团队合作方式进行,在过程中培养学生与人合作的团队精神。

工程计量与计价是造价人员的核心技能,计量计价实训课程是学生从学校走向工作岗位的练兵场,架起了学校与企业的桥梁。

计量计价课程的开发团队需要企业业务专家、学校优秀教师、软件企业金牌讲师三方的精诚协作,共同完成。业务专家以提供实际业务案例、优秀的业务实践流程、工作成果要求为重点;教师以教学方式、章节划分、课时安排为重点;软件讲师则以如何应用软件解决业务问题、软件应用流程、软件功能讲解为重点。

依据计量计价课程本地化的要求,我们组建了由企业、学校、软件公司三方专家构成的地方专家编委员会,确定了课程编制原则:

1. 培养学生工作技能、方法、思路;

2. 采用实际工程案例;

3. 以工作任务为导向,任务驱动的方式;

4. 加强业务联系实际,包括工程识图、从定额与清单两个角度分析算什么、如何算;

5. 以团队协作的方式进行实践,加强讨论与分享环节;

6. 课程应以技能培训的实效作为检验的唯一标准;

7. 课程应方便教师教学,做到好教、易学。

教材中业务分析由各地业务专家及教师编写,软件操作部分由广联达公司讲师编写,课程中各阶段工程由专家及教师编制完成(广联达公司审核),教学指南、教学 PPT、教学视频由广联达公司组织编写并录制,教学软件需求由企业专家、学校教师共同编制,教学相关软件由广联达软件公司开发。

本教程编制框架分为 7 个部分:

1. 图纸分析,解决识图的问题;

2. 业务分析,从清单、定额两个方面进行分析,解决本工程要算什么以及如何算的问题;

3. 如何应用软件进行计算;

4. 本阶段的实战任务;

5. 工程实战分析;

6. 练习与思考;

7. 知识拓展。

在上述调研分析的基础上,广联达组织编写了第一版 4 本实训教材。教材上市两年多来,销售超过 10 万册,使用反响良好,全国大多高等职业院校采用此实训教程作为工程造价等专业软件操作实训教材。在这两年的时间里,土建实训教程已经实现了 15 个地区本地化。随着 2013 新清单的推广应用,各地新定额的配套实施,广联达教育事业部联合各地高校专业资深教师完成已开发地区本地化教程及课程资料包的更新,教材中按照新清单及地区新定额,结合广联达新土建算量计价软件重新编制了案例模型文件,对教材整体框架进行了调整,更适应高校软件实训课程教学,满足高校实训教学需要。

新版教材、配套资源以及授课模式讲解如下：

一、土建计量计价实训教程

1.《办公大厦建筑工程图》

2.《钢筋工程量计量实训教程》

3.《建筑工程计量与计价实训教程》(分地区版)

二、土建计量计价实训教程资料包

为了方便教师开展教学，与目前新清单、新定额相配套，切实提高实际教学质量，按照新的内容全面更新实训教学配套资源：

教学指南：

4.《钢筋工程量计量实训教学指南》

5.《建筑工程计量与计价实训教学指南》

教学参考：

6. 钢筋工程量计量实训授课 PPT

7. 建筑工程计量与计价实训授课 PPT

8. 钢筋工程量计量实训教学参考视频

9. 建筑工程计量与计价实训教学参考视频

10. 钢筋工程量计量实训阶段参考答案

11. 建筑工程计量与计价实训阶段参考答案

教学软件：

12. 广联达 BIM 钢筋算量软件　GGJ2013

13. 广联达 BIM 土建算量软件　GCL2013

14. 广联达计价软件　GBQ4.0

15. 广联达钢筋算量评分软件　GGJPF2013：可以批量地对钢筋工程进行评分；

16. 广联达土建算量评分软件　GCLPF2013：可以批量地对土建算量工程进行评分；

17. 广联达计价评分软件　GBQPF4.0：可以批量地对计价文件进行评分；

18. 广联达钢筋对量软件　GSS2014：可以快速查找学生工程与标准答案之间的区别，找出问题所在。

19. 广联达图形对量软件　GST2014

20. 广联达计价审核软件　GSH4.0：快速查找两组价文件之间的不同之处。

以上除教材外的 4～20 项内容由广联达软件股份有限公司以课程的方式提供。

三、教学授课模式

针对之前老师对授课资料包的运用不清楚的地方，我们建议老师们采用"团建八步教学法"模式进行教学，充分合理、有效利用我们的授课资料包所有内容，高效完成教学任务，提升课堂教学效果。

何为团建？团建也就是将班级学生按照成绩优劣等情况合理地搭配分成若干个小组，有效地形成若干个团队，形成共同学习、相互帮助的小团队。同时，老师引导各个团队形成不同的班级管理职能小组(学习小组、纪律小组、服务小组、娱乐小组等)。授课时老师组织引导各职能小组发挥作用,帮助老师有效管理课堂和自主组织学习。本授课方法主要以组建团队为主导,以团建的形式培养学生自我组织学习、自我管理,形成团队意识、竞争意识。在实训过程中,所有学生以小组团队身份出现。老师按照八步教学法的步骤,首先对整个实训工程案例进行切片式阶段任务设计,每个阶段任务利用八步教学法合理贯穿实施。整个课程利用我们提供的教学资料包进行教学,备、教、练、考、评一体化课堂设计,老师主要扮演组织者引导者角色,学生作为实训学习的主体,发挥主要作用,实训效果在学生身上得到充分体现。

团建八步教学法框架图:

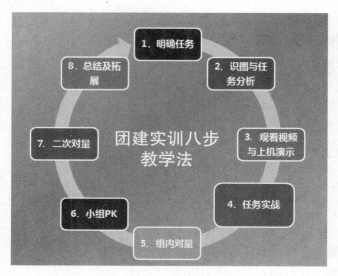

八步教学授课操作流程如下:

第一步　明确任务:1.本堂课的任务是什么;2.该任务是在什么情境下;3.该任务计算范围(哪些项目需要计算? 哪些项目不需要计算?)。

第二步　该任务对应的案例工程图纸的识图及业务分析:(结合案例图纸)以团队的方式进行图纸及业务分析,找出各任务中涉及构件的关键参数及图纸说明,以团队的方式从定额、清单两个角度进行业务分析,确定算什么,如何算。

第三步　观看视频与上机演示:老师可以采用播放完整的案例操作以及业务讲解视频,也可以自行根据需要上机演示操作,主要是明确本阶段的软件应用的重要功能,操作上机的重点及难点。

第四步　任务实战:老师根据已布置的任务,规定完成任务的时间,团队学生自己动手操作,配合老师辅导指引,在规定时间内完成阶段任务。(**其中,在套取清单的过程中,此环节强烈建议采用教材统一提供的教学清单库。土建实训教程采用本地化"2014 土建实训教程教学专用清单库",此清单库为高校专用清单库,采用 12 位清单编码,和广联达高校算量大赛对接,主要用于结果评测。**)学生在规定时间内完成任务后,提交个人成果,老师利用评分软件当堂对学生成果资料进行评测,得出个人成绩。

第五步 组内对量:评分完毕后,学生根据每个人的成绩,在小组内利用对量软件进行对量,讨论完成对量问题,如找问题、查错误、优劣搭配、自我提升。老师要求每个小组最终出具一份能代表小组实力的结果文件。

第六步 小组PK:每个小组上交最终成功文件后,老师再次使用评分软件进行评分,测出各个小组的成绩优劣,希望能通过此成绩刺激小组的团队意识以及学习动力。

第七步 二次对量:老师下发标准答案,学生再次利用对量软件与标准答案进行结果对比,从而找出错误点加以改正,掌握本堂课所有内容,提升自己的能力。

第八步 学生小组及个人总结:老师针对本堂课的情况进行总结及知识拓展,最终共同完成本堂课的教学任务。

本教程由广西建设职业技术学院宋芳、广联达软件股份有限公司王全杰、广西建设职业技术学院李春玲主编;广联达软件股份有限公司朱溢镕、广西财经学院梁华、广西城市建设学校刘丽君担任副主编,参与教程方案设计、编制、审核等;广西万汇房地产开发有限公司林贞圳担任主审工作。同时参与编制的人员还有广联达软件股份有限公司刘师雨、广西建设职业技术学院李玲、广西交通职业技术学院阳利君、广西现代职业技术学院朱金海、广西水利电力职业技术学院吴美琼、广西建设职业技术学院周慧玲、广西工业职业技术学院陈美萍,在此一并表示衷心的感谢。

在本教程的调研、修订过程中,工程教育事业部高杨经理、李永涛、王光思、李洪涛、沈默等同事给予了热情的帮助,对课程方案提出了中肯的建议,在此表示诚挚的感谢。

随着高校对实训教学的深入开展,广联达教育事业部造价组联合全国高校资深专业教师,倾力打造完美的造价实训课堂。针对高校人才培养方案,研究适合高校的实训教学模式,欢迎广大老师积极加入我们的广联达实训大家庭(实训教学群:307716347),希望我们能联手打造优质的实训系列课程。

本套教程在编写过程中,虽然经过反复斟酌和校对,但由于时间紧迫、编者能力有限,难免存在不足之处,诚望广大读者提出宝贵意见,以便再版时修改完善。

朱溢镕

2014 年 8 月　北京

目 录

上篇 建筑工程计量

本篇内容简介

建施、结施识图

土建算量软件算量原理

建筑工程量计算准备工作

首层工程量计算

二层工程量计算

三层、四层工程量计算

机房及屋面工程量计算

地下一层工程量计算

基础层工程量计算

装修工程量计算

楼梯工程量计算

钢筋算量软件与图形算量软件的无缝联接

结课考试认证平台

本篇教学目标

具体参看每节教学目标

第1章　算量基础知识

通过本章的学习,你将能够:

(1)分析图纸的重点内容,提取算量的关键信息;

(2)从造价的角度进行识图;

(3)描述土建算量软件的基本流程。

对于预算的初学者,拿到图纸及造价编制要求后,往往面对手中的图纸、资料、要求等大堆资料无从下手,究其原因,主要集中在以下两个方面:

①看着密密麻麻的建筑说明、结构说明中的文字,有关预算的"关键字眼"是哪些呢?

②针对常见的框架、框剪、砖混3种结构,分别应从哪里入手开始进行算量工作?

下面就针对这些问题,结合《办公大厦建筑工程图》,从读图、列项逐一分析。

1.1　建筑施工图

对于房屋建筑土建施工图纸,大多分为建筑施工图、结构施工图。建筑施工图纸大多由总平面布置图、建筑设计说明、各楼层平面图、立面图、剖面图、节点详图、楼梯详图等组成。下面就这些分类结合《办公大厦建筑工程图》分别对其功能、特点逐一介绍。

1)总平面布置图

(1)概念

建筑总平面布置图,是表明新建房屋所在基础有关范围内的总体布置,它反映新建、拟建、原有和拆除的房屋、构筑物等的位置和朝向,室外场地、道路、绿化等的布置,地形、地貌、标高等以及原有环境的关系和邻界情况等。建筑总平面图也是房屋及其他设施施工的定位、土方施工以及绘制水、暖、电等管线总平面图和施工总平面图的依据。

(2)对编制工程预算的作用

①结合拟建建筑物位置,确定塔吊的位置及数量。

②结合场地总平面位置情况,考虑是否存在二次搬运。

③结合拟建工程与原有建筑物的位置关系,考虑土方支护、放坡、土方堆放调配等问题。

④结合拟建工程之间的关系,综合考虑建筑物的共有构件等问题。

2)建筑设计说明

(1)概念

建筑设计说明,是对拟建建筑物的总体说明。

（2）包含内容

①建筑施工图目录。

②设计依据：设计所依据的标准、规定、文件等。

③工程概况：内容一般应包括建筑名称、建设地点、建设单位、建筑面积、建筑基底面积、建筑工程等级、设计使用年限、建筑层数和建筑高度、防火设计建筑分类和耐火等级、人防工程防护等级、屋面防水等级、地下室防水等级、抗震设防烈度等，以及能反映建筑规模的主要技术经济指标，如住宅的套型和套数（包括每套的建筑面积、使用面积、阳台建筑面积，房间的使用面积可在平面图中标注）、旅馆的客房间数和床位数、医院的门诊人次和住院部的床位数、车库的停车泊位数等。

④建筑物定位及设计标高、高度。

⑤图例。

⑥用料说明和室内外装修。

⑦对采用新技术、新材料的作法说明及对特殊建筑造型和必要的建筑构造的说明。

⑧门窗表及门窗性能（防火、隔声、防护、抗风压、保温、空气渗透、雨水渗透等）、用料、颜色、玻璃、五金件等的设计要求。

⑨幕墙工程（包括玻璃、金属、石材等）及特殊的屋面工程（包括金属、玻璃、膜结构等）的性能及制作要求，平面图、预埋件安装图等以及防火、安全、隔音构造。

⑩电梯（自动扶梯）选择及性能说明（功能、载重量、速度、停站数、提升高度等）。

⑪墙体及楼板预留孔洞需封堵时的封堵方式说明。

⑫其他需要说明的问题。

（3）编制预算需思考的问题

①该建筑物的建设地点在哪里？（涉及税金等费用问题）

②该建筑物的总建筑面积是多少？地上、地下建筑面积各是多少？（可根据经验，对此建筑物估算大约造价金额）

③图例（图纸中的特殊符号表示什么意思？帮助读图）

④层数是多少？高度是多少？（是否产生超高增加费？）

⑤填充墙体采用什么材质？厚度有多少？砌筑砂浆标号是多少？特殊部位墙体是否有特殊要求？（查套砖砌体、砌块砌体子目）

⑥是否有关于墙体粉刷防裂的具体措施？（比如在混凝土构件与填充墙交接部位设置钢丝网片）

⑦是否有相关构造柱、过梁、压顶的设置说明？（此内容不在图纸上画出，但也需计算造价）

⑧门窗采用什么材质？对玻璃的特殊要求是什么？对框料的要求是什么？有什么五金？门窗的油漆情况？是否需要设置护窗栏杆？（查套门窗、栏杆相关子目）

⑨有几种屋面？构造做法分别是什么？或者采用哪本图集？（查套屋面子目）

⑩屋面排水的形式？（计算落水管的工程量及查套子目）

⑪外墙保温的形式？保温材料及厚度？（查套外墙保温子目）

⑫外墙装修分几种？做法分别是什么？（查套外装修子目）

⑬室内有几种房间？它们的楼地面、墙面、墙裙、踢脚、天棚（吊顶）装修做法是什么？或者采用哪本图集？（查套房间装修子目）

问题思考

请结合《办公大厦建筑工程图》，思考上述问题。

3）各层平面图

在窗台上边用一个水平剖切面将房子水平剖开，移去上半部分，从上向下透视它的下半部分，可看到房子的四周外墙和墙上的门窗、内墙和墙上的门，以及房子周围的散水、台阶等，将看到的部分都画出来，并注上尺寸，就是平面图。

编制预算时需思考的问题如下：

（1）地下 n 层平面图

①注意地下室平面图的用途，地下室墙体的厚度及材质？（结合"建筑设计说明"）

②注意进入地下室的渠道。（是与其他邻近建筑地下室连通，还是本建筑物地下室独立？进入地下室的楼梯在什么位置？）

③注意图纸下方对此楼层的特殊说明。

（2）首层平面图

①通过看平面图，是否存在对称的情况？

②台阶、坡道的位置在哪里？台阶挡墙的做法是否有节点引出？台阶的构造做法采用哪本图集？坡道的位置在哪里？坡道的构造做法采用哪本图集？坡道栏杆的做法？（台阶、坡道的做法有时也在"建筑设计说明"中明确）

③散水的宽度是多少？做法采用的图集号是多少？（散水做法有时也在"建筑设计说明"中明确）

④首层的大门、门厅位置在哪里？（与二层平面图中雨篷相对应）

⑤首层墙体的厚度、材质、砌筑要求。（可结合"建筑设计说明"对照来读）

⑥是否有节点详图引出标志？（如有节点引出标志，则需对照相应节点号找到详图，以帮助全面理解图纸）

⑦注意图纸下方对此楼层的特殊说明。

（3）二层平面图

①是否存在平面对称或户型相同的情况？

②雨篷的位置在哪里？（与首层大门位置一致）

③二层墙体的厚度、材质、砌筑要求。（可结合"建筑设计说明"对照来读）

④是否有节点详图引出标志？（如有节点引出标志，则需对照相应节点号找到详图，以帮助全面理解图纸）

⑤注意图纸下方对此楼层的特殊说明。

（4）其他层平面图

①是否存在平面对称或户型相同的情况？

②当前层墙体的厚度、材质、砌筑要求。（可结合"建筑设计说明"对照来读）

③是否有节点详图引出标志？（如有节点引出标志,则需对照相应节点号找到详图,以帮助全面理解图纸）

④注意当前层与其他楼层平面的异同,并结合立面图、详图、剖面图综合理解。

⑤注意图纸下方对此楼层的特殊说明。

（5）屋面平面图

①屋面结构板顶标高是多少？（结合层高、相应位置结构层板顶标高来读）

②屋面女儿墙顶标高是多少？（结合屋面板顶标高计算出女儿墙高度）

③查看屋面女儿墙详图。（理解女儿墙造型、压顶造型等信息）

④屋面的排水方式？落水管位置及根数是多少？（结合"建筑设计说明"中关于落水管的说明来理解）

⑤注意屋面造型平面形状,并结合相关详图理解。

⑥注意屋面楼梯间的信息。

4）立面图

在房子的正面看,将可看到房子的正立面形状、门窗、外墙裙、台阶、散水、挑檐等都画出来,即形成建筑立面图。

编制预算时需注意的问题如下:

①室外地坪标高是多少？

②查看立面图中门窗洞口尺寸、离地标高等信息,结合各层平面图中门窗的位置,思考过梁的信息;结合"建筑设计说明"中关于护窗栏杆的说明,确定是否存在护窗栏杆。

③结合屋面平面图,从立面图上理解女儿墙及屋面造型。

④结合各层平面图,从立面图上理解空调板、阳台拦板等信息。

⑤结合各层平面图,从立面图理解各层节点位置及装饰位置的信息。

⑥从立面图上理解建筑物各个立面的外装修信息。

⑦结合平面图理解门斗造型信息。

问题思考

请结合《办公大厦建筑工程图》,思考上述问题。

5）剖面图

剖面图的作用是对无法在平面图及立面图表述清楚的局部剖切,以表述清楚建筑内部的构造,从而补充说明平面图、立面图所不能显示的建筑物内部信息。

编制预算时需注意的问题如下:

①结合平面图、立面图、结构板的标高信息、层高信息及剖切位置,理解建筑物内部构造的信息。

②查看剖面图中关于首层室内外标高信息,结合平面图、立面图理解室内外高差的概念。

③查看剖面图中屋面标高信息,结合屋面平面图及其详图,正确理解屋面板的高差变化。

问题思考

请结合《办公大厦建筑工程图》，思考上述问题。

6）楼梯详图

楼梯详图由楼梯剖面图、平面图组成。由于平面图、立面图只能显示楼梯的位置，而无法清楚显示楼梯的走向、踏步、标高、栏杆等细部信息，因此设计中一般需展示楼梯详图。

编制预算时需注意的问题如下：

①结合平面图中楼梯位置、楼梯详图的标高信息，正确理解楼梯作为竖向交通工具的立体状况。（思考关于楼梯平台、楼梯踏步、楼梯休息平台的概念，进一步理解楼梯及楼梯间装修的工程量计算及定额套用的注意事项）

②结合楼梯详图，了解楼梯井的宽度，进一步思考楼梯工程量的计算规则。

③了解楼梯栏杆的详细位置、高度及所用到的图集。

问题思考

请结合《办公大厦建筑工程图》，思考上述问题。

7）节点详图

（1）表示方法

为了补充说明建筑物细部的构造，从建筑物的平面图、立面图中特意引出需要说明的部位，对相应部位进一步详细描述，就构成了节点详图。下面就节点详图的表示方法作简要说明。

①被索引的详图在同一张图纸内，如图1.1所示。

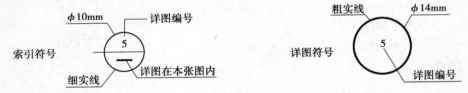

图1.1

②被索引的详图不在同一张图纸内，如图1.2所示。

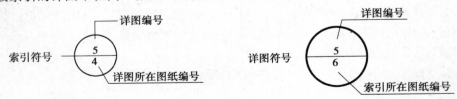

图1.2

③被索引的详图参见图集，如图1.3所示。

图 1.3

④索引的剖视详图在同一张图纸内,如图 1.4 所示。

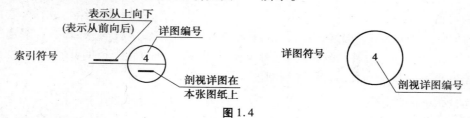

图 1.4

⑤索引的剖视详图不在同一张图纸内,如图 1.5 所示。

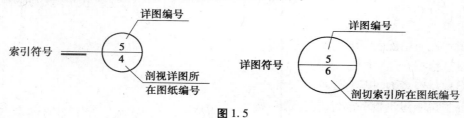

图 1.5

(2)编制预算时需注意的问题

①墙身节点详图:

a.墙身节点详图底部:查看关于散水、排水沟、台阶、勒脚等方面的信息,对照散水宽度是否与平面图一致? 参照的散水、排水沟图集是否明确? (图集有时在平面图或"建筑设计说明"中明确)

b.墙身节点详图中部:了解墙体各个标高处外装修、外保温信息;理解外窗中关于窗台板、窗台压顶等信息;理解关于圈梁位置、标高的信息。

c.墙身节点详图顶部:理解相应墙体顶部关于屋面、阳台、露台、挑檐等位置的构造信息。

②飘窗节点详图:理解飘窗板的标高、生根等信息;理解飘窗板内侧是否需要保温等的信息等。

③压顶节点详图:了解压顶的形状、标高、位置等信息。

④空调板节点详图:了解空调板的立面标高、生根的信息;了解空调板栏杆(或百叶)的高度及位置信息。

⑤其他详图。

1.2　结构施工图

结构施工图大多由结构说明、基础平面图及基础详图、剪力墙配筋图、各层剪力墙暗柱、端柱配筋表、各层梁平法配筋图、各层楼板配筋平面图、楼梯配筋详图、节点详图等。下面就这些分类结合《办公大厦建筑工程图》,分别对其功能、特点逐一介绍。

1)综述

结构施工图纸一般包括:图纸目录、结构设计总说明、基础平面图及其详图、墙柱定位图、各层结构平面图(模板图、板配筋图、梁配筋图)、墙柱配筋图及其留洞图、楼梯及其他构筑物详图(水池、坡道、电梯机房、挡土墙等)。

作为造价工作者来讲,结构施工图主要为了计算混凝土、模板、钢筋等工程量,进而计算其造价,而为了计算这些工程量,需要了解建筑物的钢筋配置、摆放信息,需要了解建筑物的基础及其垫层、墙、梁、板、柱、楼梯等的混凝土标号、截面尺寸、高度、长度、厚度、位置等信息,从预算角度也着重从这些方面加以详细阅读。

2)结构设计总说明

(1)主要包括内容

①工程概况:建筑物的位置、面积、层数、结构抗震类别、设防烈度、抗震等级、建筑物合理使用年限等。

②工程地质情况:土质情况、地下水位等。

③设计依据。

④结构材料类型、规格、强度等级等。

⑤分类说明建筑物各部位设计要点、构造及注意事项等。

⑥需要说明的隐蔽部位的构造详图,如后浇带加强、洞口加强筋、锚拉筋、预埋件等。

⑦重要部位图例等。

(2)编制预算需要注意的问题

①建筑物抗震等级、设防烈度、檐高、结构类型等信息,作为计算钢筋的搭接、锚固的计算依据。

②土质情况,作为针对土方工程组价的依据。

③地下水位情况,考虑是否需要采取降排水措施。

④混凝土标号、保护层等信息,作为查套定额、计算钢筋的依据。

⑤钢筋接头的设置要求,作为计算钢筋的依据。

⑥砌体构造要求,包括构造柱、圈梁的设置位置及配筋、过梁的参考图集、砌体加固钢筋的设置要求或参考图集,作为计算圈梁、构造柱、过梁的工程量及钢筋量的依据。

⑦砌体的材质及砌筑砂浆要求,作为套砌体定额的依据。

⑧其他文字性要求或详图,有时不在结构平面图纸中画出,但要计算其工程量,举例如下:

a.现浇板分布钢筋;

b.施工缝止水带;

c.次梁加筋、吊筋;

d.洞口加强筋;

e.后浇带加强钢筋等。

问题思考

请结合《办公大厦建筑工程图》，思考如下问题：

（1）本工程结构类型是什么？

（2）本工程的抗震等级及设防烈度是多少？

（3）本工程不同位置混凝土构件的混凝土标号是多少？有无抗渗等特殊要求？

（4）本工程砌体的类型及砂浆标号是多少？

（5）本工程的钢筋保护层有什么特殊要求？

（6）本工程的钢筋接头及搭接有无特殊要求？

（7）本工程各构件的钢筋配置有什么要求？

3）桩基平面图

编制预算需注意以下问题：

①桩基类型，结合结构总说明中关于地质情况，考虑施工方法及相应定额子目。

②桩基钢筋详图、是否存在铁件，用来准确计算桩基钢筋及铁件工程量。

③桩顶标高，用来考虑挖桩间土方等因素。

④桩长。

⑤桩与基础的连接详图，考虑是否存在凿截桩头情况。

⑥其他计算桩基需要考虑的问题。

4）基础平面图及详图

编制预算需注意以下问题：

①基础类型是什么？决定查套的子目。如需要判断是有梁式条基还是无梁式条基等。

②基础详图情况，帮助理解基础构造，特别注意基础标高、厚度、形状等信息，了解在基础上生根的柱、墙等构件的标高及插筋情况。

③注意基础平面图及详图的设计说明，有些内容设计人员不再画在平面图上，而是以文字的形式表现，比如筏板厚度、筏板配筋、基础混凝土的特殊要求（如抗渗）等。

5）柱子平面布置图及柱表

编制预算需要注意以下问题：

①对照柱子位置信息（b 边、h 边的偏心情况）及梁、板、建筑平面图墙体梁的位置，从而理解柱子作为支座类构件的准确位置，为以后计算梁、墙、板等工程量作准备。

②柱子不同标高部位的配筋及截面信息。（常以柱表或平面标注的形式出现）

③特别注意柱子生根部位及高度截止信息，为理解柱子高度信息作准备。

问题思考

请结合《办公大厦建筑工程图》，思考上述问题。

6）剪力墙布置平面图及暗柱、端柱表

编制预算需注意以下问题：

①对照建筑平面图阅读理解剪力墙位置及长度信息,从而了解剪力墙和填充墙共同作为建筑物围护结构的部位,便于计算混凝土墙及填充墙体工程量。

②阅读暗柱、端柱表,学习理解暗柱、端柱钢筋的拆分方法。

③注意图纸说明,捕捉其他钢筋信息,防止漏项。(如暗梁一般不在图形中画出,以截面详图或文字形式体现其位置及钢筋信息)

问 题思考

请结合《办公大厦建筑工程图》,思考上述问题。

7)梁平面布置图

编制预算时需注意以下问题:

①结合剪力墙平面图、柱平面图、板平面图综合理解梁的位置信息。

②结合柱子位置,理解梁跨的信息,进一步理解主梁、次梁的概念及在计算工程量过程中的次序。

③注意图纸说明,捕捉关于次梁加筋、吊筋、构造钢筋的文字说明信息,防止漏项。

问 题思考

请结合《办公大厦建筑工程图》,思考上述问题。

8)板平面布置图

编制预算时需注意以下问题:

①结合图纸说明,阅读不同板厚的位置信息。

②结合图纸说明,理解受力筋范围信息。

③结合图纸说明,理解负弯矩钢筋的范围及其分布筋信息。

④仔细阅读图纸说明,捕捉关于洞口加强筋、阳角加筋、温度筋等信息,防止漏项。

问 题思考

请结合《办公大厦建筑工程图》,思考上述问题。

9)楼梯结构详图

编制预算时需注意以下问题:

①结合建筑平面图,了解不同楼梯的位置。

②结合建筑立面图、剖面图,理解楼梯的使用性能(例如:1#楼梯仅从首层通至3层,2#楼梯从负一层通往18层等)。

③结合建筑楼梯详图及楼层的层高、标高等信息,理解不同踏步板的数量、休息平台、平台的标高及尺寸。

④结合图纸说明及相应踏步板的钢筋信息,理解楼梯钢筋的布置状况,注意分布筋的特殊要求。

⑤结合详图及位置,阅读梯板厚度、宽度及长度;平台厚度及面积;楼梯井宽度等信息,为

计算楼梯实际混凝土体积作好准备。

问题思考

请结合《办公大厦建筑工程图》，思考上述问题。

1.3 土建算量软件算量原理

建筑工程量的计算是一项工作量大而繁重的工作，工程量计算的算量工具也随着信息化技术的发展，经历算盘、计算器、计算机表格、计算机建模几个阶段（见图1.6）。现在我们采用的也就是通过建筑模型进行工程量的计算。

图1.6

现在建筑设计输出的图纸绝大多数是采用二维设计，提供建筑的平、立、剖图纸，对建筑物进行表达。而建模算量则是将建筑平、立、剖面图结合，建立建筑的空间模型，模型的建立则可以准确地表达了各类构件的之间空间位置关系，土建算量软件则按计算规则计算各类构件的工程量，构件之间的扣减关系则根据模型由程序进行处理，从而准确计算出各类构件的工程量。为方便工程量的调用，将工程量以代码的方式提供，套用清单与定额时可以直接套用（见图1.7）。

使用土建算量软件进行工程量计算，已经从手工计算的大量书写与计算转化为建立建筑模型。无论用手工算量还是软件算量，都有一个基本的要求，那就是知道算什么，如何算？知道算什么，是做好算量工作的第一步，也就是业务关，手工算、软件算只是采用了不同的手段而已。

软件算量的重点：一是如何快速地按照图纸的要求，建立建筑模型；二是将算出来的工程量与工程量清单与定额进行关联；三是掌握特殊构件的处理及灵活应用。

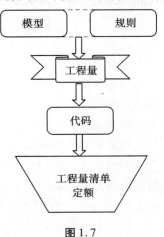

图1.7

1.4 广西版图纸修订说明

一、建筑设计说明

1）工程概况

本建筑物建设地点位于南宁市市郊。

2）墙体设计

①外墙:地下部分均为 250 厚自防水钢筋混凝土墙体,地上部分均为 250 厚蒸压加气混凝土砌块。

②内墙:均为 200、100 厚蒸压加气混凝土砌块。

③女儿墙:均为 240 厚 MU10 页岩标准砖。

④墙体砂浆:均采用 M5 混合砂浆砌筑。

3）有关本建筑使用的材料和设备说明

①门窗表中所有铝塑门、窗均改为塑钢门、窗。

②室内装修做法表中增设排烟风井、电井、水暖井,地面做法为地面1;吊顶2均改为吊顶1。

二、工程做法

1）室外装修设计

（1）屋面

①屋面1:铺地砖保护层上人屋面,选用11ZJ001屋101(采用600mm×600mm防滑砖),图纸中机房层上人屋面选用屋面1。

a.8～10厚地砖铺平拍实,缝宽5～8,1:1水泥砂浆填缝;

b.25厚1:4干硬性水泥砂浆;

c.满铺0.3厚聚乙烯薄膜一层;

d.满铺2层3厚SBS改性沥青防水卷材;

e.刷基层处理剂;

f.20厚(最薄处)1:8水泥珍珠岩找2%坡;

g.50厚挤塑聚苯板(XPS);

h.钢筋混凝土屋面板。

②屋面2:聚合物水泥防水涂料不上人屋面,选用11ZJ001屋108,图纸中机房顶不上人平屋面及坡屋面、雨篷顶、风井盖板顶均选用屋面2。

a.10厚1:3水泥砂浆抹面压光,分格面积宜为1m²;

b.2厚聚合物水泥防水涂料;

c.15厚1:3水泥砂浆找平;

d. 钢筋混凝土屋面板。

③屋面3：水泥砂浆保护层不上人屋面，选用11ZJ001屋107，图纸中二层屋面选用屋面3。

a. 25 厚 1：2.5 水泥砂浆，分格面积宜为 1m²；

b. 满铺 0.3 厚聚乙烯薄膜一层；

c. 满铺 2 层 3 厚 SBS 改性沥青防水卷材；

d. 刷基层处理剂；

e. 20 厚 1：2.5 水泥砂浆找平；

f. 20 厚（最薄处）1：8 水泥珍珠岩找 2% 坡；

g. 50 厚挤塑聚苯板（XPS）；

h. 钢筋混凝土屋面板。

（2）外墙面

a. 混凝土墙及各种砌体墙；

b. 抹粘结胶浆；

c. 铺贴 30 厚挤塑聚苯板（XPS）；

d. 抹抗裂砂浆一遍；

e. 嵌埋耐碱玻璃纤维网格布；

f. 抹抗裂砂浆一遍；

g. 刷氟碳漆。

（3）散水

混凝土散水，选用11ZJ001散1，沿外墙设通缝，每隔8m设伸缩缝，内填沥青砂浆。

a. 60 厚 C15 混凝土，面上加 5 厚 1：1 水泥砂浆随打随抹光；

b. 150 厚三七灰土；

c. 素土夯实，向外坡4%。

（4）台阶

陶瓷地砖台阶，选用11ZJ001台5（采用300mm×300mm防滑砖）。

a. 8 ~ 10 厚地砖，缝宽 5 ~ 8，1：1 水泥砂浆擦缝；

b. 25 厚 1：4 干硬性水泥砂浆；

c. 素水泥浆结合层一遍；

d. 60 厚 C15 混凝土台阶（厚度不包括踏步三角部分）；

e. 300 厚三七灰土；

f. 素土夯实。

（5）地下室防水

①地下室底板防水（由上至下）：

a. 钢筋混凝土底板（抗渗等级 P8）；

b. 50 厚 C20 细石混凝土保护层；

c. 满铺 2 层 3 厚 SBS 改性沥青防水卷材；

d. 100 厚 C15 混凝土垫层；

e. 素土夯实。

②地下室侧壁防水（由内至外）：

a. 钢筋混凝土侧壁（抗渗等级 P8）；

b. 满铺 2 层 3 厚 SBS 改性沥青防水卷材；

c. M5 混合砂浆砌 53 厚标准页岩砖保护墙。

2）室内装修设计

（1）地面

①地面 1：细石混凝土地面，选用 11ZJ001 地 105。

a. 40 厚 C20 细石混凝土随打随抹光；

b. 素水泥浆结合层一遍；

c. 80 厚 C15 混凝土；

d. 素土夯实。

②地面 2：水泥砂浆地面，选用 11ZJ001 地 101 F2。

a. 20 厚 1：2 水泥砂浆分层抹面压光；

b. 1.2 厚聚合物水泥防水涂料，四周上翻 300 高；

c. 刷基层处理剂一遍；

d. 30 厚 C20 细石混凝土找平；

e. 80 厚 C15 混凝土；

f. 素土夯实。

③地面 3：陶瓷地砖地面，选用 11ZJ001 地 202（采用 600mm×600mm 防滑砖）。

a. 8～10 厚地砖铺实拍平，水泥浆擦缝或 1：1 水泥砂浆填缝；

b. 20 厚 1：4 干硬性水泥砂浆；

c. 素水泥浆结合层一遍；

d. 80 厚 C15 混凝土；

e. 素土夯实。

（2）楼面

①楼面 1：陶瓷地砖楼面，选用 11ZJ001 楼 202（采用 600mm×600mm 防滑砖）。

a. 8～10 厚地砖铺实拍平，水泥浆擦缝或 1：1 水泥砂浆填缝；

b. 20 厚 1：4 干硬性水泥砂浆；

c. 素水泥浆结合层一遍；

d. 钢筋混凝土楼板。

②楼面 2：陶瓷地砖防水楼面，选用 11ZJ001 楼 202 F2（采用 600mm×600mm 防滑砖）。

a. 8～10 厚地砖铺实拍平，水泥浆擦缝或 1：1 水泥砂浆填缝；

b. 20 厚 1：4 干硬性水泥砂浆；

c. 1.2 厚聚合物水泥防水涂料，四周上翻 300 高；

d. 刷基层处理剂一遍；

e. 30 厚 C20 细石混凝土找平；

f. 钢筋混凝土楼板。

③楼面 3：大理石楼面，选用 11ZJ001 楼 205（采用 800mm×800mm 大理石石材）。

a. 20 厚大理石铺实拍平，水泥浆擦缝；

b. 30 厚 1：4 干硬性水泥砂浆；

c. 素水泥浆结合层一遍；

d. 钢筋混凝土楼板。

（3）踢脚

①踢脚 1：水泥砂浆踢脚，选用 11ZJ001 踢 1B（高度为 100mm）。

a. 15 厚 1：3 水泥砂浆；

b. 10 厚 1：2 水泥砂浆抹面压光。

②踢脚 2：面板砖踢脚，选用 11ZJ001 踢 5A（高度为 100mm）。

a. 17 厚 1：3 水泥砂浆；

b. 3～4 厚 1：1 水泥砂浆加水 20% 建筑胶镶贴；

c. 8～10 厚面砖，水泥浆擦缝。

③踢脚 3：大理石踢脚，选用 11ZJ001 踢 6A（高度为 100mm）。

a. 15 厚 1：3 水泥砂浆；

b. 5～6 厚 1：1 水泥砂浆加水 20% 建筑胶镶贴；

c. 10 厚大理石板，水泥浆擦缝。

（4）内墙

①内墙 1：水泥砂浆墙面，面刷乳胶漆，选用 11ZJ001 内墙 103A 及涂 304。

a. 15 厚 1：3 水泥砂浆；

b. 5 厚 1：2 水泥砂浆；

c. 清理抹灰基层；

d. 满刮腻子一遍；

e. 刷底漆一遍；

f. 乳胶漆两遍。

②内墙 2：面砖墙面，选用 11ZJ001 内墙 202A（采用 200mm×300mm 面砖）。

a. 15 厚 1：3 水泥砂浆；

b. 刷素水泥浆一遍；

c. 4～5 厚 1：1 水泥砂浆加水 20% 建筑胶镶贴；

d. 8～10 厚面砖，水泥浆擦缝。

（5）顶棚

顶棚 1：水泥砂浆顶棚，选用 11ZJ001 顶 104 及涂 304。

a. 钢筋混凝土板底面清理干净；

b. 5 厚 1：3 水泥砂浆；

c. 5 厚 1：2 水泥砂浆；

d. 清理抹灰基层；

e. 满刮腻子一遍；

f. 刷底漆一遍；

g. 乳胶漆两遍。

（6）吊顶（吊顶高度为 3400mm）

吊顶 1：上人型嵌入式铝合金方板（500mm×500mm）天棚（取消吊顶 2），选用 11ZJ001 顶 216。

a. 配套金属龙骨；

b. 铝合金方形板，规格为 500mm×500mm。

（7）其他装饰

楼梯采用竖条式不锈钢栏杆（圆管）、不锈钢扶手（ϕ60），栏杆距踏步边 50mm；护窗栏杆采用竖条式不锈钢栏杆（圆管）。

3）其他

除已特别注明的部位外，其他需要油漆的部位为：

① 金属面油漆工程，选用 11ZJ001 涂 201。

a. 金属面除锈；

b. 防锈漆或红丹一遍；

c. 刮腻子、磨光；

d. 调合漆两遍。

② 木材面油漆工程，选用 11ZJ001 涂 101A。

a. 木基层清理、除污、打磨等；

b. 刮腻子、磨光；

c. 底油一遍；

d. 调和漆两遍。

第2章　基础功能学习

2.1　准备工作

通过本节的学习,你将能够:
(1)正确选择清单与定额规则及相应的清单库和定额库;
(2)区分做法模式;
(3)正确设置室内外高差;
(4)定义楼层及统一设置各类构件混凝土标号;
(5)按图纸定义轴网。

2.1.1　新建工程

通过本小节的学习,你将能够:
(1)正确选择清单与定额规则及相应的清单库和定额库;
(2)正确设置室内外高差;
(3)依据图纸定义楼层;
(5)依据图纸要求设置混凝土标号、砂浆标号。

一、任务说明

根据《办公大厦建筑工程图》,在软件中完成新建工程的各项设置。

二、任务分析

①软件中新建工程的各项设置都有哪些?
②清单与定额规则及相应的清单库和定额库都是做什么用的?
③室外地坪标高的设置是如何计算出来的?
④各层对混凝土标号、砂浆标号的设置,对哪些操作有影响?
⑤工程楼层的设置,应依据建筑标高还是结构标高? 区别是什么?
⑥基础层的标高应如何设置?

三、任务实施

1）新建工程

①启动软件,进入"欢迎使用 GCL2013"界面,如图 2.1 所示。(注意:本教材使用的图形软件版本号为 10.4.1.1185)

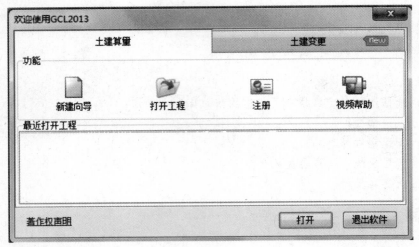

图 2.1

②单击"新建向导",进入新建工程界面,如图 2.2 所示。

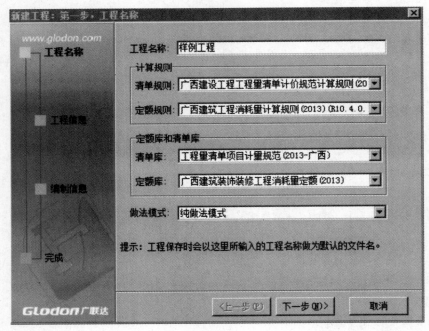

图 2.2

工程名称：按工程图纸名称输入,保存时会作为默认的文件名。本工程名称输入为"样例工程"。

计算规则、定额和清单库选择如图2.2所示。

做法模式：选择纯做法模式。

软件提供了两种做法模式：纯做法模式和工程量表模式。工程量表模式与纯做法模式的区别在于,工程量表模式针对构件需要计算的工程量给出了参考列项。

③单击"下一步",进入"工程信息"界面,如图2.3所示。

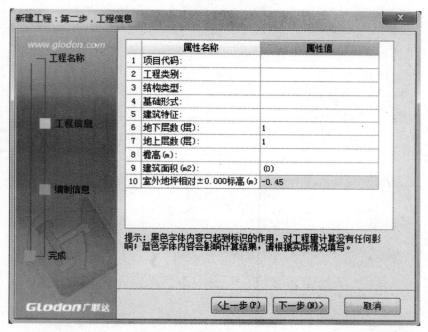

图2.3

在工程信息中,室外地坪相对±0.000标高的数值,需要根据实际工程的情况进行输入。本样例工程的信息输入,如图2.3所示。

室外地坪相对±0.000标高会影响到土方工程量计算,可根据《办公大厦建筑工程图》建施-9中的室内外高差确定。

灰色字体输入的内容只起到表示作用,所以地上层数、地下层数也可以不按图纸实际输入。

④单击"下一步",进入"编制信息"界面,根据实际工程情况添加相应的内容,汇总时会反映到报表里,如图2.4所示。

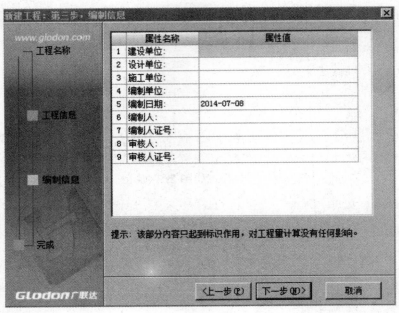

图 2.4

⑤单击"下一步",进入"完成"界面,这里显示了工程信息和编制信息,如图 2.5 所示。

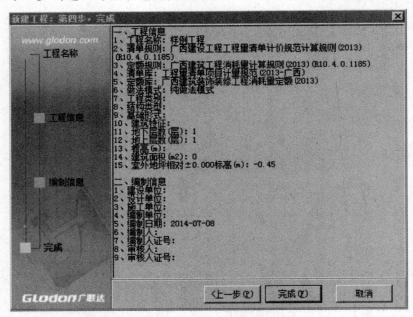

图 2.5

⑥单击"完成",完成新建工程,切换到"工程信息"界面,该界面显示了新建工程的工程信息,供用户查看和修改,如图 2.6 所示。

	属性名称	属性值
1	☐ 工程信息	
2	工程名称:	样例工程
3	清单规则:	广西建设工程工程量清单计价规范计算规则(2013)(R10.4.0.1185)
4	定额规则:	广西建筑工程消耗量计算规则(2013)(R10.4.0.1185)
5	清单库:	工程量清单项目计量规范(2013-广西)
6	定额库:	广西建筑装饰装修工程消耗量定额(2013)
7	做法模式:	纯做法模式
8	项目代码:	
9	工程类别:	
10	结构类型:	
11	基础形式:	
12	建筑特征:	
13	地下层数(层):	1
14	地上层数(层):	1
15	檐高(m):	
16	建筑面积(m2):	(0)
17	室外地坪相对±0.000标高(m):	-0.45
18	☐ 编制信息	
19	建设单位:	
20	设计单位:	
21	施工单位:	
22	编制单位:	
23	编制日期:	2014-07-08
24	编制人:	
25	编制人证号:	
26	审核人:	
27	审核人证号:	

图2.6

2)建立楼层

(1)分析图纸

层高的确定按照结施-4中"结构层高"建立。

(2)建立楼层

①软件默认给出首层和基础层。在本工程中,基础层的筏板厚度为500mm,在基础层的层高位置输入0.5m,板厚按照本层的筏板厚度输入为500mm。

②首层的结构底标高输入为-0.1m,层高输入为3.9m,板厚本层最常用的为120mm。选择首层所在的行,单击"插入楼层",添加第2层,2层的高度输入为3.9m,最常用的板厚为120mm。

③按照建立2层同样的方法,建立3~5层,5层层高为4.0m,可以按照图纸把5层的名称修改为"机房层"。单击"基础层",插入楼层,地下一层的层高为4.3m。各层建立后,如图2.7所示。

	楼层序号	名称	层高(m)	首层	底标高(m)	相同层数	现浇板厚(mm)	建筑面积(m2)
1	5	机房层	4.000	☐	15.500	1	120	
2	4	第4层	3.900	☐	11.600	1	120	
3	3	第3层	3.900	☐	7.700	1	120	
4	2	第2层	3.900	☐	3.800	1	120	
5	1	首层	3.900	☑	-0.100	1	120	
6	-1	第-1层	4.300	☐	-4.400	1	120	
7	0	基础层	0.500		-4.900	1	120	

图2.7

（3）标号设置

从"结构设计总说明（一）"第八条"2. 混凝土"中可知各层构件混凝土标号。

从广西版图纸补充说明中分析，墙体砂浆均采用 M5 混合砂浆。

在楼层设置下方是软件中的标号设置，用来集中统一管理构件混凝土标号、类型、砂浆标号、类型；对应构件的标号设置好后，在绘图输入新建构件时，会自动取这里设置的标号值。同时，标号设置适用于对定额进行楼层换算。

四、任务结果

任务结果见图 2.7。

2.1.2　建立轴网

通过本小节的学习，你将能够：

（1）定义楼层及各类构件混凝土标号设置；

（2）按图纸定义轴网。

一、任务说明

根据《办公大厦建筑工程图》，在软件中完成轴网建立。

二、任务分析

①建施与结施图中采用什么图的轴网最全面？

②轴网中上、下、左、右开间如何确定？

三、任务实施

1）建立轴网

楼层建立完毕后，切换到"绘图输入"界面。首先，建立轴网。施工时是用放线来定位建筑物的位置，使用软件做工程时是用轴网来定位构件的位置。

（1）分析图纸

由建施-3 可知该工程的轴网是简单的正交轴网，上下开间在⑨轴～⑪轴轴距不同，左右进深轴距都相同。

（2）轴网的定义

①切换到"绘图输入"界面之后，选择导航栏构件树中的"轴网"，单击右键，选择"定义"，软件切换到轴网的定义界面。

②单击"新建"，选择"新建正交轴网"，新建"轴网-1"。

③输入"下开间"：在"常用值"下面的列表中选择要输入的轴距，双击鼠标即添加到轴距中；或者在"添加"下的输入框中输入相应的轴网间距，单击"添加"或回车即可；按照图纸从左到右的顺序，下开间依次输入 4800，4800，4800，7200，7200，7200，4800，4800，4800；本轴网

上下开间在⑨轴~⑪轴不同,需要在上开间中也输入轴距。

④切换到"上开间"的输入界面,按照同样的方法,依次输入为4800,4800,4800,7200,7200,7200,4800,4800,1900,2900。

⑤输入完上下开间之后,单击轴网显示界面上方的"轴号自动生成"命令,软件自动调整轴号与图纸一致。

⑥切换到"左进深"的输入界面,按照图纸从下到上的顺序,依次输入左进深的轴距为7200,6000,2400,6900;因为左右进深轴距相同,所以右进深可以不输入。

⑦可以看到,右侧的轴网图已经显示了定义的轴网,轴网定义完成,如图2.8所示。

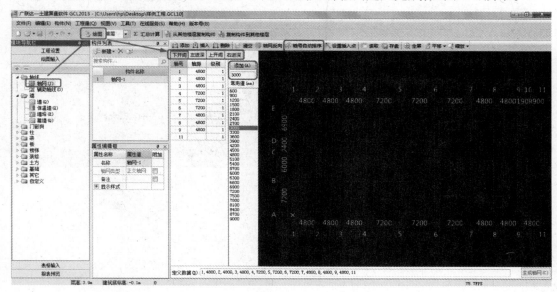

图2.8

2)轴网的绘制

(1)绘制轴网

①轴网定义完毕后,单击"绘图",切换到绘图界面。

②弹出"请输入角度"对话框,提示用户输入定义轴网需要旋转的角度。本工程轴网为水平竖直向的正交轴网,旋转角度按软件默认输入"0"即可,如图2.9所示。

③单击"确定",绘图区显示轴网,这样就完成了对本工程轴网的定义和绘制。

(2)轴网的其他功能

①设置插入点:用于轴网拼接,可以任意设置插入点(不在轴线交点处或在整个轴网外都可以设置)。

②修改轴号和轴距:当检查已经绘制的轴网有错误时,可以直接修改。

③软件提供了辅助轴线,用于构件辅轴定位。辅轴在任意图层都可以直接添加。辅轴主要有:两点、平行、点角、圆弧。

图2.9

四、任务结果

完成轴网,如图 2.10 所示。

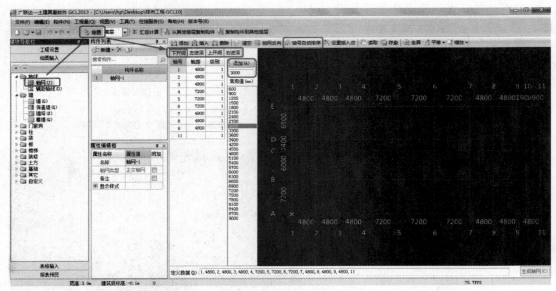

图 2.10

五、总结拓展

①新建工程中,主要确定工程名称、计算规则以及做法模式。蓝色字体的参数值影响工程量计算,按照图纸输入,其他信息只起标识作用。

②首层标记:在楼层列表中的首层列,可以选择某一层作为首层。勾选后,该层作为首层,相邻楼层的编码自动变化,基础层的编码不变。

③底标高:是指各层的结构底标高;软件中只允许修改首层的底标高,其他层标高自动按层高反算。

④相同板厚:是软件给的默认值,可以按工程图纸中最常用的板厚设置;在绘图输入新建板时,会自动默认取这里设置的数值。

⑤建筑面积:是指各层建筑面积图元的建筑面积工程量,为只读。

⑥可以按照结构设计总说明,对应构件选择标号和类型;对修改的标号和类型,软件会以反色显示。在首层输入相应的数值完毕后,可以使用右下角的"复制到其他楼层"命令,把首层的数值复制到参数相同的楼层。各个楼层的标号设置完成后,就完成了对工程楼层的建立,可以进入绘图输入进行建模计算。

⑦有关轴网的编辑、辅轴轴线的详细操作,请查阅"帮助"菜单中的文字帮助→绘图输入→轴线。

⑧建立轴网时,输入轴距的两种方法:常用的数值可以直接双击;常用值中没有的数据直接添加即可。

⑨当上下开间或者左右进深轴距不一样时(即错轴),可以使用轴号自动生成将轴号

排序。

⑩比较常用的建立辅助轴线的功能:二点辅轴(直接选择两个点绘制辅助轴线);平行辅轴(建立平行于任意一条轴线的辅助轴线);圆弧辅轴(可以通过选择 3 个点绘制辅助轴线)。

⑪在任何界面下都可以添加辅轴。轴网绘制完成后,就进入"绘图输入"部分。绘图输入部分可以按照后面章节的流程进行。

⑫软件的页面介绍如图 2.11 所示。

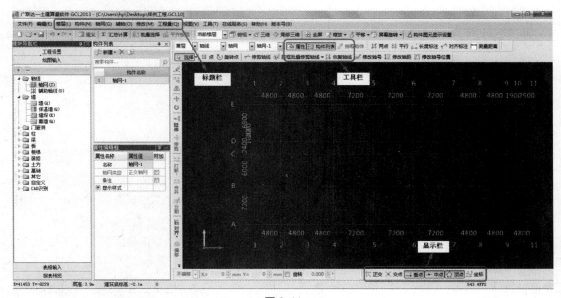

图 2.11

2.2　首层工程量计算

通过本节的学习,你将能够:
(1)定义柱、剪力墙、梁、板、门窗等构件;
(2)绘制柱、剪力墙、梁、板、门窗等图元;
(3)掌握暗梁、暗柱、连梁在 GCL2013 软件中的处理方法。

2.2.1　首层柱的工程量计算

通过本小节的学习,你将能够:
(1)依据定额和清单确定柱的分类和工程量计算规则;
(2)定义矩形柱、圆形柱、参数化柱的属性并套用做法;
(3)绘制本层柱图元;
(4)统计本层柱的个数及工程量。

一、任务说明

①完成首层矩形柱、圆形柱及异形端柱的定义、做法套用、图元绘制。
②汇总计算,统计本层柱的工程量。

二、任务分析

①各种柱在计量时的主要尺寸是哪些?从什么图中什么位置找到?
②工程量计算中柱都有哪些分类?都套用什么定额?
③软件如何定义各种柱?各种异形截面端柱如何处理?
④构件属性、做法、图元之间有什么关系?
⑤如何统计本层柱的清单工程量和定额工程量?

三、任务实施

1)分析图纸

①在框架剪力墙结构中,暗柱的工程量并入墙体计算,结施-4 中暗柱有两种形式:一种和墙体一样厚,如 YJZ1 的形式,作为剪力墙处理;另一种为端柱如 GDZ1,突出剪力墙的,在软件中这种端柱可以定义为异形柱,在做法套用的时候套用混凝土墙体的清单和定额子目。

②在结施-5 的柱表中得到矩形框架柱、圆形框架柱及异形端柱的截面信息,在结施-15、结施-16 中得到梯柱的截面信息。主要信息见表 2.1。

表 2.1　柱表

序号	类型	名称	混凝土标号	截面尺寸	标高	备注
1	矩形框架柱	KZ1	C30	600×600	−0.100 ~ +3.800	
		KZ6	C30	600×600	−0.100 ~ +3.800	
		KZ7	C30	600×600	−0.100 ~ +3.800	
2	圆形框架柱	KZ2	C30	$D=850$	−0.100 ~ +3.800	
		KZ4	C30	$D=500$	−0.100 ~ +3.800	
		KZ5	C30	$D=500$	−0.100 ~ +3.800	
3	异形端柱	GDZ1	C30	详见结施-6 柱截面尺寸	−0.100 ~ +3.800	
		GDZ2	C30		−0.100 ~ +3.800	
		GDZ3	C30		−0.100 ~ +3.800	
		GDZ4	C30		−0.100 ~ +3.800	
4	矩形柱	TZ1	C30	200×500	−0.100 ~ +1.850	
		TZ2	C30	200×500	−0.100 ~ +1.850	

2）现浇混凝土柱清单、定额计算规则学习

（1）清单计算规则（见表2.2）

表2.2　柱清单计算规则

编号	项目名称	单位	计算规则
010502001	矩形柱	m³	按设计图示尺寸以体积计算 柱高： 1.有梁板的柱高,应自柱基上表面(或楼板上表面)至上一层楼板上表面之间的高度计算 2.无梁板的柱高,应自柱基上表面(或楼板上表面)至柱帽下表面之间的高度计算
010502003	异形柱	m³	3.框架柱的柱高,应自柱基上表面至柱顶高度计算 4.构造柱按全高计算,嵌接墙体部分(马牙槎)并入柱身体积 5.依附柱上的牛腿和升板的柱帽,并入柱身体积计算
010504001	直形墙	m³	按设计图示尺寸以体积计算扣除门窗洞口及单个面积>0.3m²的孔洞所占体积,墙垛及突出墙面部分并入墙体体积计算
011702002	矩形柱	m²	按模板与现浇混凝土构件的接触面积计算 1.现浇钢筋混凝土墙单孔面积≤0.3m²的孔洞不予扣除,洞侧壁模板也不增加;单孔面积>0.3m²的孔洞应予扣除,洞侧壁模板面积并入墙模板工程量内计算
011702004	异形柱	m²	
011702011	直形墙	m²	2.现浇框架柱按柱有关规定计算;附墙柱、暗梁、暗柱并入墙内工程量计算

（2）定额计算规则（见表2.3）

表2.3　柱定额计算规则

编号	项目名称	单位	计算规则
A4-18	现浇混凝土 矩形柱	m³	同清单
A4-19	现浇混凝土 圆形、多边形柱	m³	
A4-28	现浇混凝土 墙	m³	同清单
A17-50	矩形柱 胶合板模板 钢支撑	m²	同清单
A17-57	圆形柱 木模板 木支撑	m²	
A17-60	柱支撑高度超过3.6m 每增1m 钢支撑	m²	模板支撑高度>3.6m时,按整个构件的模板面积计算工程量
A17-61	柱支撑高度超过3.6m 每增1m 木支撑	m²	
A17-83	直形墙 胶合板模板 钢支撑	m²	同清单
A17-87	墙支撑高度超过3.6m 每增1m 钢支撑	m²	模板支撑高度>3.6m时,按整个构件的模板面积计算工程量

3）柱的定义

（1）矩形框架柱 KZ-1

①在模块导航栏中单击"柱"→"柱"，单击"定义"，进入柱的定义界面，单击构件列表中的"新建"→"新建矩形柱"，如图 2.12 所示。

②框架柱的属性定义如图 2.13 所示。

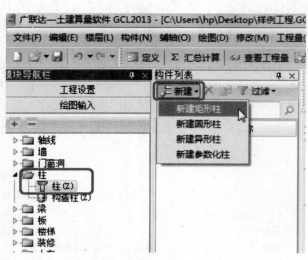

属性名称	属性值	附加
名称	KZ-1 -0.1-15.5	
类别	框架柱	☐
材质	现浇混凝土	☐
砼标号	(C30)	☐
砼类型	(砾石 GD40 中砂水泥	☐
截面宽度(	600	☐
截面高度(	600	☐
截面面积(m	0.36	
截面周长(m	2.4	
顶标高(m)	层顶标高	☐
底标高(m)	层底标高	☐
工艺		☐
模板类型	胶合板模板/钢支撑	☐
是否为人防	否	☐
备注		☐
⊞ 计算属性		
⊞ 显示样式		

图 2.12   图 2.13

（2）圆形框架柱 KZ-2

单击"新建"→"新建圆形柱"，如图 2.14 所示。

属性名称	属性值	附加
名称	KZ-2 -0.1-7.7	
类别	框架柱	☐
材质	现浇混凝土	☐
砼标号	(C30)	☐
砼类型	(砾石 GD40 中砂水泥	☐
半径(mm)	425	☐
截面面积(m	0.567	☐
截面周长(m	2.67	☐
顶标高(m)	层顶标高	☐
底标高(m)	层底标高	☐
工艺		☐
模板类型	胶合板模板/钢支撑	☐
是否为人防	否	☐
备注		☐
⊞ 计算属性		
⊞ 显示样式		

图 2.14

（3）参数化端柱 GDZ1

①单击"新建"→"新建参数化柱"。

②在弹出的"选择参数化图形"对话框中，选择"参数化截面类型"为"端柱"，选择"DZ-a2"，参数输入 $a=250$，$b=0$，$c=350$，$d=300$，$e=350$，$f=250$，如图 2.15 所示。

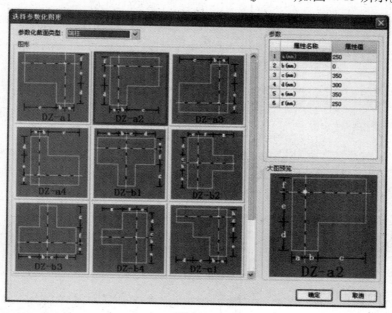

图 2.15

③参数柱属性如图 2.16 所示。

属性名称	属性值	附加
名称	GDZ1 -0.1~7.7	☐
类别	端柱	☐
材质	现浇混凝土	☐
砼标号	(C30)	☐
砼类型	砾石 GD40 中砂	☐
截面形状	异形	☐
截面宽度(	900	☐
截面高度(	600	☐
截面面积(m	0.435	☐
截面周长(m	3	☐
顶标高(m)	层顶标高	☐
底标高(m)	层底标高	☐
工艺		☐
模板类型	胶合板模板/木	☐
是否为人防	否	☐
备注		☐
⊞ 计算属性		

图 2.16

属性名称	属性值	附加
名称	TZ1	☐
类别	普通柱	☐
材质	现浇混凝土	☐
砼标号	(C30)	☐
砼类型	砾石 GD40 中砂	☐
截面宽度	200	☐
截面高度	250	☐
截面面积(m	0.05	☐
截面周长(m	0.9	☐
顶标高(m)	层底标高+1.95	☐
底标高(m)	层底标高	☐
工艺		☐
模板类型	胶合板模板/钢	☐
是否为人防	否	☐
备注		☐
⊞ 计算属性		
⊞ 显示样式		

图 2.17

（4）矩形柱 TZ1

单击"新建"→"新建矩形柱"，如图 2.17 所示。

4）做法套用

柱构件定义好后，需要进行套做法操作。套用做法是指构件按照计算规则计算汇总出做法工程量，方便进行同类项汇总，同时与计价软件数据接口。构件套做法，可以通过手动添加清单定额、查询清单定额库添加、查询匹配清单定额添加。

①KZ-1 的做法套用如图 2.18 所示。

	编码	类别	项目名称	项目特征	单位	工程量表达式	表达式说明	措施项目	专业
1	— 010502001001	项	矩形柱	1.混凝土种类：普通混凝土 2.混凝土强度等级：c30 3.混凝土拌和料要求：商品混凝土	m3	TJ	TJ〈体积〉	□	建筑装饰装修工程
2	A4-18	定	混凝土柱 矩形(碎石)		m³	TJ	TJ〈体积〉	□	建筑
3	— 011702002001	项	矩形柱模板	1.矩形柱模板制作安装，支撑高度3.78m 2.部位：一层~四层	m2	MBMJ	MBMJ〈模板面积〉	☑	建筑装饰装修工程
4	A17-50	定	矩形柱 胶合板模板 钢支撑		m²	MBMJ	MBMJ〈模板面积〉	☑	建筑
5	A17-60	定	柱支撑超过3.6m 每增加1m 钢支撑		m²	MBMJ	MBMJ〈模板面积〉	☑	建筑

示意图 查询匹配清单 查询匹配定额 查询清单库 查询匹配外部清单 查询措施 查询定额库

图 2.18

②GDZ1 的做法套用如图 2.19 所示。

	编码	类别	项目名称	项目特征	单位	工程量表达式	表达式说明	措施项目	专业
1	— 010504001001	项	直形墙	1.混凝土种类：普通混凝土 2.混凝土强度等级：c30 3.混凝土拌和料要求：商品混凝土	m3	TJ	TJ〈体积〉	□	建筑装饰装修工程
2	A4-28	定	墙 混凝土(碎石)		m³	TJ	TJ〈体积〉	□	建筑
3	— 011702011001	项	直行墙模板	1.直行墙模板制作安装，支撑高度3.78m 2.部位：一层~四层	m2	MBMJ	MBMJ〈模板面积〉	☑	建筑装饰装修工程
4	A17-83	定	直形墙 胶合板模板 钢支撑		m²	MBMJ	MBMJ〈模板面积〉	☑	建筑
5	A17-87	定	墙支撑高度超过3.6m 每增加1m 钢支撑		m²	MBMJ	MBMJ〈模板面积〉	☑	建筑

图 2.19

5）柱的画法讲解

柱定义完毕后，单击"绘图"，切换到绘图界面。

（1）点绘制

通过构件列表选择要绘制的构件 KZ-1，鼠标捕捉②轴与Ⓔ轴的交点，直接单击鼠标左键，就完成柱 KZ-1 的绘制，如图 2.20 所示。

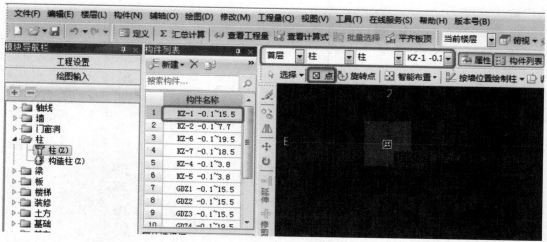

图 2.20

（2）偏移绘制

常用于绘制不在轴线交点处的柱，④轴上的 KZ-4 不能直接用鼠标选择点绘制，需要使用"Shift 键+鼠标左键"相对于基准点偏移绘制。

①把鼠标放在⑧轴和④轴的交点处，同时按下键盘上的"Shift"键和鼠标左键，弹出"输入偏移量"对话框；由图纸可知，KZ-4 的中心相对于⑧轴与④轴交点向下偏移 2250mm，在对话框中输入 X="0"，Y="$-2000-250$"，表示水平向偏移量为 0，竖直方向向下偏移 2250mm，如图 2.21 所示。

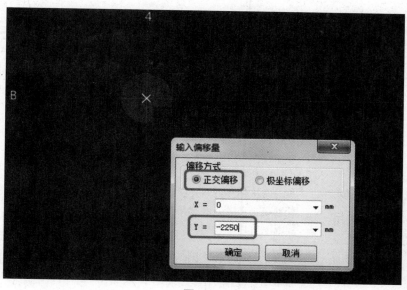

图 2.21

②单击"确定"，KZ-4 就偏移到指定位置了，如图 2.22 所示。

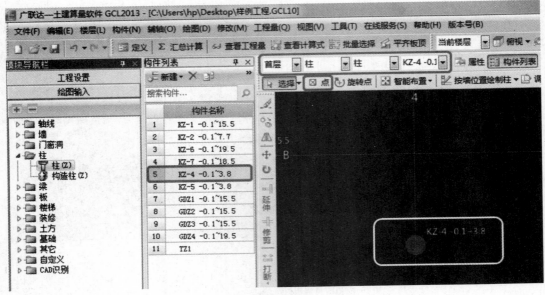

图 2.22

四、任务结果

单击模块导航栏的报表预览,单击"清单定额汇总表",查看框架柱、端柱和梯柱的实体工程量,见表 2.4。

表 2.4　柱清单定额量

序号	编码	项目名称及特征	单位	工程量
1	010502001001	矩形柱 1.混凝土种类:普通混凝土 2.混凝土强度等级:C30 3.混凝土拌和料要求:商品混凝土	m³	32.7795
	A4-18	混凝土柱　矩形	m³	32.7795
2	010502003001	异形柱 1.柱形状:圆形 2.混凝土种类:普通混凝土 3.混凝土强度等级:C30 4.混凝土拌和料要求:商品混凝土	m³	12.0838
	A4-19	混凝土柱　圆形、多边形	m³	12.0838
3	010504001001	直形墙 1.混凝土种类:普通混凝土 2.混凝土强度等级:C30 3.混凝土拌和料要求:商品混凝土	m³	26.0325
	A4-28	墙　混凝土	m³	26.0325

五、总结拓展

镜像

通过图纸分析可知,①~⑤轴的柱与⑥~⑪轴的柱是对称的,因此在绘图时可以使用一种简单的方法:先绘制①~⑤轴的柱,然后使用"镜像"功能绘制⑥~⑪的柱。

选中①~⑤轴间的柱,右键"镜像",把显示栏的"中点"点中,补捉⑤~⑥轴的中点,可以看到屏幕上有个黄色的三角形,如图 2.23 所示,选中第②点,确定即可。

图 2.23

如图 2.24 所示,在显示栏的地方会提示需要进行的下一步操作。

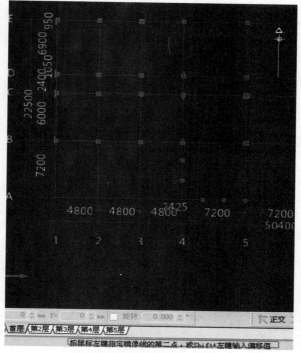

图 2.24

问题思考

(1)在绘图界面怎样调出柱属性编辑框对图元属性进行修改？
(2)在参数化柱模型里面找不到的异形柱如何定义？
(3)在柱定额子目里面找不到所需要的子目,如何定义该柱构件做法？

2.2.2 首层剪力墙的工程量计算

通过本小节的学习,你将能够：
(1)掌握连梁在软件中的处理方法；
(2)定义墙的属性；
(3)绘制墙图元；
(4)统计本层墙的阶段性工程量。

一、任务说明

①完成首层剪力墙的定义、做法套用、图元绘制。
②汇总计算,统计本层柱的工程量。

二、任务分析

①剪力墙在计量时的主要尺寸有哪些？ 从什么图中什么位置找到？
②剪力墙的暗柱、端柱分别是如何套用清单定额的？ 如何用直线、偏移来绘制墙？
③当剪力墙墙中心线与轴线不重合时如何处理？
④电梯井壁剪力墙的施工措施有什么不同？

三、任务实施

1)分析图纸

(1)分析剪力墙

分析图纸结施-5、结施-1,可得出剪力墙墙身信息,见表2.5。

表2.5 剪力墙墙身表

序号	类型	名称	混凝土标号	墙厚(mm)	标高	备注
1	外墙	Q1 外	C30	250	-0.1 ~ +3.8	
2	内墙	Q1 内	C30	250	-0.1 ~ +3.8	
3	内墙	Q1 电梯	C30	250	-0.1 ~ +3.8	
4	内墙	Q2 电梯	C30	200	-0.1 ~ +3.8	

（2）分析连梁

连梁是剪力墙的一部分。

①结施-5中①轴和⑩轴的剪力墙上有LL4，尺寸为250mm×1200mm，梁顶相对标高差+0.7m；建施-3中LL4下方是LC3，尺寸为1500mm×2700mm；建施-12中LC3离地高度为700mm。可以得知剪力墙Q1在©轴和①轴间只有LC3。所以，可以直接绘制Q1，然后绘制LC3，不用绘制LL4。

②结施-5中④轴和⑦轴的剪力墙上有LL1，建施-3中LL1下方没有门窗洞。可以在LL1处把剪力墙断开，然后绘制LL1。

③结施-5中④轴电梯洞口处LL2，建施-3中LL3下方没有门窗洞，如果按段绘制剪力墙不易找交点，所以剪力墙Q1通画，然后绘制洞口，不绘制LL2。

做工程时遇到剪力墙上是连梁下是洞口的情况，可以比较②与③哪个更方便使用一些。本工程采用③的方法对连梁进行处理，绘制洞口在绘制门窗时介绍，Q1通长绘制暂不作处理。

（3）分析暗梁、暗柱

暗梁、暗柱是剪力墙的一部分。类似YJZ1这种和墙厚一样的暗柱，此位置的剪力墙通长绘制，YJZ1不再进行绘制。类似GDZ1这种暗柱，我们把其定义为异型柱并进行绘制，在做法套用的时候按照剪力墙的做法套用清单、定额。

2）现浇混凝土墙清单、定额计算规则学习

（1）清单计算规则（见表2.6）

表2.6　剪力墙清单计算规则

编号	项目名称	单位	计算规则
010504001	直形墙	m³	按设计图示尺寸以体积计算扣除门窗洞口及单个面积>0.3m²的孔洞所占体积，墙垛及突出墙面部分并入墙体体积计算内
011702011	直形墙	m²	按模板与现浇混凝土构件的接触面积计算 1. 现浇钢筋混凝土墙单孔面积≤0.3m²的孔洞不予扣除，洞侧壁模板也不增加；单孔面积>0.3m²的孔洞应予扣除，洞侧壁模板面积并入墙模板工程量内计算 2. 附墙柱、暗梁、暗柱并入墙内工程量计算

（2）定额计算规则（见表2.7）

表2.7　剪力墙定额计算规则

编号	项目名称	单位	计算规则
A4-28	现浇混凝土墙	m³	同清单
A17-83	直形墙 胶合板模板 钢支撑	m²	同清单
A17-87	墙支撑高度3.6m 每增1m 钢支撑	m²	模板支撑高度>3.6m时，按整个构件的模板面积计算工程量

3)墙的定义

（1）新建外墙

在模块导航栏中单击"墙"→"墙"，然后"新建外墙"，如图2.25所示。

图2.25

在属性编辑框中对图元属性进行编辑，如图2.26所示。

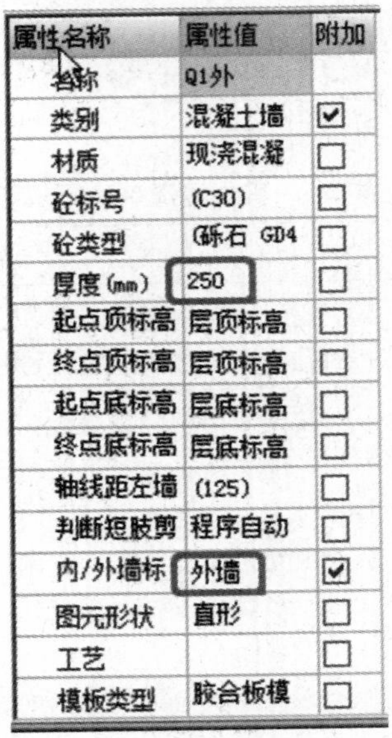

图2.26

（2）通过复制建立新构件

通过对图纸进行分析，Q1外和Q1内的材质、高度是一样的，区别在于墙体的名称和所在位置不同，选中构件Q1外，右键选择"复制"，软件自动建立名为"Q1外-1"的构件，然后对"Q1外-1"进行属性编辑，改名为"Q1内"，并将"内/外墙标志"的"外墙"改为"内墙"，如图2.27、图2.28所示。

属性名称	属性值	附加
名称	Q1内	
类别	混凝土墙	☑
材质	现浇混凝土	☐
砼标号	(C30)	☐
砼类型	(砾石 GD40)	☐
厚度(mm)	250	☐
起点顶标高	层顶标高	☐
终点顶标高	层顶标高	☐
起点底标高	层底标高	☐
终点底标高	层底标高	☐
轴线距左墙	(125)	☐
判断短肢剪	程序自动判	☐
内/外墙标	内墙	☑
图元形状	直形	☐
工艺		☐
模板类型	胶合板模板/	☐

图 2.27 　　　　　　　　　　　　图 2.28

4)做法套用

Q1 外、Q1 内、Q1 电梯及 Q2 电梯的做法套用,如图 2.29 所示。

	编码	类别	项目名称	项目特征	单位	工程量表达式	表达式说明	措施项目	专业
1	─ 010504001001	项	直形墙	1.混凝土种类:普通混凝土 2.混凝土强度等级:c30 3.搅拌、运料及料要求:商品混凝土	m3	JLQTJQD	JLQTJQD<剪力墙体积(清单)>	☐	建筑装饰装修工程
2	A4-28	定	墙 混凝土(碎石)		m³	TJ	TJ<体积>	☐	建筑
3	─ 011702011001	项	直行墙模板	1.直行墙模板制作安装,支撑高度:3.78m 2.部位:一层~四层	m2	JLQMBMJQD	JLQMBMJQD<剪力墙模板面积(清单)>	☑	建筑装饰装修工程
4	A17-83	定	直形墙 胶合板模板 钢支撑		m²	MBMJ	MBMJ<模板面积>	☑	建筑
5	A17-87	定	墙支撑高度超过3.6m 每增加1m 钢支撑		m²	MBMJ	MBMJ<模板面积>	☑	建筑

图 2.29

5)画法讲解

剪力墙定义完毕后,单击"绘图",切换到绘图界面。

(1)直线绘制

通过构件列表选择要绘制的构件 Q1 外,单击 Q1 外的起点①轴与Ⓑ轴的交点,单击 Q1 的终点①轴与Ⓔ轴的交点即可。

(2)偏移

①轴的 Q1 外绘制完成后与图纸进行对比,发现图纸上位于①轴线上的 Q1 外并非居中于轴线,选中 Q1 外,单击"偏移",输入 175mm,在弹出的是否要删除原来图元,选择"是",如图 2.30 所示。

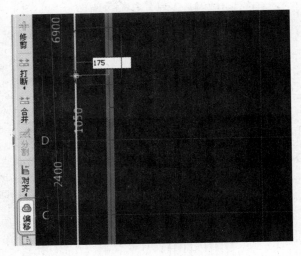

图 2.30

（3）借助辅助轴线绘制墙体

从图纸上可以看出 Q2 电梯的墙体并非位于轴线上，这时需要针对 Q2 电梯的位置建立辅助轴线。参见建施-3、建施-15，确定 Q2 电梯的位置，单击"辅助轴线"→"平行"，然后单击④轴，在弹出的对话框中"偏移距离 mm"输入"-2425"，然后确定，再选中Ⓔ轴，在弹出的对话框中"偏移距离 mm"输入"-950"，再选中Ⓓ轴，在弹出的对话框中"偏移距离 mm"输入"1050"。辅助轴线建立完毕，在"构件列表"选择 Q2 电梯，在黑色绘图界面进行 Q2 电梯的绘制，绘制完成后单击"保存"。

四、任务结果

绘制完成后，进行汇总计算［F9］，查看报表，单击"设置报表范围"，只选择墙的报表范围，单击"确定"，如图 2.31 所示。

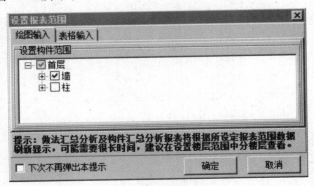

图 2.31

首层剪力墙清单定额见表 2.8。

表 2.8　剪力墙清单定额量

序号	编码	项目名称及特征	单位	工程量
1	010504001001	直形墙 1. 混凝土种类:普通混凝土 2. 混凝土强度等级:C30 3. 混凝土拌和料要求:商品混凝土	m³	56.862
	A4-28	墙　混凝土	m³	56.862

五、总结拓展

①虚墙只起分割封闭作用,不计算工程量,也不影响工程量的计算。

②在对构件进行属性编辑时,"属性编辑框"中有两种颜色的字体:蓝色字体和灰色字体。蓝色字体显示的是构件的公有属性,灰色字体显示的是构件的私有属性,对公有属性部分进行操作,所做的改动对所有同名称构件起作用。

③对"属性编辑框"中"附加"进行勾选,方便用户对所定义的构件进行查看和区分。

④软件对内外墙定义的规定:软件为方便外墙布置,建筑面积、平整场地等部分智能布置功能,需要人为区分内外墙。

问 题思考

(1)Q1 为什么要区别内、外墙定义?

(2)电梯井壁墙的内侧模板是否存在超高?

(3)电梯井壁墙的内侧模板和外侧模板是否套用的为同一定额?

2.2.3　首层梁的工程量计算

通过本小节的学习,你将能够:

(1)依据定额和清单分析梁的工程量计算规则;

(2)定义梁的属性定义;

(3)绘制梁图元;

(4)统计梁工程量。

一、任务说明

①完成首层梁的定义、做法套用、图元绘制。

②汇总计算,统计本层柱的工程量。

二、任务分析

①梁在计量时的主要尺寸有哪些? 从什么图中什么位置找到? 是什么类别的梁?

②梁是如何套用清单定额的？软件中如何处理变截面梁？

③梁的标高如何调整？起点顶标高、终点顶标高不同会有什么结果？

④绘制梁时如何使用 Shift 加左键实现精确定位？

⑤各种不同名称梁如何能快速套用做法？

三、任务实施

1)图纸分析

①分析结施-5,从左至右、从上至下,本层有框架梁、屋面框架梁、非框架梁、悬梁 4 种。

②框架梁 KL1~KL8、屋面框架梁 WKL1~WKL3、非框架梁 L1~L12、悬梁 XL1,主要信息见表2.9。

表 2.9　梁表

序号	类型	名称	混凝土标号	截面尺寸(mm)		顶标高	备注
1	框架梁	KL1	C30	250×500	250×650	层顶标高	变截面
		KL2	C30	250×500	250×650	层顶标高	变截面
		KL3	C30	250×500		层顶标高	
		KL4	C30	250×500	250×650	层顶标高	变截面
		KL5	C30	250×500		层顶标高	
		KL6	C30	250×500		层顶标高	
		KL7	C30	250×600		层顶标高	
		KL8	C30	250×500	250×650	层顶标高	变截面
		KL9	C30	250×500		层顶标高	
2	屋面框架梁	WKL1	C30	250×600		层顶标高+0.1	
		WKL2	C30	250×600		层顶标高+0.1	
		WKL3	C30	250×500		层顶标高	
3	非框架梁	L1	C30	250×500		层顶标高	
		L2	C30	250×500		层顶标高	
		L3	C30	250×500		层顶标高	
		L4	C30	200×400		层顶标高	
		L5	C30	250×600		层顶标高	
		L6	C30	250×400		层顶标高	
		L7	C30	250×600		层顶标高	

序号	类型	名称	混凝土标号	截面尺寸(mm)	顶标高	备注
3	非框架梁	L8	C30	200×400	层顶标高-0.05	
		L9	C30	250×600	层顶标高-0.05	
		L10	C30	200×400	层顶标高	
		L11	C30	250×600	层顶标高	
		L12	C30	250×500	层顶标高	
4	悬挑梁	XL1	C30	250×500	层顶标高	

2)现浇混凝土梁清单、定额规则学习

（1）清单计算规则（见表2.10）

表2.10　梁清单计算规则

编号	项目名称	单位	计算规则
010505001	有梁板	m^3	按设计图示尺寸以体积计算,不扣除单个面积≤0.3m^2的柱、垛以及空洞所占体积。有梁板(包括主、次梁与板)按梁、板体积之和计算
011702014	有梁板	m^2	按模板与现浇混凝土构件的接触面积计算 1.现浇钢筋混凝土板单孔面积≤0.3m^2的孔洞不予扣除,洞侧壁模板也不增加;单孔面积>0.3m^2的孔洞应予扣除,洞侧壁模板面积并入板模板工程量内计算 2.现浇框架分别按梁、板有关规定计算 3.柱、梁、墙、板相互连接的重叠部位均不计算模板面积

（2）定额计算规则（见表2.11）

表2.11　梁定额计算规则

编号	项目名称	单位	计算规则
A4-31	混凝土 有梁板	m^3	同清单
A17-91	有梁板 胶合板模板 钢支撑	m^2	同清单
A17-105	板支撑高度超过3.6m 每增1m 钢支撑	m^2	模板支撑高度>3.6m时,按整个构件的模板面积计算工程量

3)梁的属性定义

（1）框架梁

新建矩形梁KL-1,根据KL-1(9)图纸中的集中标注,在属性编辑器中输入相应的属性值,如图2.32所示。

（2）屋框梁

屋框梁的属性定义同上面框架梁，如图2.33所示。

属性名称	属性值	附加
名称	KL-1	☐
类别1	框架梁	☐
类别2	有梁板	☐
材质	现浇混凝土	☐
砼标号	(C30)	☐
砼类型	砾石 GD40	☐
截面宽度（	250	☐
截面高度（	500	☐
截面面积（m	0.125	☐
截面周长（m	1.5	☐
起点顶标高	层顶标高	☐
终点顶标高	层顶标高	☐
轴线距梁左	(125)	☐
砖胎膜厚度	0	☐
是否计算单	否	☐
图元形状	直形	☐
模板类型	胶合板模板	☐

图 2.32

属性名称	属性值	附加
名称	WKL1	☐
类别1	框架梁	☐
类别2	有梁板	☐
材质	现浇混凝	☐
砼标号	(C30)	☐
砼类型	砾石 GD40	☐
截面宽度（	250	☐
截面高度（	600	☐
截面面积（m	0.15	☐
截面周长（m	1.7	☐
起点顶标高	层顶标高	☐
终点顶标高	层顶标高	☐
轴线距梁左	(125)	☐
砖胎膜厚度	0	☐
是否计算单	否	☐
图元形状	直形	☐
模板类型	胶合板模	☐

图 2.33

4）梁做法套用

梁构件定义好后，需要进行套做法操作，如图2.34所示。

	编码	类别	项目名称	项目特征	单位	工程量表达式	表达式说明	措施项目	专业
1	− 010505001001	项	有梁板	1.混凝土种类：普通混凝土 2.混凝土强度等级：c30 3.混凝土拌和料要求：商品混凝土	m3	TJ	TJ<体积>	☐	建筑装饰装修工程
2	A4-31	定	混凝土 有梁板（碎石）		m³	TJ	TJ<体积>	☐	建筑
3	− 011702014001	项	有梁板模板	1.有梁板模板制作安装，支撑高度3.76m 2.部位：一层~四层	m2	MBMJ	MBMJ<模板面积>	☑	建筑装饰装修工程
4	A17-91	定	有梁板 胶合板模板 钢支撑		m²	MBMJ	MBMJ<模板面积>	☑	建筑
5	A17-105	定	板支撑超过3.6m 每增加1m 钢支撑		m²	MBMJ	MBMJ<模板面积>	☑	建筑

图 2.34

5）梁绘制方法讲解

（1）直线绘制

在绘图界面，单击"直线"，再单击梁的起点①轴与Ⓓ轴的交点，然后单击梁的终点④轴与Ⓓ轴的交点即可，如图2.35所示。

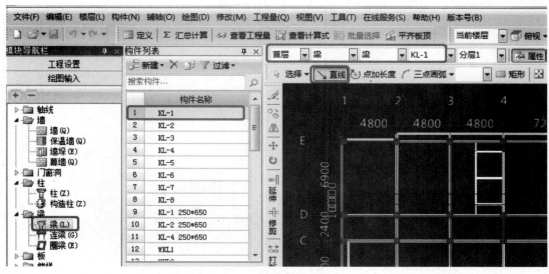

图 2.35

（2）镜像绘制梁图元

①～④轴间Ⓓ轴上的 KL1 与⑦～⑪轴间Ⓓ轴上的 KL1 是对称的,因此,可以采用"镜像"绘制此图元。点选镜像图元,单击对称轴一点,再单击另一点,右键确认。

四、任务结果

①参照 KL1、WKL1 属性的定义方法,将 KL2～KL9、WKL2、WKL3、L1～L5、L7～L9、L11～L13、XL1 按图纸要求定义。L6、L10 在绘制楼梯时介绍,暂不定义属性。

②用直线、对齐、镜像等方法将 KL2～KL9、WKL2、WKL3、L1～L5、L7～L9、L11～L13、XL1 按图纸要求绘制。绘制完如图 2.36 所示。

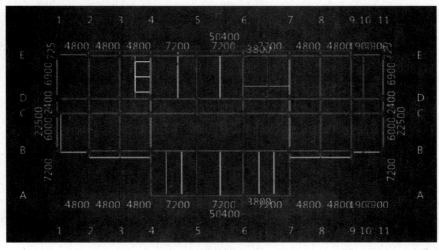

图 2.36

③汇总计算,统计本层梁的工程量见表 2.12。

表 2.12　梁清单定额量

序号	编码	项目名称及特征	单位	工程量
1	010505001001	有梁板 1. 混凝土种类:普通混凝土 2. 混凝土强度等级:C30 3. 混凝土拌和料要求:商品混凝土	m^3	58.8882
	A4-31	混凝土　有梁板	m^3	58.8882

五、总结拓展

①⑥ ~ ⑦轴与Ⓓ ~ Ⓔ轴间的梁标高比层顶标高低 0.05,汇总之后选择图元,右键单击属性编辑框可以单独修改该梁的私有属性,改变标高。用同样的方法可以修改 WKL1、WKL2 的标高。

②KL1、KL2、KL4、KL8 在图纸上有两种截面尺寸,软件是不能定义同名称构件的,因此在定义时需重新加下脚标定义。

③绘制梁构件时,一般先横向后竖向,先框架梁后次梁,避免遗漏。

问 题思考

(1)梁属于线性构件,那么梁可不可以使用矩形绘制? 如果可以,哪些情况适合用矩形绘制?

(2)智能布置梁后位置与图纸位置不一样,怎样调整?

2.2.4　首层板工程量计算

通过本小节的学习,你将能够:

(1)依据定额和清单分析现浇板的工程量计算规则;

(2)定义板的属性;

(3)绘制板;

(4)统计板工程量。

一、任务说明

①完成首层板的定义、做法套用、图元绘制。

②汇总计算,统计本层板的工程量。

二、任务分析

①首层板在计量时的主要尺寸有哪些? 从什么图中什么位置找到? 是什么类别的板?

②板是如何套用清单定额的?

③板的绘制方法几种?

④各种不同名称板如何能快速套用做法?

三、任务实施

1)分析图纸

分析结施-12可得到板的截面信息,包括屋面板与普通楼板,主要信息见表2.13。

表2.13　板表

序号	类型	名称	混凝土标号	板厚 h(mm)	板顶标高	备注
1	屋面板	WB1	C30	100	层顶标高	
2	普通楼板	LB2	C30	120	层顶标高	
		LB3	C30	120	层顶标高	
		LB4	C30	120	层顶标高	
		LB5	C30	120	层顶标高	
		LB6	C30	120	层顶标高-0.05	
3	未注明板	Ⓑ、Ⓔ轴悬挑板	C30	120	层顶标高	

2)现浇板定额、清单计算规则分析

(1)清单计算规则(见表2.14)

表2.14　板清单计算规则

编号	项目名称	单位	计算规则
010505001	有梁板	m³	按设计图示尺寸以体积计算,不扣除单个面积≤0.3m² 的柱、垛以及空洞所占体积。有梁板(包括主、次梁与板)按梁、板体积之和计算
011702014	有梁板	m²	按模板与现浇混凝土构件的接触面积计算 1.现浇钢筋混凝土板单孔面积≤0.3m²的孔洞不予扣除,洞侧壁模板也不增加;单孔面积>0.3m²的孔洞应予扣除,洞侧壁模板面积并入板模板工程量内计算 2.现浇框架分别按梁、板有关规定计算 3.柱、梁、墙、板相互连接的重叠部位,均不计算模板面积

(2)定额计算规则(见表2.15)

表2.15　板定额计算规则

编号	项目名称	单位	计算规则
A4-31	混凝土　有梁板	m³	同清单
A17-91	有梁板　胶合板模板　钢支撑	m²	同清单

续表

编号	项目名称	单位	计算规则
A17-105	板支撑高度超过 3.6m 每增 1m 钢支撑	m²	模板支撑高度>3.6m 时,按整个构件的模板面积计算工程量

3)板的定义

(1)楼板属性定义

新建现浇板 LB2,根据 LB2 图纸中的尺寸标注,在属性编辑器中输入相应的属性值,如图 2.37 所示。

属性名称	属性值	附加
名称	LB2	
类别	有梁板	☐
砼标号	(C30)	☐
砼类型	(砾石 GD40	☐
厚度(mm)	120	☐
顶标高(m)	层顶标高	☐
是否是楼板	是	☐
是否是空心	否	☐
模板类型	胶合板模板/	☐
备注		☐
⊞ 计算属性		
⊞ 显示样式		

图 2.37

属性名称	属性值	附加
名称	WB1	
类别	有梁板	☐
砼标号	(C30)	☐
砼类型	(砾石 GD40	☐
厚度(mm)	100	☐
顶标高(m)	层顶标高	☐
是否是楼板	是	☐
是否是空心	否	☐
模板类型	胶合板模板	☐
备注		☐
⊞ 计算属性		
⊞ 显示样式		

图 2.38

(2)屋面板定义

屋面板定义与上面楼板定义完全相似,如图 2.38 所示。

4)做法套用

板构件定义好后,需要进行套做法套用,如图 2.39 所示。

	编码	类别	项目名称	项目特征	单位	工程量表达式	表达式说明	措施项目	专业
1	⊟ 010505001001	项	有梁板	1.混凝土种类:普通混凝土 2.混凝土强度等级:c30 3.混凝土拌和料要求:商品混凝土	m3	TJ	TJ〈体积〉	☐	建筑装饰装修工程
2	└ A4-31	定	混凝土 有梁板 (砾石)		m³	TJ	TJ〈体积〉	☐	建筑
3	⊟ 011702014001	项	有梁板模板	1.有梁板模板制作安装,支撑高度3.78m 2.部位:一层~四层	m2	MBMJ	MBMJ〈模板面积〉	☑	建筑装饰装修工程
4	└ A17-91	定	有梁板 胶合板 模板 钢支撑		m³	MBMJ	MBMJ〈模板面积〉	☑	建筑
5	└ A17-105	定	板支撑超过3.6m 每增加1m 钢支撑		m²	MBMJ	MBMJ〈模板面积〉	☑	建筑

图 2.39

5)板绘制方法讲解

(1)点画绘制板

以 WB1 为例,定义好屋面板后,单击"点画",在 WB1 区域单击左键,WB1 即可布置,如

图 2.40 所示。

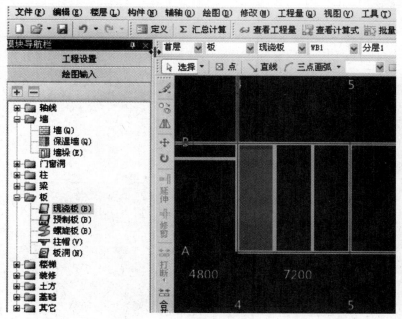

图 2.40

（2）直线绘制板

仍以 WB1 为例，定义好屋面板后，单击"直线"，左键单击 WB1 边界区域的交点，围成一个封闭区域，WB1 即可布置，如图 2.41 所示。

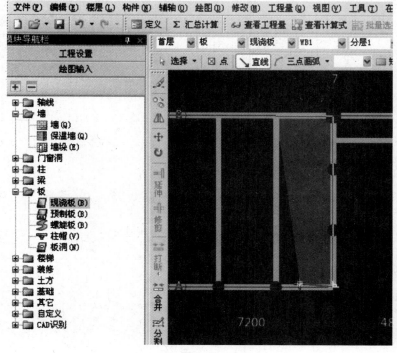

图 2.41

四、任务结果

①根据上述屋面板、普通楼板的定义方法,将本层的 LB3、LB4、LB5、LB6 定义好。
②用点画、直线、矩形等法将①轴与⑪轴间的板绘制好。绘制完后如图 2.42 所示。

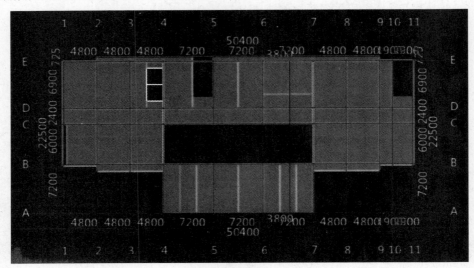

图 2.42

③汇总计算,统计本层板的工程量见表 2.16。

表 2.16　板清单定额量

序号	编码	项目名称及特征	单位	工程量
1	010505001001	有梁板 1. 混凝土种类:普通混凝土 2. 混凝土强度等级:C30 3. 混凝土拌和料要求:商品混凝土	m³	81. 1542
	A4-31	混凝土 有梁板	m³	81. 1542

五、总结拓展

①⑥ ~ ⑦轴与Ⓓ ~ Ⓔ轴间的板顶标高低于层顶标高 0.05m,在绘制板后可以通过单独调整板的属性来调整标高。

②Ⓑ轴与Ⓒ轴间左边与右边的板可以通过"镜像"绘制,绘制方法与柱镜像绘制方法相同。

③板属于面式构件,绘制的方法和其他面式构件相似。

问题思考

(1)用点画法绘制板需要注意哪些事项,对绘制区域有什么要求?

(2)有梁板时,板与梁相交时的扣减原则是什么?

2.2.5 首层砌体墙的工程量计算

通过本小节的学习,你将能够:

(1)依据定额和清单分析砌体墙的工程量计算规则;

(2)运用点加长度绘制墙图元;

(3)统计本层墙的阶段性工程量。

一、任务说明

①完成首层砌体墙的定义、做法套用、图元绘制。

②汇总计算,统计本层砌体墙的工程量。

二、任务分析

①首层砌体墙在计量时的主要尺寸有哪些? 从什么图中什么位置找到? 有多少类型的墙?

②砌体墙不在轴线上如何使用点加长度绘制?

③砌体墙中清单计算的厚度与定额计算厚度不一致如何处理? 砌体墙的清单项目特征描述如何影响定额匹配的?

④虚墙的作用是什么? 如何绘制?

三、任务实施

1)分析图纸

分析建施-0、建施-3、建施-10、建施-11、建施-12、结施-8,可以得到砌块墙的信息,见表2.17。

表2.17　砌块墙表

序号	类型	砌筑砂浆	材质	墙厚	标高	备注
1	砌块外墙	M5 混合砂浆	蒸压加气混凝土砌块	250	-0.1 ~ +3.8	梁下墙
2	砌块内墙	M5 混合砂浆	蒸压加气混凝土砌块	200	-0.1 ~ +3.8	梁下墙
3	砌块内墙	M5 混合砂浆	蒸压加气混凝土砌块	100	-0.1 ~ +3.8	梁下墙

2)砌块墙清单、定额计算规则学习

(1)清单计算规则(见表2.18)

表2.18　砌块墙清单计算规则

编号	项目名称	单位	计算规则
010402001	砌体墙	m³	按设计图示尺寸以体积计算。扣除门窗、洞口、嵌入墙内的钢筋混凝土柱、梁、圈梁、挑梁、过梁及凹进墙内的壁龛、管槽、暖气槽、消火栓箱所占体积,不扣除梁头、板头、檩头、垫木、木楞头、沿缘木、木砖、门窗走头、砌块墙内加固钢筋、木筋、铁件、钢管及单个面积≤0.3m²的孔洞所占的体积。凸出墙面的腰线、挑檐、压顶、窗台线、虎头砖、门窗套的体积亦不增加。凸出墙面的砖垛并入墙体体积内计算。

(2)定额计算规则(见表2.19)

表2.19　砌块墙定额计算规则

编号	项目名称	单位	计算规则
A3-57	蒸压加气混凝土砌块墙　墙体厚度　25cm	m³	同清单
A3-56	蒸压加气混凝土砌块墙　墙体厚度　20cm	m³	同清单
A3-54	蒸压加气混凝土砌块墙　墙体厚度　10cm	m³	同清单

3)砌块墙属性的定义

新建砌块墙的方法参见新建剪力墙的方法,这里只是简单地介绍一下新建砌块墙需要注意的地方,如图2.43所示。

属性名称	属性值	附加
名称	QTQ-1	
类别	砌体墙	☐
材质	砌块	☑
砂浆标号	(M5)	☐
砂浆类型	(水泥石灰砂浆)	☐
厚度(mm)	250	☑
起点顶标高	层顶标高	☐
终点顶标高	层顶标高	☐
起点底标高	层底标高	☐
终点底标高	层底标高	☐
轴线距左墙	(125)	☐
内/外墙标	外墙	☑
图元形状	直形	☐

图2.43

属性名称	属性值	附加
名称	QTQ-2	
类别	砌体墙	☐
材质	砌块	☑
砂浆标号	(M5)	☐
砂浆类型	(水泥石灰砂浆)	☐
厚度(mm)	200	☑
起点顶标高	层顶标高	☐
终点顶标高	层顶标高	☐
起点底标高	层底标高	☐
终点底标高	层底标高	☐
轴线距左墙	(100)	☐
内/外墙标	内墙	☑
图元形状	直形	☐

图2.44

内/外墙标志:外墙和内墙要区别定义,除了对自身工程量有影响外,还影响其他构件的智能布置。这里可以根据工程实际需要对标高进行定义,如图 2.44 所示。本工程是按照软件默认的高度进行设置的,软件会根据定额的计算规则对砌块墙和混凝土相交的地方进行自动处理。

4)做法套用

砌块墙做法套用如图 2.45 所示。

	编码	类别	项目名称	项目特征	单位	工程量表达式	表达式说明	措施项目	专业
1	− 010402001001	项	砌块墙	砌块品种、规格、强度等级:蒸压加气混凝土砌块;墙体厚度:250mm厚;砂浆强度等级:M5混合砂浆	m3	TJ	TJ<体积>	☐	建筑装饰装修工程
2	└ A3-57	定	蒸压加气混凝土砌块墙 墙体厚度 25cm	m³	TJ	TJ<体积>	☐	建筑

图 2.45

5)画法的讲解——点加直线

建施-3 中在②轴、⑧轴向下有一段墙体 1025mm(中心线距离),单击"点加长度",再单击起点⑧轴与②轴相交点,然后向上找到⑥轴与②轴相交点单击一下,弹出"点加长度设置"对话框,在"反向延伸长度处(mm)"输入"1025",然后确定,如图 2.46 所示。

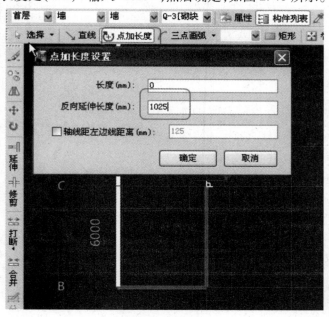

图 2.46

四、任务结果

①按照"点加长度"的画法,把②轴、⑥轴向上、⑨轴、⑥轴向上等相似位置的砌块外墙绘制好。

②汇总计算,统计本层砌体墙的工程量,见表 2.20。

表2.20　砌体墙清单定额量

序号	编码	项目名称及特征	单位	工程量
1	010402001001	砌块墙 1.砌块品种、规格、强度等级:蒸压加气混凝土砌块 2.墙体厚度:250mm 厚 3.砂浆强度等级:M5 混合砂浆	m³	68.4425
	A3-57	蒸压加气混凝土砌块墙　墙体厚度　25cm	m³	68.4425
2	010402001002	砌块墙 1.砌块品种、规格、强度等级:蒸压加气混凝土砌块 2.墙体厚度:200mm 厚 3.砂浆强度等级:M5 混合砂浆	m³	94.7563
	A3-56	蒸压加气混凝土砌块墙　墙体厚度　20cm	m³	94.7563
3	010402001003	砌块墙 1.砌块品种、规格、强度等级:蒸压加气混凝土砌块 2.墙体厚度:100mm 厚 3.砂浆强度等级:M5 混合砂浆	m³	2.023
	A3-54	蒸压加气混凝土砌块墙　墙体厚度　10cm	m³	2.023

五、总结拓展

①"Shift+左键"绘制偏移位置的墙体。在直线绘制墙体的状态下,按住"Shift"同时单击⑤轴和Ⓓ轴的相交点,弹出"输入偏移量"的对话框,在"X ="的地方输入"−3000",单击"确定",然后向着垂直Ⓔ轴的方向绘制墙体。

②做实际工程的时候,要依据图纸对各个构件进行分析,确定构件需要计算的内容和方法,对软件所计算的工程量进行分析核对。本小节介绍了"点加长度"和"Shift+左键"的方法绘制墙体,在应用时可以依据图纸分析哪个功能能帮助我们快速绘制图元。

问题思考

(1)思考 Shift+左键的方法还可以应用在哪些构件的绘制中?

(2)框架间墙的长度怎样计算?

(3)在定义墙构件属性时为什么要区分内外墙的标志?

2.2.6　首层门窗、洞口、壁龛的工程量计算

通过本小节的学习,你将能够:

(1)定义门窗洞口;

(2)绘制门窗图元;

（3）统计本层门窗的工程量。

一、任务说明

①完成首层门窗、洞口的定义、做法套用、图元绘制。
②使用精确和智能布置绘制门窗。
③汇总计算，统计本层门窗的工程量。

二、任务分析

①首层门窗的尺寸种类有多少？影响门窗位置的离地高度如何设置？门窗在墙中是如何定位的？
②门窗的清单与定额如何匹配的？
③不精确布置门窗会有可能影响哪些项目的工程量？

三、任务实施

1）分析图纸

分析图纸建施-3、建施-10 ~ 建施-12、建施-15、结施-5,可得到门窗、洞口的信息,见表 2.21。

表 2.21　门窗、洞口表

序号	名称	数量（个）	宽（mm）	高（mm）	离地高度（mm）	备注
1	M1	10	1000	2100	0	成品木质装饰门
2	M2	1	1500	2100	0	成品木质装饰门
3	YFM1	2	1200	2100	0	钢质乙级防火门
4	JXM1	1	550	2100	0	木质丙级防火检修门
5	JXM2	2	1200	2100	0	木质丙级防火检修门
6	LM1	1	2100	3000	0	塑钢平开门
7	TLM1	1	3000	2100	0	玻璃推拉门
8	LC1	10	900	2700	700	塑钢上悬窗
9	LC2	24	1200	2700	700	塑钢上悬窗
10	LC3	2	1500	2700	700	塑钢上悬窗
11	MQ1	1	21000	3900	0	全隐框玻璃幕墙
12	MQ2	4	4975	3900	0	全隐框玻璃幕墙
13	电梯门洞	2	1200	2600	0	
14	走廊洞 D1	2	1800	2700	0	
15	消火栓箱	1	750	1650	150	

2)门窗清单、定额规则学习

（1）清单计算规则（见表 2.22）

表 2.22　门窗清单计算规则

编号	项目名称	单位	计算规则
010801001	木质门	m²	
010801004	木质防火门	m²	
010802001	金属（塑钢）门	m²	以平方米计量，按设计图示洞口尺寸以面积计算
010802003	钢质防火门	m²	
010805005	全玻自由门	m²	
010807001	金属（塑钢、断桥）窗	m²	
011209001	带骨架幕墙	m²	按设计图示框外围尺寸以平方米计算

（2）定额计算规则（见表 2.23）

表 2.23　门窗定额计算规则

编号	项目名称	单位	计算规则
桂 B-1	成品木质装饰门	m²	
A12-81	防火门 木质	m²	按设计图示洞口尺寸以面积计算
A12-80	防火门 钢质	m²	
A12-141	特殊五金 L 形 执手插锁	把	
A12-149	特殊五金 闭门器 明装	套	按设计图示数量计算
A12-151	特殊五金 防火门防火铰链	副	
A12-166	门窗周边塞缝 水泥砂浆 1∶2.5	m	按设计图示长度计算
桂 B-2	6 厚钢化白玻塑钢平开门	m²	
桂 B-3	6 厚钢化白玻推拉门	m²	按设计图示洞口尺寸以面积计算
桂 B-4	80 系列 5 厚钢化白玻塑钢上悬窗不带纱	m²	
桂 B-5	140 系列全隐框玻璃幕墙（5 厚钢化镀膜玻璃）	m²	按设计图示框外围尺寸以平方米计算

3)构件属性的定义

（1）门的属性定义

新建"矩形门 M1"，属性定义如图 2.47 所示。

①洞口宽度、洞口高度:从门窗表中可以直接得到。

②框厚:输入门实际的框厚尺寸,对墙面块料面积、踢脚线面积的计算有影响,本工程输入"60"。

③立樘距离:门框中心线与墙中心间的距离,默认为"0"。如果门框中心线在墙中心线左边,该值为负,否则为正。

（2）窗的属性定义

新建"矩形窗 LC1",根据广西版图纸补充说明可知采用 80 系列塑钢上悬窗,属性定义如图 2.48 所示,其中框厚输入"80"。

属性名称	属性值	附加
名称	M1	□
洞口宽度 (mm)	1000	□
洞口高度 (mm)	2100	□
框厚 (mm)	60	□
立樘距离 (mm)	0	□
洞口面积 (m2)	2.1	
离地高度 (mm)	0	□
是否随墙变斜	否	□
是否为人防构	否	□
备注		□
⊞ 计算属性		
⊞ 显示样式		

图 2.47

属性名称	属性值	附加
名称	LC1	□
类别	普通窗	□
洞口宽度 (mm)	900	□
洞口高度 (mm)	2700	□
框厚 (mm)	80	□
立樘距离 (mm)	0	□
洞口面积 (m2)	2.43	
离地高度 (mm)	700	□
是否随墙变斜	是	□
备注		□
⊞ 计算属性		
⊞ 显示样式		

图 2.48

①带型窗的属性定义,带型窗不必依附墙体存在,如图 2.49 所示,本工程中 MQ2 不进行绘制。

②电梯洞口的属性定义,如图 2.50 所示。

③壁龛的属性定义（消火栓箱）,如图 2.51 所示。

属性名称	属性值
名称	MQ2
框厚 (mm)	0
起点顶标高	层顶标高+12.7 (16.5)
起点底标高	层底标高-0.35 (-0.45)
终点顶标高	层顶标高+12.7 (16.5)
终点底标高	层底标高-0.35 (-0.45)
轴线距左边	0
是否随墙变	是
备注	

图 2.49

属性名称	属性值	附加
名称	电梯洞口	
洞口宽度 (mm)	1200	□
洞口高度 (mm)	2600	□
离地高度 (mm)	0	□
洞口面积 (m2)	3.12	□
备注		□

图 2.50

属性名称	属性值
名称	消火栓箱
洞口宽度 (	750
洞口高度 (	1650
壁龛深度 (	100
离地高度 (	150
是否为人防	否
备注	
⊞ 计算属性	
⊞ 显示样式	

图 2.51

4）做法套用

门、窗的材质较多,在这里仅例举几个。

①M1 的做法套用,如图 2.52 所示。

	编码	类别	项目名称	项目特征	单位	工程量表达式	表达式说明	措施项目	专业
1	− 010801001001	项	木质门	1.门代号：M1、M2 2.类型：成品木质装饰门，含五金	m2	DKMJ	DKMJ〈洞口面积〉	☐	建筑装饰装修工程
2	柱B-1	补	成品木质装饰门		m2	DKMJ	DKMJ〈洞口面积〉	☐	

图 2.52

②JXM1 的做法套用,如图 2.53 所示。

	编码	类别	项目名称	项目特征	单位	工程量表达式	表达式说明	措施	专业
1	− 010801004001	项	木质防火门	1.门代号：JXM1 2.类型：成品木质丙级防火检修门（<2m2），含五金	m2	DKMJ	DKMJ〈洞口面积〉	☐	建筑装饰装修工程
2	A12-81	定	防火门 木质		m²	DKMJ	DKMJ〈洞口面积〉	☐	建筑
3	A12-149	定	特殊五金 闭门器 明装		套	SL	SL〈数量〉	☐	建筑
4	A12-141	定	特殊五金 L型 执手插锁		把	SL	SL〈数量〉	☐	建筑
5	A12-151	定	特殊五金 防火门 防火铰链		副	SL*2	SL〈数量〉*2	☐	建筑
6	A12-166	定	门窗周边塞缝 水泥砂浆1:2.5		m	DKSMCD	DKSMCD〈洞口三面长度〉	☐	建筑

图 2.53

5)门窗洞口的画法讲解

门窗洞构件属于墙的附属构件,也就是说门窗洞构件必须绘制在墙上。

(1)点画法

门窗最常用的是"点"绘制。对于计算来说,一段墙扣减门窗洞口面积,只要门窗绘制在墙上就可以,一般对于位置要求不用很精确,所以直接采用点绘制即可。在点绘制时,软件默认开启动态输入的数值框,可以直接输入一边距墙端头的距离,或通过"Tab"键切换输入框,如图 2.54 所示。

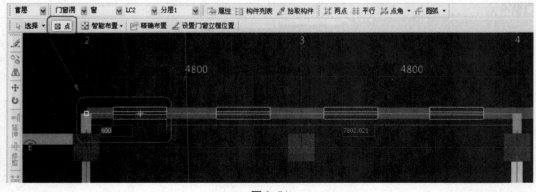

图 2.54

(2)精确布置

当门窗紧邻柱等构件布置时,考虑其上过梁与旁边的柱、墙扣减关系,需要对这些门窗精确定位。如一层平面图中的 M-1,都是贴着柱边布置的。

以绘制ⓒ轴与②轴交点处的 M-1 为例:先选择"精确布置"功能,再选择ⓒ轴的墙,然后指定插入点,在"请输入偏移值"中输入"-300",确定即可,如图 2.55 所示。

图 2.55

（3）打断

由建施-3 的 MQ1 的位置可以看出,起点和终点均位于外墙外边线的地方,绘制的时候不好捕捉,绘制好 MQ1 后,单击左侧工具栏的"打断",捕捉到 MQ1 和外墙外边线的交点,绘图界面出现黄色的小叉,单击右键,然后在弹出的确认对话框中选择"是"。选取不需要的 MQ1,右键"删除",如图 2.56 所示。

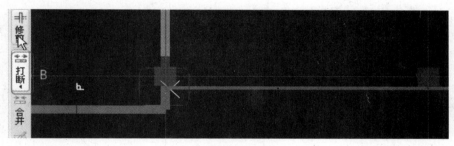

图 2.56

四、任务结果

汇总计算,统计本层门窗的工程量,见表 2.24。

表 2.24 门窗清单定额量

序号	编码	项目名称及特征	单位	工程量
1	010801001001	木质门 1.门代号:M1、M2 2.类型:成品木质装饰门,含五金配件	m²	24.15
	桂 B-1	成品木质装饰门	m²	24.15
2	010801004001	木质防火门 1.门代号:JXM1 2.类型:成品木质丙级防火检修门（<2m²）,含五金配件	m²	1.16

续表

序号	编码	项目名称及特征	单位	工程量
2	A12-81	防火门 木质	100m²	0.0116
	A12-141	特殊五金 L形 执手插锁	把	1
	A12-149	特殊五金 闭门器 明装	套	1
	A12-151	特殊五金 防火门防火铰链	副	2
	A12-166	门窗周边塞缝 水泥砂浆 1∶2.5	100m	0.0475
3	010801004002	木质防火门 1.门代号:JXM2 2.类型:成品木质丙级防火检修门(>2m²),含五金配件	m²	5.04
	A12-81	防火门 木质	100m²	0.0504
	A12-141	特殊五金 L形 执手插锁	把	2
	A12-149	特殊五金 闭门器 明装	套	2
	A12-151	特殊五金 防火门防火铰链	副	4
	A12-166	门窗周边塞缝 水泥砂浆 1∶2.5	100m	0.108
4	010802001001	塑钢门 1.门代号:LM1 2.类型:塑钢平开门(>2m²),含五金配件 3.玻璃品种、厚度:6厚钢化白玻	m²	6.3
	桂 B-2	6厚钢化白玻塑钢平开门	m²	6.3
5	010802003001	钢质防火门 1.门代号:YFM1 2.类型:成品钢质质乙级防火检修门(>2m²),含五金配件	m²	5.04
	A12-80	防火门 钢质	100m²	0.0504
	A12-141	特殊五金 L形 执手插锁	把	2
	A12-149	特殊五金 闭门器 明装	套	2
	A12-151	特殊五金 防火门防火铰链	副	4
	A12-166	门窗周边塞缝 水泥砂浆 1∶2.5	100m	0.108

续表

序号	编码	项目名称及特征	单位	工程量
6	010805005001	全玻门 1. 门代号:TLM1 2. 类型:玻璃推拉门(>2m²),含五金配件 3. 玻璃品种、厚度:6 厚钢化白玻	m²	6.3
	桂 B-3	6 厚钢化白玻推拉门	m²	6.3
7	010807001001	塑钢窗 1. 窗代号:LC1、LC2、LC3、LC4、LC5 2. 类型:80 系列塑钢上悬窗不带纱(>2m²),含五金配件 3. 玻璃品种、厚度:5 厚钢化白玻	m²	110.16
	桂 B-4	80 系列 5 厚钢化白玻塑钢上悬窗不带纱	m²	110.16
8	011209001001	带骨架幕墙 1. 幕墙代号:MQ1 2. 类型:140 系列全隐框玻璃幕墙,含五金配件 3. 玻璃品种、厚度:5 厚钢化镀膜玻璃	m²	74.74
	桂 B-5	140 系列全隐框玻璃幕墙 (5 厚钢化镀膜玻璃)	m²	74.74

五、总结拓展

分析建施-3,位于Ⓔ轴向上②~④轴的位置的 LC2 和Ⓑ轴向下②~④轴的 LC2 是一样的,应用"复制"可以快速地绘制 LC2。单击绘图界面的"复制",选中 LC2,找到墙端头的基点,再单击Ⓑ轴向下 1025mm 与②轴的相交点,完成复制,如图 2.57 所示。

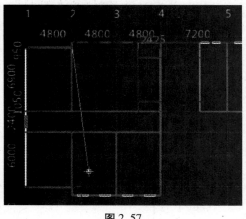

图 2.57

问题思考

什么情况下需要对门、窗进行精确定位?

2.2.7 过梁、圈梁、构造柱的工程量的计算

通过本小节的学习,你将能够:

(1)依据定额和清单分析过梁、圈梁、构造柱的工程量计算规则;

(2)定义过梁、圈梁、构造柱;

(3)绘制过梁、圈梁、构造柱;

(4)统计本层圈梁、构造柱的工程量。

一、任务说明

①完成首层过梁、圈梁、构造柱的定义、做法套用、图元绘制。

②汇总计算,统计首层过梁、圈梁、构造柱的工程量。

二、任务分析

①首层过梁、圈梁、构造柱的尺寸种类分别有多少? 分别从什么图中什么位置找到?

②过梁中入墙长度如何计算?

③如何快速使用智能布置和自动生成构过梁构造柱?

三、任务实施

1)分析图纸

(1)圈梁、过梁

分析结施-2、建施-3、结施-2 中(7),内墙圈梁在门洞上设一道,兼做过梁。定额计算规则规定:圈梁通过门窗洞口时,门窗洞口宽加 500mm 的长度作过梁计算,其余作圈梁计算。因此,内墙的门洞口宽加 500mm 的长度需设置尺寸为 200mm×120mm 的过梁;外墙窗台处设一道圈梁,窗顶的圈梁不再设置,外墙所有的窗上不再布置过梁。MQ1、MQ2 的顶标高直接到混凝土梁,不再设置过梁;LM1 上设置过梁一道,尺寸 250mm×180mm;TLM1 设置过梁一道,尺寸 200mm×300mm。圈梁信息见表 2.25。

表 2.25 圈梁表

序号	名称	位置	宽(mm)	高(mm)	备注
1	QL-1	内墙上	200	120	
2	QL-2	外墙上	250	180	

（2）构造柱

构造柱的设置位置参见结施-2 中（4）。

2）过梁、圈梁、构造柱清单定额计算规则学习

（1）清单计算规则（见表 2.26）

表 2.26　过梁、圈梁、构造柱清单计算规则

编号	项目名称	单位	计算规则
010503004	圈梁	m³	按设计图示尺寸以体积计算。伸入墙内的梁头、梁垫并入梁体积内
010503005	过梁	m³	
010502002	构造柱	m³	按设计图示尺寸以体积计算。柱高:构造柱按全高计算,嵌接墙体部分(马牙槎)并入柱身体积
011702008	圈梁	m²	按模板与现浇混凝土构件的接触面积计算
011702009	过梁	m²	
011702003	构造柱	m²	

（2）定额计算规则（见表 2.27）

表 2.27　过梁、圈梁、构造柱定额计算规则

编号	项目名称	单位	计算规则
A4-24	混凝土　圈梁	m³	按设计图示尺寸以体积计算圈梁通过门窗洞口时,门窗洞口宽加 500mm 的长度作过梁计算,其余作圈梁计算
A4-25	混凝土　过梁	m³	同清单
A4-20	混凝土　构造柱	m³	同清单
A17-72	圈梁　直形　胶合板模板　木支撑	m²	
A17-76	过梁　胶合板模板　木支撑	m²	同清单
A17-58	构造柱　胶合板模板　木支撑	m²	
A17-61	柱支撑超过 3.6m　每增加 1m　木支撑	m²	模板支撑高度>3.6m 时,按整个构件的模板面积计算工程量

3）属性的定义

（1）内墙圈梁的属性定义

内墙圈梁的属性定义如图 2.58 所示。内墙上门的高度不一样,绘制完内墙圈梁后,需要手动修改圈梁标高。

（2）构造柱的属性定义（见图 2.59）

属性名称	属性值	附加
名称	QL-1	
材质	现浇混凝土	☐
砼标号	(C25)	☐
砼类型	砾石 GD40 中砂	☐
截面宽度 (mm)	200	☐
截面高度 (mm)	120	☐
截面面积 (m2)	0.024	☐
截面周长 (m)	0.64	☐
起点顶标高 (m	层底标高+2.22	☐
终点顶标高 (m	层底标高+2.22	☐
轴线距梁左边	(100)	☐
砖胎膜厚度 (	0	☐
图元形状	直形	
模板类型	胶合板模板/钢支	☐
备注		☐
⊞ 计算属性		
⊞ 显示样式		

图 2.58

属性名称	属性值	附加
名称	GZ1	
类别	带马牙槎	☐
材质	现浇混凝土	☐
砼标号	(C25)	☐
砼类型	砾石 GD40	☐
截面宽度 (mm)	200	☐
截面高度 (mm)	200	☐
截面面积 (m2)	0.04	☐
截面周长 (m)	0.8	☐
马牙槎宽度 (m)	60	
顶标高 (m)	层顶标高	☐
底标高 (m)	层底标高	☐
模板类型	胶合板模板	☐
备注		☐
⊞ 计算属性		
⊞ 显示样式		

图 2.59

（3）过梁的属性定义

在门窗列表中，单击"过梁"，新建 GL-1、GL-2、GL-3。绘制时，GL-1 布置在 LM1 上，GL-2 布置在 TLM1 上，GL-3 布置在内墙门洞上。GL-1 的属性定义如图 2.60 所示。

属性名称	属性值	附加
名称	GL-1	
材质	现浇混凝土	☐
砼标号	(C25)	☐
砼类型	砾石 GD40 中砂水泥3	☐
长度 (mm)	(500)	☐
截面宽度 (		☐
截面高度 (	180	☐
起点伸入墙	250	☐
终点伸入墙	250	☐
截面周长 (m	0.36	☐
截面面积 (m	0	☐
位置	洞口上方	☐
顶标高 (m)	洞口顶标高加过梁高	☐
中心线距左	(0)	☐
模板类型	胶合板模板/木支撑	☐
备注		☐
⊞ 计算属性		
⊞ 显示样式		

图 2.60

4）做法套用

①圈梁的做法套用，如图2.61所示。

	编码	类别	项目名称	项目特征	单位	工程量表达式	表达式说明	措施项目	专业
1	− 010503004001	项	圈梁	1.混凝土种类：普通混凝土 2.混凝土强度等级：c25 3.混凝土拌和料要求：商品混凝土	m3	TJ	TJ〈体积〉	☐	建筑装饰装修工程
2	A4-24	定	混凝土 圈梁（碎石）		m²	TJ	TJ〈体积〉	☐	建筑
3	− 011702008001	项	圈梁模板	圈梁模板制作安装，支撑高度3.6m以内	m2	MBMJ	MBMJ〈模板面积〉	☑	建筑装饰装修工程
4	A17-72	定	圈梁 直形 胶合板模板 木支撑		m²	MBMJ	MBMJ〈模板面积〉	☑	建筑

图2.61

②构造柱的做法套用，如图2.62所示。

	编码	类别	项目名称	项目特征	单位	工程量表达式	表达式说明	措施项目	专业
1	− 010502002001	项	构造柱	1.混凝土种类：普通混凝土 2.混凝土强度等级：c25 3.混凝土拌和料要求：商品混凝土	m3	TJ	TJ〈体积〉	☐	建筑装饰装修工程
2	A4-20	定	混凝土柱 构造柱（碎石）		m²	TJ	TJ〈体积〉		建筑
3	− 011702003001	项	构造柱模板	1.构造柱模板制作安装，支撑高度3.78m 2.部位：一层~四层	m2	MBMJ	MBMJ〈模板面积〉	☑	建筑装饰装修工程
4	A17-58	定	构造柱 胶合板模板 木支撑		m²	MBMJ	MBMJ〈模板面积〉	☑	建筑
5	A17-60	定	柱支撑超过3.6m 每增加1m 钢支撑		m²	MBMJ	MBMJ〈模板面积〉	☑	建筑

图2.62

③过梁的做法套用，如图2.63所示。

	编码	类别	项目名称	项目特征	单位	工程量表达式	表达式说明	措施项目	专业
1	− 010503005001	项	过梁	1.混凝土种类：普通混凝土 2.混凝土强度等级：c25 3.混凝土拌和料要求：商品混凝土	m3	TJ	TJ〈体积〉	☐	建筑装饰装修工程
2	A4-25	定	混凝土 过梁（碎石）		m²	TJ	TJ〈体积〉	☐	建筑
3	− 011702009001	项	过梁模板	过梁模板制作安装，支撑高度3.6m以内	m2	MBMJ	MBMJ〈模板面积〉	☑	建筑装饰装修工程
4	A17-76	定	过梁 胶合板模板 木支撑		m²	MBMJ	MBMJ〈模板面积〉	☑	建筑

图2.63

5）画法讲解

（1）圈梁的画法

圈梁可以采用"直线"画法，方法同墙的画法，这里不再重复。单击"智能布置"，如图2.64所示，选中砌块内墙，单击右键确定。

图2.64

（2）构造柱的画法

①点画。构造柱可以按照点画布置，同框架柱的画法。

②自动生成构造柱。单击"自动生成构造柱"，弹出如下对话框，如图 2.65 所示，然后单击"确定"，选中墙体单击右键。

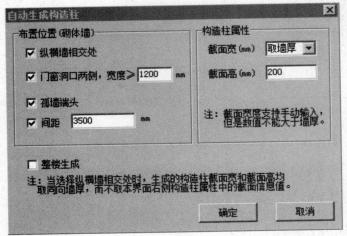

图 2.65

四、任务结果

汇总计算，统计本层过梁、圈梁、构造柱的工程量，见表 2.28。

表 2.28　过梁、圈梁、构造柱清单定额量

序号	编码	项目名称及特征	单位	工程量
1	010502002001	构造柱 1. 混凝土种类：普通混凝土 2. 混凝土强度等级：C25 3. 混凝土拌和料要求：商品混凝土	m³	12.4674
	A4-20	混凝土柱　构造柱	m³	12.4674
2	010503004001	圈梁 1. 混凝土种类：普通混凝土 2. 混凝土强度等级：C25 3. 混凝土拌和料要求：商品混凝土	m³	4.0025
	A4-24	混凝土　圈梁	m³	4.0025
3	010503005001	过梁 1. 混凝土种类：普通混凝土 2. 混凝土强度等级：C25 3. 混凝土拌和料要求：商品混凝土	m³	0.8237
	A4-25	混凝土　过梁	m³	0.8237

五、总结拓展

（1）修改构件图元名称

①选中要修改的构件→单击右键→修改构件图元名称→要修改的构件。

②选中要修改的构件→单击属性→在属性编辑框的名称里直接选择要修改的构件名称。

（2）"同名构件处理方式"对话框中的三项选择的意思

在复制楼层时会出现此对话框。第一个是复制过来的构件都会新建一个，并且名称+n；第二个是复制过来的构件不新建，要覆盖目标层同名称的构件；第三个是复制过来的构件，目标层里有的，构件属性就会换成目标层的属性，没有的构件会自动新建一个构件。（注意：当前楼层如果有画好的图，要覆盖就用第二个选项；不覆盖就用第三个选项；第一个用的不多。）

问 题思考

（1）简述构造柱的设置位置？

（2）为什么外墙窗顶没有设置圈梁？

（3）自动生成构造柱符合实际要求吗？不符合的话需要做哪些调整？

2.2.8 首层后浇带、雨篷工程量计算

通过本小节的学习，你将能够：

（1）依据定额和清单分析首层后浇带、雨篷的工程量计算规则；

（2）定义首层后浇带、雨篷；

（3）绘制首层后浇带、雨篷；

（4）统计首层后浇带、雨篷的工程量。

一、任务说明

①完成首层后浇带、雨篷的定义、做法套用、图元绘制。

②汇总计算，统计首层后浇带、雨篷的工程量。

二、任务分析

①首层后浇带涉及哪些构件？这些构件的做法都一样吗？工程时表达如何选用？

②首层雨篷是一个室外构件，为什么要一次性将清单及定额做完？做法套用分别都是些什么？工程时表达如何选用？

三、任务实施

1)分析图纸

分析结施-9,可以从板平面图得到后浇带的截面信息,本层只有一条后浇带,后浇带宽度为800mm,分布在⑤轴与⑥轴间,距离⑤轴的距离为1000mm。分析结施-8、结施-12可知,雨篷与L12及楼板相连。

2)分析雨篷及反檐

与雨篷相连的L12及楼板在做法套用时是按照有梁板的做法套用清单、定额,计算规则规定:现浇混凝土雨篷与楼板相连时,应并入楼板计算;高度超出板面600mm以内的反檐并入板内计算。所以雨篷及反檐也同样按有梁板的做法套用清单、定额。

3)清单、定额计算规则学习

（1）清单计算规则（见表2.29）

表2.29　清单计算规则

编号	项目名称	单位	计算规则
010508001	后浇带	m³	按设计图示尺寸以体积计算
011702030	后浇带	m²	
010505001	有梁板	m³	按设计图示尺寸以体积计算。现浇混凝土雨篷与楼板相连时,应并入楼板计算;高度超出板面600mm以内的反檐并入板内计算
011702014	有梁板	m²	按模板与现浇混凝土构件的接触面积计算
011203001	零星项目抹灰	m²	按设计图示尺寸以面积计算

（2）定额计算规则（见表2.30）

表2.30　定额计算规则

编号	项目名称	单位	计算规则
A4-67	混凝土后浇带　梁、板	m³	同清单
A17-130	温度后浇带模板增加费　梁、板　胶合板模板钢支撑	m³	
A4-31	混凝土　有梁板	m³	同清单
A17-91	有梁板　胶合板模板　钢支撑	m²	同清单
A17-105	板支撑高度超过3.6m　每增1m　钢支撑	m²	模板支撑高度>3.6m时,按整个构件的模板面积计算工程量

续表

编号	项目名称	单位	计算规则
A10-24	外墙　水泥砂浆　砖墙（12+8）mm	m²	同清单
A13-223	外墙刷氟碳漆	m²	同清单

4）后浇带、雨篷的定义

（1）后浇带属性定义

在模块导航栏单击"后浇带"，在构件列表下新建现浇板 HJD-1，根据 HJD1 图纸中的尺寸标注，在属性编辑器中输入相应的属性值，如图 2.66 所示。

属性名称	属性值	附加
名称	HJD-1	☐
宽度(mm)	800	☐
轴线距后浇	(400)	☐
筏板(桩承	矩形后浇带	☐
基础梁后浇	矩形后浇带	☐
外墙后浇带	矩形后浇带	☐
内墙后浇带	矩形后浇带	☐
梁后浇带类	矩形后浇带	☐
现浇板后浇	矩形后浇带	☐
备注		☐

图 2.66

属性名称	属性值	附加
名称	雨篷	
材质	现浇混凝土	☐
砼标号	(C25)	☐
砼类型	砾石 GD40	☐
板厚(mm)	150	☐
顶标高(m)	3.45	☐
建筑面积计	不计算	☐
模板类型	木模板/木支	☐
备注		
⊞ 计算属性		
⊞ 显示样式		

图 2.67

（2）雨篷属性定义

在模块导航栏其他里单击"雨篷"，在属性编辑器中输入相应的属性值，如图 2.67 所示。

5）套用做法

①后浇带定义好以后，套用做法。后浇带的做法套用与现浇板有所不同，主要有以下几个方面，如图 2.68 所示。

	编码	类别	项目名称	项目特征	单位	工程量表达式	表达式说明	措施	专业
1	⊟ 010508001001	项	后浇带	1.混凝土种类:掺有HEA型膨胀剂的混凝土 2.混凝土强度等级:C35 3.混凝土拌合要求:商品混凝土 4.部位:有梁板	m3	XJBHJDTJ+LHJDTJ	XJBHJDTJ〈现浇板后浇带体积〉+LHJDTJ〈梁后浇带体积〉	☐	建筑装饰装修工程
2	A4-67	定	混凝土后浇带 梁、板（碎石）		m³	XJBHJDTJ+LHJDTJ	XJBHJDTJ〈现浇板后浇带体积〉+LHJDTJ〈梁后浇带体积〉	☐	建筑
3	⊟ 011702030001	项	后浇带模板	有梁板后浇带模板制作安装	m3	XJBHJDTJ+LHJDTJ	XJBHJDTJ〈现浇板后浇带体积〉+LHJDTJ〈梁后浇带体积〉	☑	建筑装饰装修工程
4	A17-130	定	温度后浇带模板增加费 梁、板 叠合板模板钢支撑		m³	XJBHJDTJ+LHJDTJ	XJBHJDTJ〈现浇板后浇带体积〉+LHJDTJ〈梁后浇带体积〉	☑	建筑

图 2.68

②雨篷做法套用,如图2.69所示。

	编码	类别	项目名称	项目特征	单位	工程量表达式	表达式说明	措施	专业
1	─ 010505001001	项	有梁板	1.混凝土种类:普通混凝土 2.混凝土强度等级:c30 3.混凝土拌和料要求:商品混凝土	m3	TJ	TJ〈体积〉	☐	建筑装饰装修工程
2	A4-31	定	混凝土 有梁板(碎石)		m³	TJ	TJ〈体积〉	☐	建筑
3	─ 011702014001	项	有梁板模板	1.有梁板模板制作安装,支撑高度3.78m 2.部位:一层~四层	m2	MBMJ	MBMJ〈模板面积〉	☑	建筑装饰装修工程
4	A17-91	定	有梁板 胶合板模板 钢支撑		m²	MBMJ	MBMJ〈模板面积〉	☑	建筑
5	A17-105	定	板支撑超过3.6m 每增加1m 钢支撑		m²	MBMJ	MBMJ〈模板面积〉	☑	建筑
6	─ 011203001001	项	零星项目一般抹灰	1.12厚1:3水泥砂浆 2.8厚1:2水泥砂浆刷氟碳漆 部位:雨篷、飘窗板、挑檐、压顶	m2	YPDMZXMJ+MBMJ	YPDMZXMJ〈雨篷顶面装修面积〉+MBMJ〈模板面积〉	☐	建筑装饰装修工程
7	A10-24	定	外墙 水泥砂浆 砖墙 (12+8)mm		m²	YPDMZXMJ+MBMJ	YPDMZXMJ〈雨篷顶面装修面积〉+MBMJ〈模板面积〉	☐	建筑
8	A13-223	定	外墙刷氟碳漆		m²	YPDMZXMJ+MBMJ	YPDMZXMJ〈雨篷顶面装修面积〉+MBMJ〈模板面积〉	☐	建筑

图2.69

6)后浇带、雨篷绘制

(1)直线绘制后浇带

首先根据图纸尺寸做好辅助轴线,单击直线,左键单击后浇带的起点与终点即可绘制后浇带,如图2.70所示。

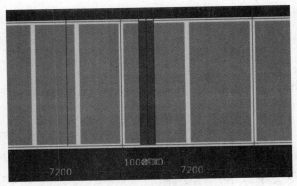

图2.70

(2)直线绘制雨篷

首先根据图纸尺寸作好辅助轴线,用"Shift+左键"的方法绘制雨篷,如图2.71所示。

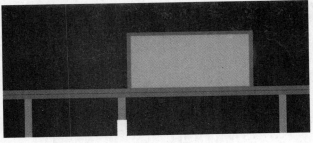

图2.71

四、任务结果

汇总计算,统计本层后浇带、雨篷的工程量见表2.31。

表2.31 后浇带、雨篷清单定额量

序号	编码	项目名称及特征	单位	工程量
1	010508001001	后浇带 1.混凝土种类:掺有 HEA 型膨胀剂的混凝土 2.混凝土强度等级:C35 3.混凝土拌和要求:商品混凝土 4.部位:有梁板	m³	2.1864
	A4-67	混凝土后浇带 梁、板	m³	2.1864
2	010505001001	有梁板 1.混凝土种类:普通混凝土 2.混凝土强度等级:C30 3.混凝土拌和料要求:商品混凝土	m³	0.9865
	A4-31	混凝土 有梁板	m³	0.9865
3	011203001001	零星项目一般抹灰 1.12厚1:3 水泥砂浆 2.8厚1:2 水泥砂浆 3.刷氟碳漆 4.部位:雨篷、飘窗板、挑檐、压顶	m²	12.675
	A10-24	外墙 水泥砂浆 砖墙 (12+8)mm	m²	12.675
	A13-223	外墙刷氟碳漆	m²	12.675

五、总结拓展

①后浇带既属于线性构件也属于面式构件,所以后浇带直线绘制的方法与线性构件一样。

②上述雨篷反檐用栏板定义绘制的,如果不用栏板,用梁定义绘制也可以。

问题思考

(1)后浇带直线绘制法与现浇板直线绘制法有什么区别?

(2)若不使用辅助轴线,怎样能快速绘制上述后浇带?

2.2.9 台阶、散水工程量计算

通过本小节的学习,你将能够:
(1)依据定额和清单分析首层台阶、散水的工程量计算规则;
(2)定义台阶、散水的属性;
(3)绘制台阶、散水;
(4)统计台阶、散水工程量。

一、任务说明

①完成首层台阶、散水的定义、做法套用、图元绘制。
②汇总计算,统计首层台阶、散水的工程量。

二、任务分析

①首层台阶的尺寸是从什么图中什么位置找到? 台阶构件做法说明中 11ZJ001 台5 是什么构造? 都有哪些工作内容? 如何套用清单定额?
②首层散水的尺寸是从什么图中什么位置找到? 散水构件做法说明中 11ZJ001 散1 是什么构造? 都有哪些工作内容? 如何套用清单定额?

三、任务实施

1)图纸分析

结合建施-3,可以从平面图得到台阶、散水的信息,本层台阶和散水的界面尺寸如下:
①台阶的踏步宽度为300mm,踏步个数为3,顶标高为首层层底标高。
②散水的宽度为900mm,沿建筑物周围布置。

2)清单、定额计算规则学习

(1)清单计算规则(见表2.32)

表2.32　清单计算规则

编号	项目名称	单位	计算规则
011102003	块料楼地面	m²	按设计图示尺寸以面积计算。门洞等开口部分并入相应的工程量内
011107002	块料台阶面	m²	按设计图示尺寸以面积计算
011702027	台阶	m²	按图示台阶水平投影面积计算,台阶端头两侧不另计算模板面积
010507001	散水、坡道	m²	按设计图示尺寸以水平投影面积计算,不扣除单个≤0.3m² 的空洞所占面积
011702039	散水	m²	

(2)定额计算规则(见表2.33)

表2.33　定额计算规则

编号	项目名称	单位	计算规则
A3-89	灰土 垫层	m^3	按设计图示体积计算
A4-3	混凝土垫层	m^3	按设计图示体积计算
A4-58	混凝土 台阶	m^3	按设计图示体积计算
A9-83	陶瓷地砖楼地面 每块周长2400mm以内 水泥砂浆密缝	m^2	按设计图示尺寸以平方米计算,门洞等开口部分并入相应的工程量内
A9-97	陶瓷地砖 台阶 水泥砂浆	m^2	按水平投影面积以平方米计算,包括踏步及最上一层踏步边沿加300mm
A17-122	台阶 木模板木支撑	m^2	按水平投影面积以平方米计算,包括踏步及最上一层踏步边沿加300mm
A4-60	散水 混凝土 60mm厚 随捣随光面	m^2	按设计图示尺寸以平方米计算。不扣除单个≤0.3m^2的空洞所占面积
A17-123	散水	m^2	按水平投影面积以平方米计算

3)台阶、散水属性定义

(1)台阶属性定义

新建台阶1,根据台阶图纸中的尺寸标注,在属性编辑器中输入相应的属性值,如图2.72所示。

(2)散水属性定义

新建散水1,根据散水图纸中的尺寸标注,在属性编辑器中输入相应的属性值,如图2.73所示。

属性名称	属性值	附加
名称	台阶1	
材质	现浇混凝土	□
砼标号	(C25)	□
砼类型	(砾石 GD40	□
顶标高(m)	层底标高	□
台阶高度(mm)	450	□
踏步个数	3	□
踏步高度(mm)	150	□
模板类型	木模板/木	□
备注		□
+ 计算属性		
+ 显示样式		

图2.72

属性名称	属性值	附加
名称	散水	
材质	现浇混凝土	□
砼标号	(C25)	□
模板类型	木模板/木支	□
厚度(mm)	100	□
砼类型	(砾石 GD40	□
工艺		□
备注		□
+ 计算属性		
+ 显示样式		

图2.73

4) 做法套用

台阶、散水定义好以后,套用做法,台阶、散水的做法套用与其他构件有所不同。在台阶图集做法中,60 厚 C15 混凝土台阶、300 厚三七灰土的厚度均不包括踏步三角部分,因此没有合适的工程量代码可以选择,需要根据计算规则自行编辑工程量表达式。

①台阶都套用装修工程清单子目,如图 2.74 所示。

	编码	类别	项目名称	项目特征	单位	工程量表达式	表达式说明	措施	专业
1	011107002001	项	块料台阶面	1.8~10厚地砖（300×300防滑砖），缝宽5~8，1:1水泥砂浆擦缝 2.25厚1:4干硬性水泥砂浆 3.素水泥浆结合层一遍 4.60厚C15混凝土台阶（厚度不包括踏步三角部分） 5.300厚三七灰土 6.部位：室外台阶,选用11ZJ00 台5	m2	TBZTMCMJ	TBZTMCMJ〈踏步整体面层面积〉	☐	建筑装饰装修工程
2	A4-58	定	混凝土 台阶(碎石)		m³	((0.9^2+0.45^2)^0.5*0.06+0.3^0.15/2*3)*6.35*2+22.2)	4.4628	☐	建筑
3	A9-97	定	陶瓷地砖 台阶 水泥砂浆		m²	TBZTMCMJ	TBZTMCMJ〈踏步整体面层面积〉	☐	建筑
4	A3-89	定	灰土 垫层		m³	(0.9^2+0.45^2)^0.5*0.3/2*(6.35*2+22.2)	5.2676	☐	建筑
5	011702027001	项	台阶模板	台阶模板制作安装	m2	TBZTMCMJ	TBZTMCMJ〈踏步整体面层面积〉	☑	建筑装饰装修工程
6	A17-122	定	台阶 木模板木支撑		m²投影面	TBZTMCMJ	TBZTMCMJ〈踏步整体面层面积〉	☑	建筑
7	011102003001	项	块料楼地面	1.8~10厚地砖（600×600防滑砖），缝宽5~8，1:1水泥砂浆擦缝 2.25厚1:4干硬性水泥砂浆 2.素水泥浆结合层一遍 3.100厚C15混凝土垫层 4.300厚三七灰土 5.部位：台阶平台,选用11ZJ00 台5	m²	PTSPTYMJ	PTSPTYMJ〈平台水平投影面积〉	☐	建筑装饰装修工程
8	A4-3	定	混凝土垫层(碎石)		m³	PTSPTYMJ*0.1	PTSPTYMJ〈平台水平投影面积〉*0.1	☐	建筑
9	A3-89	定	灰土 垫层		m³	PTSPTYMJ*0.3	PTSPTYMJ〈平台水平投影面积〉*0.3	☐	建筑
10	A9-83	定	陶瓷地砖楼地面 每块周长2400mm以内 水泥砂浆密缝		m²	PTSPTYMJ	PTSPTYMJ〈平台水平投影面积〉	☐	建筑

图 2.74

②散水清单项套用建筑工程清单子目,如图 2.75 所示。

	编码	类别	项目名称	项目特征	单位	工程量表达式	表达式说明	措施项目	专业
1	010507001001	项	散水	1.垫层材料种类、厚度：150厚三七灰土 2.面层厚度：60厚C15混凝土,面上加5厚1:1水泥砂浆随打随抹光 3.混凝土种类：普通混凝土 4.混凝土强度等级：C15 5.变形缝填塞材料：沥青砂浆 6.混凝土拌合要求：商品混凝土	m2	MJ	MJ〈面积〉	☐	建筑装饰装修工程
2	A3-89	定	灰土 垫层		m³	MJ*0.15	MJ〈面积〉*0.15	☐	建筑
3	A4-60	定	散水 混凝土 60mm厚 随捣随光面(碎石)		m²	MJ	MJ〈面积〉	☐	建筑
4	011702039001	项	混凝土散水模板制作安装		m²	MJ	MJ〈面积〉	☑	建筑装饰装修工程
5	A17-123	定	混凝土散水 混凝土60mm厚 木模板木支撑		m²	MJ	MJ〈面积〉	☑	建筑

图 2.75

5) 台阶、散水画法讲解

(1)直线绘制台阶

台阶属于面式构件,因此可以直线绘制也可以点绘制,这里用直线绘制法。画好辅助轴线,选择"直线",单击交点形成闭合区域即可绘制台阶,如图 2.76 所示。

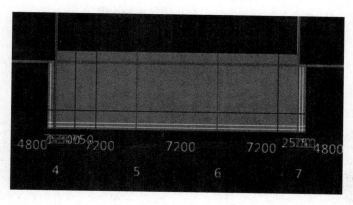

图 2.76

(2)智能布置散水

散水同样属于面式构件,因此可以直线绘制也可以点绘制,这里用智能布置法比较简单。先在④轴与⑦轴间绘制一道虚墙,与外墙平齐形成封闭区域,单击"智能布置"后选择"外墙外边线",在弹出对话框输入"900"确定即可,与台阶相交部分软件会自动扣减。注意坡道处是没有散水的,可以用分割的方法进行处理。绘制完的散水如图 2.77 所示。

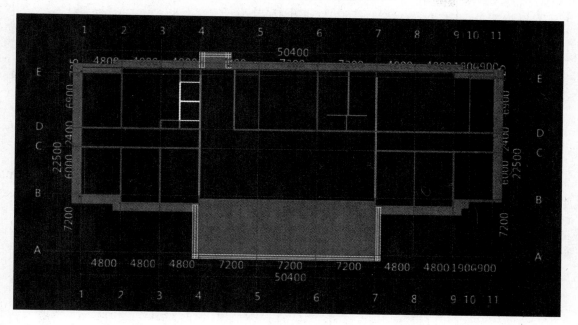

图 2.77

四、任务结果

汇总计算,统计本层台阶、散水的工程量见表 2.34。

表 2.34　台阶、散水清单定额量

序号	编码	项目名称及特征	单位	工程量
1	010507001001	散水、坡道 1. 垫层材料种类、厚度:150 厚三七灰土 2. 面层厚度:60 厚 C15 混凝土,面上加 5 厚 1∶1 水泥砂浆随打随抹光 3. 混凝土种类:普通混凝土 4. 混凝土强度等级:C15 5. 混凝土拌和要求:商品混凝土	m²	98.1902
	A3-89	灰土 垫层	m³	14.729
	A4-60	散水 混凝土 60mm 厚 随捣随光面	m²	98.1902
2	011102003001	块料楼地面 1. 8~10 厚地砖(600×600 防滑砖),缝宽 5~8,1∶1 水泥砂浆擦缝 2.25 厚 1∶4 干硬性水泥砂浆 2. 素水泥浆结合层一遍 3. 100 厚 C15 混凝土垫层 4. 300 厚三七灰土 5. 部位:台阶平台,选用 11ZJ00 台 5	m²	145.27
	A4-3	混凝土垫层	m³	14.527
	A3-89	灰土 垫层	m³	43.581
	A9-83	陶瓷地砖楼地面 每块周长 2400mm 以内 水泥砂浆密缝	m²	145.27
3	011107002001	块料台阶面 1. 8~10 厚地砖(300×300 防滑砖),缝宽 5~8,1∶1 水泥砂浆擦缝 2. 25 厚 1∶4 干硬性水泥砂浆 3. 素水泥浆结合层一遍 4. 60 厚 C15 混凝土台阶(厚度不包括踏步三角部分) 5. 300 厚三七灰土 6. 部位:室外台阶,选用 11ZJ00 台 5	m²	37.08
	A4-58	混凝土 台阶	m³	9.731
	A9-97	陶瓷地砖 台阶 水泥砂浆	m³	37.08
	A3-89	灰土 垫层	m³	11.486

五、总结拓展

①台阶绘制后,还要根据实际图纸设置台阶起始边。

②台阶属性定义只给出台阶的顶标高。

③如果在封闭区域,台阶也可以使用点式绘制。

问 题思考

(1)智能布置散水的前提条件是什么?

(2)图中散水的工程量是最终工程量吗?

(3)散水与台阶相交时,软件会自动扣减吗?若扣减,谁的级别大?

(4)台阶、散水在套用清单与定额时,与主体构件有哪些区别?

2.2.10 平整场地、建筑面积工程量计算

通过本小节的学习,你将能够:

(1)依据定额和清单分析平整场地、建筑面积的工程量计算规则;

(2)场地平整、建筑面积的属性及做法定义;

(3)场地平整、建筑面积的画法;

(4)统计场地平整、建筑面积工程量。

一、任务说明

①完成平整场地、建筑面积的的定义、做法套用、图元绘制。

②汇总计算,统计首层平整场地、建筑面积的工程量。

二、任务分析

①平整场地的工作量计算如何定义?此项目中应选用地下一层还是首层的建筑面积?

②首层建筑面积中门厅外台阶的建筑面积应如何计算?工程量表达式中做何修改?

③与建筑面积相关的楼板现浇混凝土运输道和垂直运输如何套用清单定额?

三、任务实施

1)分析图纸

分析首层平面图可知,本层建筑面积分两部分:楼层建筑面积和门厅外雨篷建筑面积。

2)平整场地与建筑面积清单、定额计算规则学习

(1)清单工程量计算规则(见表2.35)

表2.35 清单工程量计算规则

编号	项目名称	单位	计算规则
010101001	平整场地	m²	按设计图示尺寸以建筑物首层建筑面积计算
011701011	楼板现浇混凝土运输道	m²	按浇捣部分的建筑面积计算

续表

编号	项目名称	单位	计算规则
011703001	垂直运输	m²	按建筑面积计算

（2）定额工程量计算规则（见表 2.36）

表 2.36　定额工程量计算规则

编号	项目名称	单位	计算规则
A1-1	人工平整场地	m²	同清单
A15-28	钢管现浇混凝土运输道　楼板钢管架	m²	同清单
A16-6	建筑物垂直运输高度 25m 以内　框架结构　塔吊、卷扬机	m²	同清单

3）平整场地、建筑面积属性定义

①平整场地属性定义。新建平整场地，如图 2.78 所示。

②建筑面积属性定义。新建建筑面积1、建筑面积2，其中建筑面积2 为门厅外雨篷的建筑面积，如图 2.79、图 2.80 所示。

属性名称	属性值	附加
名称	平整场地	
场平方式	人工	□
备注		□
+ 计算属性		
+ 显示样式		

图 2.78

属性名称	属性值	附加
名称	建筑面积1	
底标高(m)	层底标高	□
建筑面积计	计算全部	□
备注		□
+ 计算属性		
+ 显示样式		

图 2.79

属性名称	属性值	附加
名称	建筑面积2	
底标高(m)	层底标高	□
建筑面积计	计算一半	□
备注		□
+ 计算属性		
+ 显示样式		

图 2.80

③由于平整场地与建筑面积的工程量相同，因此可以不定义平整场地属性，直接在建筑面积的构件做法中套用平整场地的清单、定额。根据定额计算规则，采用大开挖的土方不能再计算平整场地，本工程无平整场地的做法套用。

4）建筑面积做法套用

建筑面积的做法套用，如图 2.81 所示。

	编码	类别	项目名称	项目特征	单位	工程量表达式	表达式说明	措施项目	专业
1	− 011703001001	项	垂直运输（室外地坪以上）	结构类型：框架结构 垂直运输高度：20m以内	m2	MJ	MJ〈面积〉	☑	建筑装饰装修工程
2	A16-4	定	建筑物垂直运输高度 20m以内 框架结构 塔吊、卷扬机		m²	MJ	MJ〈面积〉	☑	建筑
3	− 桂011701011001	补项	现浇混凝土楼板运输道	1.运输道材质：扣件式钢管钢手架 2.结构类型：框剪结构（泵送混凝土）	m2	MJ	MJ〈面积〉	☑	
4	A15-28	定	钢管现浇混凝土运输道楼板钢管架		m²	MJ	MJ〈面积〉	☑	建筑

图 2.81

5）画法讲解

（1）建筑面积

建筑面积属于面式构件，可以点画也可以直线或矩形绘制。下面就以点画为例，将所绘制区域用外虚墙封闭，在绘制区域内单击右键即可。特别注意门厅外台阶的建筑面积要计算一半，如图 2.82 所示。

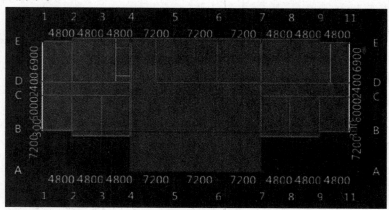

图 2.82

（2）平整场地

平整场地建筑面积绘制同建筑面积，如图 2.83 所示。

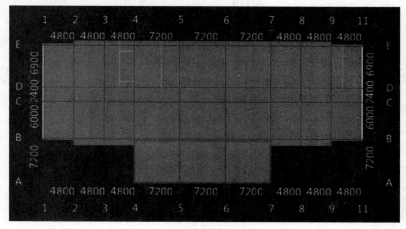

图 2.83

四、总结拓展

①平整场地习惯上是计算首层建筑面积区域，但是地下室建筑面积大于首层建筑面积时，平整场地以地下室为准。

②当一层建筑面积计算规则不一样时，有几个区域就要建立几个建筑面积属性。

问题思考

（1）平整场地与建筑面积属于面式图元，与用直线绘制其他面式图元有什么区别？需要注意哪些问题？

（2）平整场地与建筑面积绘制图元范围是一样的，计算结果有哪些区别？

2.3 二层工程量计算

通过本节的学习，你将能够：

（1）掌握层间复制图元的两种方法；

（2）绘制弧形线性图元；

（3）定义参数化飘窗。

2.3.1 二层柱、墙体的工程量计算

通过本小节的学习，你将能够：

（1）掌握图元层间复制的两种方法；

（2）统计本层柱、墙体的工程量。

一、任务说明

①使用两种层间复制方法完成二层柱、墙体的做法套用、图元绘制。

②查找首层与二层的不同，将不同部分修正。

③汇总计算，统计二层柱、墙的工程量。

二、任务分析

①从名称、尺寸、位置、做法四个方面对比二层与首层的柱、墙都有哪些不同？

②从其他楼层复制构件图元与复制选定图元到其他楼层有什么不同？

三、任务实施

1）分析图纸

（1）分析框架柱

分析结施-5，二层框架柱和首层框架柱相比，截面尺寸、混凝土标号没有差别，不同的是二层没有 KZ4 和 KZ5。

（2）分析剪力墙

分析结施-5，二层的剪力墙和一层的相比截面尺寸、混凝土标号没有差别，唯一的不同在于标高发生了变化。二层的暗梁、连梁、暗柱和首层相比没有差别，暗梁、连梁、暗柱为剪力墙的一部分。

（3）分析梯柱

分析结施-15、结施-16，二层的梯柱和一层的没有差别。

（4）分析砌块墙

分析建施-3、建施-4，二层砌体与一层的基本相同。屋面的位置有240mm厚的女儿墙。女儿墙将在后续章节中详细讲解，这里不作介绍。

2）画法讲解

（1）复制选定图元到其他楼层

在首层，选择"楼层"，复制选定图元到其他楼层，框选需要复制的墙体，右键弹出"复制选定图元到其他楼层"的对话框，勾选"第2层"，单击"确定"，弹出提示框"图元复制成功"，如图2.84、图2.85、图2.86所示。

图2.84

图2.85

图2.86

（2）删除多余墙体

选择"第2层"，选中②轴/①~⑤轴的框架间墙，单击右键选择"删除"，弹出确认对话框"是否删除当前选中的图元"，选择"是"，删除完成，如图2.87、图2.88所示。

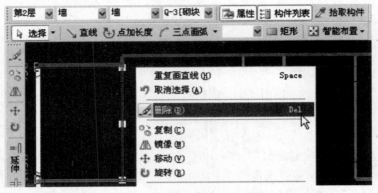

图2.87

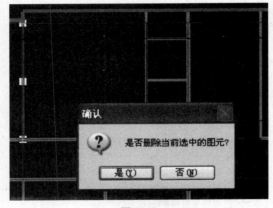

图2.88

四、任务结果

应用"复制选定图元到其他楼层"完成二层、三层图元的绘制。保存并汇总计算，统计本层柱的工程量、墙的阶段性工程量。汇总计算，统计本层柱、墙的工程量见表2.37。

表2.37 二层柱、墙清单定额量

序号	编码	项目名称及特征	单位	工程量
1	010402001001	砌块墙 1.砌块品种、规格、强度等级：蒸压加气混凝土砌块 2.墙体厚度：250mm厚 3.砂浆强度等级：M5 混合砂浆	m³	78.5362
	A3-57	蒸压加气混凝土砌块墙 墙体厚度 25cm	m³	78.5362

续表

序号	编码	项目名称及特征	单位	工程量
2	010402001002	砌块墙 1.砌块品种、规格、强度等级:蒸压加气混凝土砌块 2.墙体厚度:200mm 厚 3.砂浆强度等级:M5 混合砂浆	m³	104.6175
	A3-56	蒸压加气混凝土砌块墙 墙体厚度 20cm	m³	104.6175
3	010402001003	砌块墙 1.砌块品种、规格、强度等级:蒸压加气混凝土砌块 2.墙体厚度:100mm 厚 3.砂浆强度等级:M5 混合砂浆	m³	2.3205
	A3-54	蒸压加气混凝土砌块墙 墙体厚度 10cm	m³	2.3205
4	010502001001	矩形柱 1.混凝土种类:普通混凝土 2.混凝土强度等级:C30 3.混凝土拌和料要求:商品混凝土	m³	32.7795
	A4-18	现浇混凝土 矩形柱	m³	32.7795
5	010502003001	异形柱 1.柱形状:圆形 2.混凝土种类:普通混凝土 3.混凝土强度等级:C30 4.混凝土拌和料要求:商品混凝土	m³	4.4261
	A4-19	混凝土柱 圆形、多边形	m³	4.4261
6	010504001001	直形墙 1.混凝土种类:普通混凝土 2.混凝土强度等级:C30 3.混凝土拌和料要求:商品混凝土	m³	82.8945
	A4-28	墙 混凝土	m³	82.8945

五、总结拓展

（1）从其他楼层复制构件图元

如图 2.88 所示,应用"复制选定图元到其他楼层"的功能进行墙体复制时,可以看到"复制选定图元到其他楼层"的上面有"从其他楼层复制构件图元"的功能,同样可以应用此功能对构件进行层间复制,如图2.89所示。

(2)选择"第2层",在"源楼层选择"中选择首层,然后在"图元选择"中选择所有的墙体构件,"目标楼层选择"中勾选"第2层",然后单击"确定"。看到弹出"同位置图元/同名构件处理方式"对话框如图2.90所示。因为刚才已经通过"复制选定图元到其他楼层"复制了墙体,在二层已经存在墙图元,进行选择然后确定,弹出"图元复制完成"的对话框。

图2.89   图2.90

问 题思考

两种层间复制方法的区别是什么?

2.3.2　二层梁、板、后浇带的工程量计算

通过本小节的学习,你将能够:

(1)掌握"修改构件图元名称"修改图元的方法;

(2)掌握三点画弧绘制弧形图元;

(3)统计本层梁、板工程量。

一、任务说明

①查找首层与二层的不同部分。

②使用修改构件图元名称修改二层梁、板。

③使用三点画弧完成弧形图元的绘制。

④汇总计算，统计二层梁、板的工程量。

二、任务分析

①从名称、尺寸、位置、做法四个方面对比二层与首层的梁、板都有哪些不同？

②构件名称、构件属性、做法、图元之间有什么关系？

三、任务实施

1)分析图纸

（1）分析梁

分析结施-8、结施-9，见表2.38。

表2.38　梁尺寸和位置参数

序号	名称	截面尺寸:宽×高(mm)	位置	备注
1	L1	250×500	Ⓑ轴向下	弧形梁
2	L3	250×500	Ⓔ轴向上725mm	L12变为L3
3	L4	250×400	电梯处	截面200×400变为250×400
4	KL5	250×500	③轴、⑧轴上	KL6变为KL5
5	KL6	250×500	⑤轴、⑥轴上	增加
6	L12	250×500	④~⑦轴间	增加
7	XL1	250×500	Ⓑ轴/④轴、⑦轴	增加
8	KL7	250×500	Ⓔ轴/⑨~⑩轴	KL9变为KL7

（2）分析板

分析结施-12与结施-13，通过对比首层和二层的板厚、位置等，可以知道二层在Ⓑ~Ⓒ/④~⑦轴区域内与首层不一样，Ⓑ轴向下为弧形板。

（3）后浇带

二层后浇带的长度发生了变化。

2)做法套用

做法同首层。

3)画法讲解

（1）复制首层梁到二层

运用"复制选定图元到其他楼层"复制梁图元，复制方法同第一节复制墙的方法，这里不再细述。在选中图元的时候用左框选,选中需要的图元,右键单击"确定"。注意:位于Ⓑ轴向下区域的梁不进行框选,二层这个区域的梁和首层完全不一样,如图2.91所示。

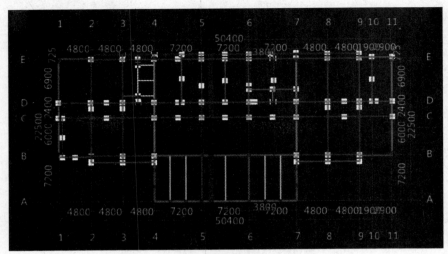

图 2.91

（2）修改二层的梁图元

①修改 L12 变成 L3,选中要修改的图元,单击右键选择"修改构件图元名称",如图 2.92所示。弹出"修改构件图元名称"对话框,在"目标构件"中选择"L3",如图 2.93 所示。

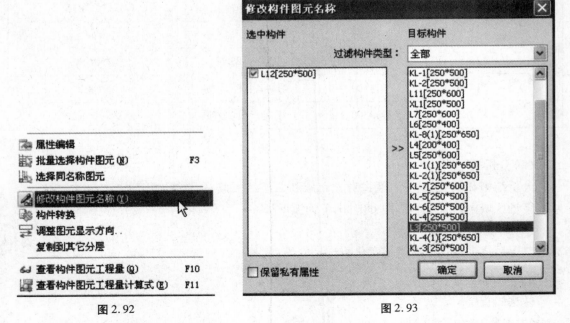

图 2.92   图 2.93

②修改 L4 的截面尺寸。在绘图界面选中 L4 的图元,在属性编辑框中修改宽度为"250",回车。

③选中Ⓔ轴/④ ~ ⑦轴的 XL1,单击右键"复制",选中基准点,复制到Ⓑ轴/④ ~ ⑦轴,复

制后的情况如图 2.94 所示。然后把这两段 XL1 延伸到Ⓑ轴上,如图 2.95 所示。

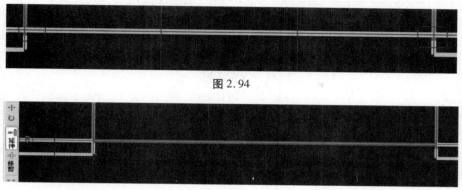

图 2.94

图 2.95

（3）绘制弧形梁

①绘制辅助轴线。前面已经讲过在轴网界面建立辅助轴线,下面介绍一种更简便的建立辅助轴线的方法:在本层,单击绘图工具栏"平行",也可以绘制辅助轴线。

②三点画弧。点开"逆小弧"旁的三角,如图 2.96 所示。选择"三点画弧",在英文状态下按下键盘上的"Z"把柱图元显示出来,再按下捕捉工具栏的"中点",捕捉位于Ⓑ轴与⑤轴相交的柱端的中点,此点为起始点,如图 2.97 所示。点中第二点,如图 2.98 所示的两条辅助轴线的交点,选择终点Ⓑ轴与⑦轴的相交处柱端的终点,如图 2.98 所示。单击右键结束,单击"保存"。

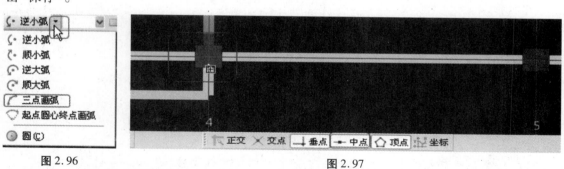

图 2.96　　　　　　　　　　　　　　　图 2.97

图 2.98

四、任务结果

汇总计算,统计本层梁、板、后浇带的工程量见表 2.39。

表 2.39　二层梁、板、后浇带清单定额量

序号	编码	项目名称及特征	单位	工程量
1	010505001001	有梁板 1. 混凝土种类:普通混凝土 2. 混凝土强度等级:C30	m³	137.3025
	A4-31	混凝土 有梁板	m³	137.3025
2	010508001001	后浇带 1. 混凝土种类:掺有 HEA 型膨胀剂的混凝土 2. 混凝土强度等级:C35 3. 混凝土拌和料要求:商品混凝土 4. 部位:有梁板	m³	2.3617
	A4-67	混凝土后浇带 梁、板	m³	2.3617

五、总结拓展

①左框选,图元完全位于框中的才能被选中。

②右框选,只要在框中的图元都被选中。

③练习:

a. 应用"修改构件图元名称"把③轴和⑧轴的 KL6 修改为 KL5。

b. 应用"修改构件图元名称"把⑤轴和⑥轴的 KL7 修改为 KL6,使用"延伸"将其延伸到图纸所示位置。

c. 利用层间复制的方法复制板图元到二层。

d. 利用直线和三点画弧重新绘制 LB1。

问 题思考

(1)把位于Ⓔ轴/⑨～⑩轴的 KL8 修改为 KL7?

(2)绘制位于Ⓑ～Ⓒ/④～⑦轴的三道 L12,要求运用到偏移和"Shift+左键"。

2.3.3　二层门窗的工程量计算

通过本小节的学习,你将能够:

(1)定义参数化飘窗;

(2)掌握移动功能;

(3)统计本层门窗工程量。

一、任务说明

①查找首层与二层的不同,并修正。
②使用参数化飘窗功能完成飘窗定义与做法套用。
③汇总计算,统计二层门窗的工程量。

二、任务分析

①从名称、尺寸、位置、做法四个方面对比二层与首层的门窗都有哪些不同?
②飘窗由多少个构件组成?每一构件都对应有哪些工作内容?做法如何套用?

三、任务实施

1)分析图纸

分析建施-3、建施-4,首层的 LM1 的位置对应二层的两扇 LC1,首层 TLM1 的位置对应二层的 M2,首层 MQ1 的位置二层是 MQ3,首层①轴/①~③的位置在二层是 M2。首层 LC3 的位置在二层是 TC1。

2)属性定义

新建参数画飘窗 TC1 的属性定义。弹出对话框选择"矩形飘窗",如图 2.99 所示。单击"确定",弹出"编辑图形参数"对话框,如图 2.100 所示。编辑相应尺寸后保存退出,如图 2.101 所示。

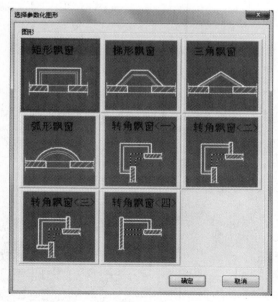

图 2.99

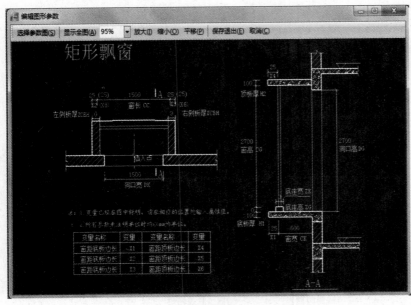

图 2.100   图 2.101

3)做法套用

分析 TC1,结施-9 的节点 1、结施-12、结施-13、建施-4,TC1 是由底板、顶板、带形窗组成,如图 2.102 所示。

	编码	类别	项目名称	项目特征	单位	工程量表达式	表达式说明	措施	专业
1	⊟ 010505008001	项	悬挑板	混凝土种类:普通混凝土 混凝土强度等级:C25 混凝土拌合要求:商品混凝土	m3	TTJ	TTJ<砼体积>	☐	建筑装饰装修工程
2	A4-38	定	混凝土 悬挑板		m³	TTJ	TTJ<砼体积>	☐	建筑
3	⊟ 011702023001	项	飘窗板模板	飘窗板模板制作安装	m2	MBMJ	MBMJ<模板面积>	☑	建筑装饰装修工程
4	A17-109	定	悬挑板 直形 木模板 木支撑		m²投影面	MBMJ	MBMJ<模板面积>	☑	建筑
5	⊟ 011203001001	项	零星项目一般抹灰	1.12厚1:3水泥砂浆 2.8厚1:2水泥砂浆 刷氟碳漆	m2	DDBDMMJ+ DDBCMMJ+ DGBDMMJ+	DDBDMMJ<底板底面面积>+DDBCMMJ<底板侧面面积>+DGBDMMJ<顶板顶面积>+DGBCMMJ<顶板侧面积>	☐	建筑装饰装修工程
6	A10-24	定	外墙 水泥砂浆 砖墙 (12+8)mm	m²	DDBDMMJ+ DDBCMMJ+ DGBDMMJ+	DDBDMMJ<底板底面面积>+DDBCMMJ<底板侧面面积>+DGBDMMJ<顶板顶面积>+DGBCMMJ<顶板侧面积>	☐	建筑
7	A13-223	定	外墙刷氟碳漆		m²	DDBDMMJ+ DDBCMMJ+ DGBDMMJ+	DDBDMMJ<底板底面面积>+DDBCMMJ<底板侧面面积>+DGBDMMJ<顶板顶面积>+DGBCMMJ<顶板侧面积>	☐	建筑
8	⊟ 010807007001	项	塑钢飘窗	1.窗代号:TLC1 2.类型:80系列塑钢平开窗不带纱(2m2),含刀金配件 3.玻璃品种、厚度:5厚钢化白玻	m2	CMJ	CMJ<窗面积>	☐	建筑装饰装修工程
9	桂B-5	补	80系列5厚钢化白玻 塑钢平开飘窗不带纱		m2	CMJ	CMJ<窗面积>	☐	建筑
10	⊟ 011301001001	项	天棚抹灰	1.5厚1:3水泥砂浆 2.5厚1:2水泥砂浆 清扫乳胶漆 白胶漆两遍	m²	CNDDBMMZHXMJ+ CNDGBDMZHXMJ	CNDDBMMZHXMJ<窗内底板顶面装修面积>+CNDGBDMZHXMJ<窗内顶板底面装修面积>	☐	建筑装饰装修工程
11	A11-7	定	混凝土面天棚 水泥 砂浆 现浇 (5+5)mm		m²	CNDDBMMZHXMJ+ CNDGBDMZHXMJ	CNDDBMMZHXMJ<窗内底板顶面装修面积>+CNDGBDMZHXMJ<窗内顶板底面装修面积>	☐	建筑
12	A13-204	定	刮熟胶粉腻子 内墙 面 两遍(换一遍, R *1.18)		m²	CNDDBMMZHXMJ+ CNDGBDMZHXMJ	CNDDBMMZHXMJ<窗内底板顶面装修面积>+CNDGBDMZHXMJ<窗内顶板底面装修面积>	☐	建筑
13	A13-210	定	乳胶漆 内墙、柱、 天棚抹灰面 二遍		m²	CNDDBMMZHXMJ+ CNDGBDMZHXMJ	CNDDBMMZHXMJ<窗内底板顶面装修面积>+CNDGBDMZHXMJ<窗内顶板底面装修面积>	☐	建筑

图 2.102

4）画法讲解

（1）复制首层门窗到二层

运用"从其他楼层复制构件图元"复制门、窗、墙洞、带形窗、壁龛到二层，如图 2.103 所示。

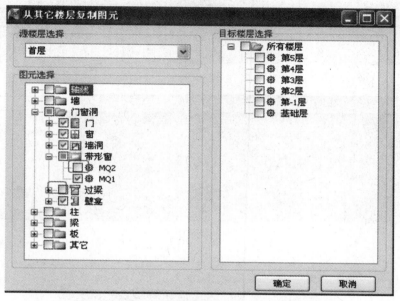

图 2.103

（2）修改二层的门、窗图元

①删除①轴上 M1、TLM1；利用"修改构件图元名称"把 M1 变成 M2。由于 M2 尺寸比 M1 宽，M2 的位置变成如图 2.104 所示。

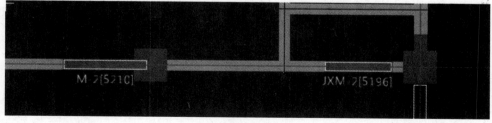

图 2.104

②对 M2 进行移动，选中 M2 右键单击"移动"移动图元，如图 2.105 所示。

图 2.105

③将门端的中点作为基准点,单击如图 2.106 所示的插入点。

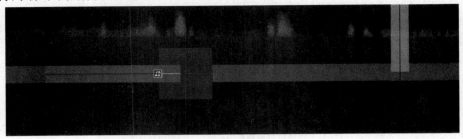

图 2.106

④移动后的 M2 位置如图 2.107 所示。

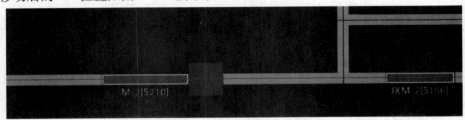

图 2.107

(3)精确布置 TC1

删除 LC3,利用精确布置绘制 TC1 图元,绘制好的 TC1 如图 2.108 所示。

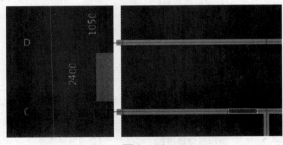

图 2.108

四、任务结果

应用"修改构件图元名称"把 MQ1 修改为 MQ3;删除 LM1,利用精确布置绘制 LC1,汇总计算,统计本层门窗的工程量见表 2.40。

表 2.40　二层门窗清单定额量

序号	编码	项目名称及特征	单位	工程量
1	010505008001	悬挑板 1. 混凝土种类:普通混凝土 2. 混凝土强度等级:C25 3. 混凝土拌和料要求:商品混凝土 4. 部位:飘窗	m³	0.3875
	A4-38	混凝土　悬挑板	m³	0.3875

续表

序号	编码	项目名称及特征	单位	工程量
2	010801001001	木质门 1.门代号:M1、M2 2.类型:成品木质装饰门,含五金配件	m^2	27.3
	B-	成品木质装饰门	m^2	27.3
3	010801004001	木质防火门 1.门代号:JXM1 2.类型:成品木质丙级防火检修门($<2m^2$),含五金配件	m^2	1.155
	A12-81	防火门 木质	m^2	1.155
	A12-141	特殊五金 L形 执手插锁	把	1
	A12-149	特殊五金 闭门器 明装	套	1
	A12-151	特殊五金 防火门防火铰链	副	2
	A12-166	门窗周边塞缝 水泥砂浆1:2.5	m	4.75
4	010801004002	木质防火门 1.门代号:JXM2 2.类型:成品木质丙级防火检修门($>2m^2$),含五金配件	m^2	5.04
	A12-81	防火门 木质	m^2	5.04
	A12-141	特殊五金 L形 执手插锁	把	2
	A12-149	特殊五金 闭门器 明装	套	2
	A12-151	特殊五金 防火门防火铰链	副	4
	A12-166	门窗周边塞缝 水泥砂浆1:2.5	m	10.8
5	010802003002	钢质防火门 1.门代号:YFM1 2.类型:成品钢质乙级防火检修门($>2m^2$),含五金配件	m^2	5.04
	A12-80	防火门 钢质	m^2	5.04
	A12-141	特殊五金 L形 执手插锁	把	2
	A12-149	特殊五金 闭门器 明装	套	2
	A12-151	特殊五金 防火门防火铰链	副	4
	A12-166	门窗周边塞缝 水泥砂浆1:2.5	m	10.8

续表

序号	编码	项目名称及特征	单位	工程量
6	010807001001	塑钢窗 1. 窗代号：LC1、LC2、LC3、LC4、LC5 2. 类型：80系列塑钢上悬窗不带纱（>2m²），含五金配件 3. 玻璃品种、厚度：5厚钢化白玻	m²	106.92
	B-	80系列塑钢上悬窗不带纱	m²	106.92
7	010807007001	塑钢飘窗 1. 窗代号：TLC1 2. 类型：80系列塑钢平开窗不带纱（>2m²），含五金配件 3. 玻璃品种、厚度：5厚钢化白玻	m²	14.58
	B-	80系列塑钢平开飘窗不带纱	m²	14.58
8	011203001001	零星项目一般抹灰 1. 12厚1∶3水泥砂浆 2. 8厚1∶2水泥砂浆 3. 刷氟碳漆 4. 部位：雨篷、飘窗板、挑檐	m²	4.995
	A10-24	外墙 水泥砂浆 砖墙 （12+8）mm	m²	4.995
9	011301001001	天棚抹灰 1. 5厚1∶3水泥砂浆 2. 5厚1∶2水泥砂浆 3. 清理抹灰基层 4. 满刮腻子一遍 5. 刷底漆一遍 6. 乳胶漆两遍 7. 部位：顶棚1，选用11ZJ001顶104及涂304	m²	3.6
	A11-7	混凝土面天棚 水泥砂浆 现浇 （5+5）mm	m²	3.6
	A13-204	刮熟胶粉腻子 天棚面 两遍（换一遍，R＊1.18）	m²	3.6
	A13-210	乳胶漆 内墙、柱、天棚抹灰面 两遍	m²	3.6

五、总结拓展

组合构件

灵活利用软件中的构件去组合图纸上复杂的构件。以组合飘窗为例，讲解组合构件的操作步骤。飘窗是由底板、顶板、带形窗、墙洞组成。

（1）飘窗底板

①新建飘窗底板,如图 2.109 所示。

②通过复制建立飘窗顶板,如图 2.110 所示。

属性名称	属性值	附加
名称	飘窗底板	
类别	悬挑板/直形	
砼标号	(C30)	
砼类型	砾石 GD40 中	
厚度(mm)	(100)	
顶标高(m)	层底标高+0.7	
是否是楼板	是	
是否是空心	否	
模板类型	胶合板模板/	
备注		
+ 计算属性		
+ 显示样式		

图 2.109

属性名称	属性值	附加
名称	飘窗顶板	
类别	悬挑板/直形	
砼标号	(C30)	
砼类型	砾石 GD40 中	
厚度(mm)	(100)	
顶标高(m)	层顶标高-0.5	
是否是楼板	是	
是否是空心	否	
模板类型	胶合板模板/	
备注		
+ 计算属性		
+ 显示样式		

图 2.110

（2）新建飘窗、墙洞

①新建带形窗,如图 2.111 所示。

②飘窗墙洞,如图 2.112 所示。

属性名称	属性值	附加
名称	飘窗	
框厚(mm)	80	
起点顶标高	层底标高+3.4	
起点底标高	层底标高+0.7	
终点顶标高	层底标高+3.4	
终点底标高	层底标高+0.7	
轴线距左边	(40)	
是否随墙变	是	
备注		
+ 计算属性		
+ 显示样式		

图 2.111

属性名称	属性值	附加
名称	飘窗洞	
洞口宽度(	1500	
洞口高度(	2700	
洞口面积(m	4.05	
离地高度(	700	
是否随墙变	是	
备注		
+ 计算属性		
+ 显示样式		

图 2.112

（3）绘制底板、顶板、带形窗、墙洞

绘制完飘窗底板,在同一位置绘制飘窗顶板,图元标高不相同,可以在同一位置进行绘制。绘制带形窗,如图 2.113 所示,需要在外墙外边线的地方把带形窗打断,对带形窗进行偏移,如图 2.114 所示,接着绘制飘窗墙洞。

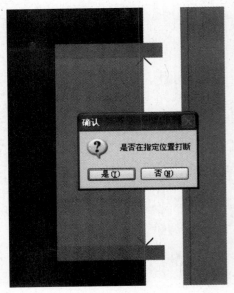

图 2.113

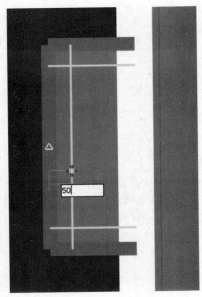

图 2.114

（4）组合构件

进行右框选，如图 2.115 所示，弹出新建组合构件对话框，查看是否有多余或缺少的构件，右键单击"确定"，组合构件完成如图 2.116 所示。

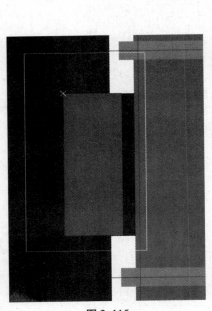

图 2.115

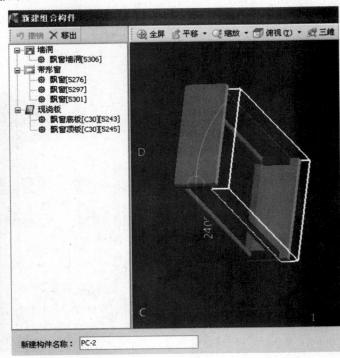

图 2.116

问 题思考

（1）Ⓔ轴/④~⑤轴间 LC1 为什么要利用精确布置进行绘制？

（2）定额中飘窗是否计算建筑面积？

2.3.4 女儿墙、屋面的工程量计算

通过本小节的学习，你将能够：

（1）确定女儿墙高度、厚度，确定屋面防水的上卷高度；

（2）矩形绘制屋面图元；

（3）图元的拉伸；

（4）统计本层女儿墙、女儿墙压顶、屋面的工程量。

一、任务说明

①完成二层屋面的女儿墙、屋面的工程量计算。

②汇总计算，统计二层层面的工程量。

二、任务分析

①从哪张图中找到屋面做法？二层的屋面是什么做法？都与哪些清单、定额相关？

②从哪张图中找到女儿墙的尺寸？

三、任务实施

1）分析图纸

（1）分析女儿墙及压顶

分析建施-4、建施-8，女儿墙的构造参见建施-8 节点 1，女儿墙墙厚 240mm 以建施-4 平面图为准。女儿墙墙身为砖墙，压顶材质为混凝土，宽 340mm，高 150mm。

（2）分析屋面

分析建施-0、建施-1，本层的屋面做法为屋面 3，防水的上卷高度设计没有指明，按照定额默认高度为 250mm。

2）清单、定额计算规则的学习

（1）清单计算规则（见表 2.41）

表 2.41　清单计算规则

编号	项目名称	单位	计算规则
010401003	实心砖墙	m^3	按设计图示尺寸以体积计算
010507005	压顶、扶手	m^3	按设计图示尺寸实体体积以立方米计算

续表

编号	项目名称	单位	计算规则
桂 011702038	压顶、扶手	m²	按延长米计算
010902001	屋面卷材防水	m²	按设计图示尺寸以面积计算 1. 斜屋顶(不包括平屋顶找坡)按斜面积计算,平屋顶按水平投影面积计算; 2. 不扣除房上烟囱、风帽底座、风道、屋面小气窗和斜沟所占面积; 3. 屋面的女儿墙、伸缩缝和天窗等处的弯起部分,并入屋面工程量内

(2)定额计算规则(见表2.42)

表 2.42 定额计算规则

编号	项目名称	单位	计算规则
A3-6	混水砖墙 标准砖 240×115×53 墙体厚度 24cm	m³	同清单 女儿墙从屋面板上表面算至女儿墙顶面(如有混凝土压顶时算至压顶下表面)
A4-53	混凝土 压顶、扶手	m³	同清单
A17-118	压顶、扶手 木模板木支撑	m	同清单
A8-21	屋面保温 挤塑聚苯板 厚度 50mm	m²	按设计图示尺寸以面积计算,扣除 0.3m² 以上的孔洞所占面积
A8-6	屋面保温 现浇水泥珍珠岩 1:8 厚度 100mm	m²	设计图示尺寸以面积计算,扣除 0.3m² 以上的孔洞所占面积
A9-1	水泥砂浆找平层 混凝土或硬基层上 20mm	m²	按设计图示尺寸以面积计算
A7-47	改性沥青防水卷材热贴屋面 一层满铺	m²	同清单
A7-77	干铺聚乙烯膜	m²	按设计图示尺寸以面积计算
A9-10	水泥砂浆整体面层 楼地面 20mm	m²	按设计图示尺寸以面积计算

3)属性定义

(1)女儿墙

新建外墙,在类别中选择"女儿墙",属性定义如图 2.117 所示。

（2）屋面

屋面的属性定义，如图 2.118 所示。

（3）女儿墙压顶

女儿墙压顶属性定义，如图 2.119 所示。

属性名称	属性值	附加
名称	女儿墙	
类别	砌体墙	☐
材质	标准砖	☐
砂浆标号	(M5)	☐
砂浆类型	(水泥石灰砂浆)	☐
厚度(mm)	240	☑
起点顶标高	层底标高+0.9	☐
终点顶标高	层顶标高+0.9	☐
起点底标高	层底标高	☐
终点底标高	层底标高	☐
轴线距左墙	(120)	☐
内/外墙标	外墙	☑
图元形状	直形	☐
工艺		☐
是否为人防	否	☐
备注		☐

图 2.117

属性名称	属性值	附加
名称	不上人屋	
顶标高(m)	层底标高	☐
坡度(°)		☐
备注		☐

图 2.118

属性名称	属性值	附加
名称	女儿墙压顶	
材质	现浇混凝土	☐
砼标号	(C25)	☐
砼类型	(砾石 GD40	☐
截面宽度(	340	☐
截面高度(	150	☐
截面面积 (m	0.051	☐
起点顶标高	层底标高+0.9	☐
终点顶标高	层底标高+0.9	☐
轴线距左边	(170)	☐
模板类型	木模板/木支	☐
备注		☐
+ 计算属性		
+ 显示样式		

图 2.119

4）做法套用

女儿墙做法套用，如图 2.120 所示。

	编码	类别	项目名称	项目特征	单位	工程量表达式	表达式说明	措施项目	专业
1	─ 010401003001	项	实心砖墙	1.砖品种、规格、强度等级: MU10 页岩标准砖 2.墙体厚度、类型: 240mm厚女儿墙 3.砂浆强度等级、配合比: M5混合砂浆	m3	TJ	TJ<体积>	☐	建筑装饰装修工程
2	A3-6	定	混水砖墙 标准砖 240*115*53 墙体厚度 24cm		m³	TJ	TJ<体积>	☐	建筑

图 2.120

屋面做法套用，如图 2.121 所示。

	编码	类别	项目名称	项目特征	单位	工程量表达式	表达式说明	措施项目	专业
1	─ 010902001001	项	屋面	1.25厚1:2.5水泥砂浆，分格面积宜小1m2 2.满涂0.3厚聚乙烯薄膜一层 3.满铺二层3厚SBS改性沥青防水卷材 4.刷基层处理剂 5.20厚1:2.5水泥砂浆找平 6.20厚（最薄处）1:8水泥珍珠岩找2%坡 7.50厚挤塑聚苯板（XPS） 8.部位: 屋面3，选用11ZJ001 屋107	m2	FSMJ	FSMJ<防水面积>	☐	建筑装饰装修工程
2	A8-21	定	屋面保温 挤塑聚苯板 厚度50mm		m²	MJ	MJ<面积>	☐	建筑
3	A8-6	定	屋面保温 现浇水泥珍珠岩1:8 厚度 100mm		m²	MJ	MJ<面积>	☐	建筑
4	A9-1	定	水泥砂浆找平层 混凝土或硬基层上 20mm		m²	FSMJ	FSMJ<防水面积>	☐	建筑
5	A7-47	定	改性沥青防水卷材热贴屋面 一层 满铺（换二层		m²	FSMJ	FSMJ<防水面积>	☐	建筑
6	A7-77	定	干铺聚乙烯膜		m²	MJ	MJ<面积>	☐	建筑
7	A9-10	定	水泥砂浆整体面层 楼地面20mm		m²	MJ	MJ<面积>	☐	建筑

图 2.121

女儿墙压顶做法套用,如图 2.122 所示。

	编码	类别	项目名称	项目特征	单位	工程量表达式	表达式说明	措施项目	专业
1	─ 桂01170203800	补项	压顶模板	压顶模板制作安装	m	CD	CD<长度>	☑	
2	A17-118	定	压顶、扶手 木模板木支撑		延长	CD	CD<长度>	☑	建筑
3	─ 010507005001	项	扶手、压顶	1.断面尺寸: 340*150 2.混凝土种类: 普通商品混凝土 3.混凝土强度等级: C25	m3	TJ	TJ<体积>	☐	建筑装饰装修工程
4	A4-53	定	混凝土 压顶、扶手(碎石)		m³	TJ	TJ<体积>	☐	建筑
5	─ 011203001001	项	零星项目一般抹灰	1.12厚1:3水泥砂浆 2.8厚1:2水泥砂浆 刷氟碳漆 部位: 雨篷、飘窗板、挑檐、压顶	m2	WLMJ	WLMJ<外露面积>	☐	建筑装饰装修工程
6	A10-24	定	外墙 水泥砂浆 砖墙 (12+8)mm		m²	WLMJ	WLMJ<外露面积>	☐	建筑
7	A13-223	定	外墙刷氟碳漆		m²	WLMJ	WLMJ<外露面积>	☐	建筑

图 2.122

5)画法讲解

(1)直线绘制女儿墙

采用直线绘制女儿墙,因为画的时候是居中于轴线绘制的,女儿墙图元绘制完成后要对其进行偏移、延伸,使女儿墙各段墙体封闭,绘制好的图元如图 2.123 所示。

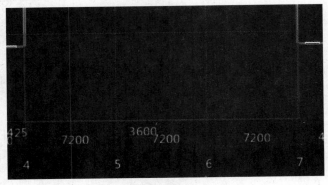

图 2.123

(2)矩形绘制屋面

采用矩形绘制屋面,只要找到两个对角点即可进行绘制,如图 2.124 中的两个对角点。绘制完屋面,和图纸对应位置的屋面比较发现缺少一部分,如图 2.125 所示。采用"延伸"的功能把屋面补全,选中屋面,单击要拉伸的面上一点,拖着往延伸的方向找到终点,如图 2.126 所示。

图 2.124

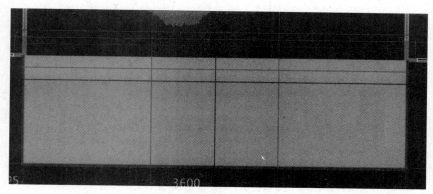

图 2.125

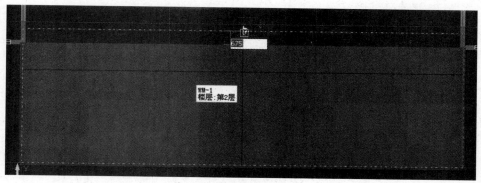

图 2.126

四、任务结果

汇总计算,统计本层女儿墙、压顶及屋面的工程量,见表 2.43。

表 2.43　二层女儿墙、压顶及屋面清单定额量

序号	编码	项目名称及特征	单位	工程量
1	010401003001	实心砖墙 1.砖品种、规格、强度等级:MU10 页岩标准砖 2.墙体厚度、类型:240mm 厚女儿墙 3.砂浆强度等级、配合比:M5 混合砂浆	m³	6.0696
	A3-6	混水砖墙 标准砖 240×115×53 墙体厚度 24cm	m³	6.0696
2	010507005001	扶手、压顶 1.断面尺寸:340×150 2.混凝土种类:普通商品混凝土 3.混凝土强度等级:C25	m³	1.7325
	A4-53	混凝土 压顶、扶手	m³	1.7325

续表

序号	编码	项目名称及特征	单位	工程量
3	010902001001	屋面 1. 25 厚 1：2.5 水泥砂浆,分格面积宜为 1m² 2. 满铺 0.3 厚聚乙烯薄膜一层 3. 满铺二层 3 厚 SBS 改性沥青防水卷材 4. 刷基层处理剂 5. 20 厚 1：2.5 水泥砂浆找平 6. 20 厚(最薄处)1：8 水泥珍珠岩找 2% 坡 7. 50 厚挤塑聚苯板(XPS) 8. 部位:屋面3,选用 11ZJ001 屋 107	m²	142.8435
	A8-21	屋面保温 挤塑聚苯板 厚度 50mm	m²	142.8435
	A8-6	屋面保温 现浇水泥珍珠岩 1：8 厚度 100mm	m²	142.8435
	A9-1	水泥砂浆找平层 混凝土或硬基层上 20mm	m²	151.5285
	A7-47	改性沥青防水卷材热贴屋面 一层 满铺(换二层)	m²	151.5285
	A7-77	干铺聚乙烯膜	m²	142.8435
	A9-10	水泥砂浆整体面层 楼地面20mm	m²	142.8435
4	011203001002	零星项目一般抹灰 1. 15 厚 1：3 水泥砂浆 2. 5 厚 1：2 水泥砂浆 3. 刷氟碳漆 4. 部位:雨篷、飘窗板、挑檐、压顶	m²	25.0103
	A10-24	外墙 水泥砂浆 砖墙 （12+8)mm	m²	25.0103
	A13-223	外墙刷氟碳漆	m²	25.0103

2.3.5 过梁、圈梁、构造柱的工程量计算

通过本小节的学习,你将能够:
统计本层的圈梁、过梁、构造柱工程量。

一、任务说明

完成二层的过梁、圈梁、构造柱的工程量计算。

二、任务分析

①对比二层与首层的过梁、圈梁、构造柱都有哪些不同?
②构造柱为什么不建议用复制?

三、任务实施

1）分析图纸

（1）分析过梁、圈梁

分析结施-2、结施-9、建施-4、建施-10、建施-11，二层层高3.9m，外墙上窗的高度2.7m，窗距地高度0.7m，外墙上梁高0.5m，所以外墙窗顶不设置过梁、圈梁，窗底设置圈梁。内墙门顶设置圈梁代替过梁，同首层。

（2）分析构造柱

构造柱的布置位置详见结施-2的第9条中的（4）。

2）画法讲解

（1）从首层复制圈梁图元到二层

利用"从其他楼层复制构件图元"的方法复制圈梁图元到二层，对复制过来的图元，利用"三维"显示查看是否正确（如查看门窗图元是否和梁相撞）。

（2）自动生成构造柱

对于构造柱图元，不推荐采用层间复制。如果楼层不是标准层，通过复制过来的构造柱图元容易出现位置错误的问题。

单击"自动生成构造柱"，然后对构造柱图元进行查看（如是否在一段墙中重复布置了构造柱图元）。查看的目的是保证本层的构造柱图元的位置及属性都是正确的。

四、任务结果

汇总计算，统计本层构造柱、圈梁、过梁的工程量见表2.44。

表2.44 二层构造柱、圈梁、过梁清单定额量

序号	编码	项目名称及特征	单位	工程量
1	010502002001	构造柱 1. 混凝土种类：普通混凝土 2. 混凝土强度等级：C25 3. 混凝土拌和料要求：商品混凝土	m^3	12.7052
	A4-20	混凝土柱 构造柱	m^3	12.7052
2	010503004001	圈梁 1. 混凝土种类：普通混凝土 2. 混凝土强度等级：C25 3. 混凝土拌和料要求：商品混凝土	m^3	4.1785
	A4-24	混凝土 圈梁	m^3	4.1785

续表

序号	编码	项目名称及特征	单位	工程量
3	010503005001	过梁 1. 混凝土种类:普通混凝土 2. 混凝土强度等级:C25 3. 混凝土拌和料要求:商品混凝土	m³	0.5627
	A4-25	混凝土 过梁	m³	0.5627

五、总结拓展

变量标高

对于构件属性中的标高处理一般有两种方式:第一种为直接输入标高的数字,比如在组合飘窗的图 2.113 中就是这样采用的;另一种属性定义中,QL1 的顶标高为:层底标高+0.7,这种定义标高模式称为变量标高,好处在于进行层间复制的时候标高不容易出错,省下手动调整标高的时间。推荐用户使用变量标高。

2.4 三层、四层工程量计算

通过本节的学习,你将能够:
(1)掌握块存盘、块提取;
(2)掌握批量选择构件图元的方法;
(3)掌握批量删除的方法;
(4)统计三层、四层各构件图元的工程量。

一、任务说明

完成三层、四层的工程量计算。

二、任务分析

①对比三层、四层与二层的图纸有哪些不同?
②如何快速对图元进行批量选定、删除工作?
③做法套用有快捷方法吗?

三、任务实施

1)分析三层图纸

①分析结施-5,三层ⓒ轴位置的矩形 KZ3 在二层为圆形 KZ2,其他柱和二层柱一样。

②由结施-5、结施-9、结施-13 可知,三层剪力墙、梁、板、后浇带与二层完全相同。

③对比建施-4 与建施-5,发现三层和二层砌体墙基本相同,三层有一段弧形墙体。

④二层天井的地方,三层为办公室,因此增加几道墙体。

2)绘制三层图元

运用"从其他楼层复制构件图元"的方法复制图元到三层。建议构造柱不要进行复制,用自动生成构造柱的方法绘制三层构造柱图元。运用学到的软件功能对三层图元进行修改,保存并汇总计算。

3)三层工程量汇总

汇总计算、统计本层工程量,见表2.45。

表2.45　三层清单定额量

序号	编码	项目名称及特征	单位	工程量
1	010402001001	砌块墙 1.砌块品种、规格、强度等级:蒸压加气混凝土砌块 2.墙体厚度:250mm 厚 3.砂浆强度等级:M5 混合砂浆	m^3	40.3786
	A3-57	蒸压加气混凝土砌块墙　墙体厚度 25cm	m^3	40.3786
2	010402001002	砌块墙 1.砌块品种、规格、强度等级:蒸压加气混凝土砌块 2.墙体厚度:200mm 厚 3.砂浆强度等级:M5 混合砂浆	m^3	72.4283
	A3-56	蒸压加气混凝土砌块墙　墙体厚度 20cm	m^3	72.4283
3	010402001003	砌块墙 1.砌块品种、规格、强度等级:蒸压加气混凝土砌块 2.墙体厚度:100mm 厚 3.砂浆强度等级:M5 混合砂浆	m^3	2.0026
	A3-54	蒸压加气混凝土砌块墙　墙体厚度 10cm	m^3	2.0026
4	010502001002	矩形柱 1.混凝土种类:普通混凝土 2.混凝土强度等级:C25 3.混凝土拌和料要求:商品混凝土	m^3	35.5875
	A4-18	混凝土柱　矩形	m^3	35.5875
5	010502002001	构造柱 1.混凝土种类:普通混凝土 2.混凝土强度等级:C25 3.混凝土拌和料要求:商品混凝土	m^3	12.8849
	A4-20	混凝土柱　构造柱	m^3	12.8849

续表

序号	编码	项目名称及特征	单位	工程量
6	010503004001	圈梁 1.混凝土种类:普通混凝土 2.混凝土强度等级:C25 3.混凝土拌和料要求:商品混凝土	m³	4.9206
	A4-24	混凝土 圈梁	m³	4.9206
7	010503005001	过梁 1.混凝土种类:普通混凝土 2.混凝土强度等级:C25 3.混凝土拌和料要求:商品混凝土	m³	0.6768
	A4-25	混凝土 过梁	m³	0.6768
8	010504001002	直形墙 1.混凝土种类:普通混凝土 2.混凝土强度等级:C25 3.混凝土拌和料要求:商品混凝土	m³	76.5908
	A4-28	墙 混凝土	m³	76.5908
9	010505001002	有梁板 1.混凝土种类:普通混凝土 2.混凝土强度等级:C25 3.混凝土拌和料要求:商品混凝土	m³	137.4604
	A4-31	混凝土 有梁板	m³	137.4604
10	010505008001	悬挑板 1.混凝土种类:普通混凝土 2.混凝土强度等级:C25 3.混凝土拌和料要求:商品混凝土 4.部位:飘窗	m³	0.3875
	A4-38	混凝土 悬挑板	m³	0.3875
11	010508001004	后浇带 1.混凝土种类:掺有 HEA 型膨胀剂的混凝土 2.混凝土强度等级:C35 3.混凝土拌和料要求:商品混凝土 4.部位:有梁板	m³	2.3617
	A4-67	混凝土后浇带 梁、板	m³	2.3617

序号	编码	项目名称及特征	单位	工程量
12	010801001001	木质门 1. 门代号:M1、M2 2. 类型:成品木质装饰门,含五金配件	m²	35.7
	桂 B-1	成品木质装饰门	m²	35.7
13	010801004001	木质防火门 1. 门代号:JXM1 2. 类型:成品木质丙级防火检修门(<2m²),含五金配件	m²	1.155
	A12-81	防火门　木质	m²	1.155
	A12-141	特殊五金　L 形　执手插锁	把	1
	A12-149	特殊五金　闭门器　明装	套	1
	A12-151	特殊五金　防火门防火铰链	副	2
	A12-166	门窗周边塞缝　水泥砂浆 1∶2.5	m	4.75
14	010801004002	木质防火门 1. 门代号:JXM2 2. 类型:成品木质丙级防火检修门(>2m²),含五金配件	m²	5.04
	A12-81	防火门　木质	m²	5.04
	A12-141	特殊五金　L 形　执手插锁	把	2
	A12-149	特殊五金　闭门器　明装	套	2
	A12-151	特殊五金　防火门防火铰链	副	4
	A12-166	门窗周边塞缝　水泥砂浆 1∶2.5	m	10.8
15	010802003001	钢质防火门 1. 门代号:YFM1 2. 类型:成品钢质乙级防火检修门(>2m²),含五金配件	m²	5.04
	A12-80	防火门　钢质	m²	5.04
	A12-141	特殊五金　L 形　执手插锁	把	2
	A12-149	特殊五金　闭门器　明装	套	2
	A12-151	特殊五金　防火门防火铰链	副	4
	A12-166	门窗周边塞缝　水泥砂浆 1∶2.5	m	10.8
16	010807001001	塑钢窗 1. 窗代号:LC1、LC2、LC3、LC4、LC5 2. 类型:80 系列塑钢上悬窗不带纱(>2m²),含五金配件 3. 玻璃品种、厚度:5 厚钢化白玻	m²	136.08
	桂 B-4	80 系列 5 厚钢化白玻塑钢上悬窗不带纱	m²	136.08

续表

序号	编码	项目名称及特征	单位	工程量
17	010807007001	塑钢飘窗 1. 窗代号:TLC1 2. 类型:80 系列塑钢平开窗不带纱(>2m²),含五金配件 3. 玻璃品种、厚度:5 厚钢化白玻	m²	14.58
	桂 B-5	80 系列 5 厚钢化白玻塑钢平开飘窗不带纱	m²	14.58
18	011203001001	零星项目一般抹灰 1. 12 厚 1:3 水泥砂浆 2. 8 厚 1:2 水泥砂浆 3. 刷氟碳漆 4. 部位:雨篷、飘窗板、挑檐	m²	4.995
	A10-24	外墙 水泥砂浆 砖墙 (12+8)mm	m²	4.995
	A13-223	外墙刷氟碳漆	m²	4.995
19	011301001001	天棚抹灰 1. 5 厚 1:3 水泥砂浆 2. 5 厚 1:2 水泥砂浆 3. 清理抹灰基层 4. 满刮腻子一遍 5. 刷底漆一遍 6. 乳胶漆两遍 7. 部位:顶棚1,选用 11ZJ001 顶 104 及涂 304	m²	3.6
	A11-7	混凝土面天棚 水泥砂浆 现浇 (5+5)mm	m²	3.6
	A13-204	刮熟胶粉腻子 天棚面 两遍(换一遍,R＊1.18)	m²	3.6
	A13-210	乳胶漆 内墙、柱、天棚抹灰面 两遍	m²	3.6

4)分析四层图纸

(1)结构图纸分析

分析结施-5、结施-9 与结施-10、结施-13 与结施-14,框架柱和端柱同三层的图元是相同的;大部分梁的截面尺寸和三层相同,只是名称发生了变化;板的名称和截面都发生了变化;四层的连梁高度发生了变化,LL1 下的洞口高度为 3.9m−1.3m = 2.6m,LL2 下的洞口高度不变为 2.6m。剪力墙的截面没发生变化。

(2)建筑图纸分析

从建施-5、建施-6 两张平面图上可以看出,四层和三层的房间数发生了变化。

结合以上分析,建立四层构件图元的方法可以采用前面介绍过的两种层间复制图元的方法,本节介绍另一种快速建立整层图元的方法:块存盘、块提取。

5）一次性建立整层构件图元

（1）块存盘

在黑色绘图区域下方的显示栏选择第三层（见图 2.127），单击"楼层"在下拉菜单中可以看到"块存盘""块提取"，如图 2.128 所示。单击"块存盘"，框选本层，然后单击基准点①轴与Ⓐ轴的交点，如图 2.129 所示。弹出另存为对话框，可以对文件保存的位置进行更改（见图 2.130）。我们选择保存在桌面上。

图 2.127

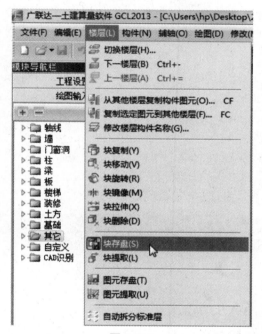

图 2.128

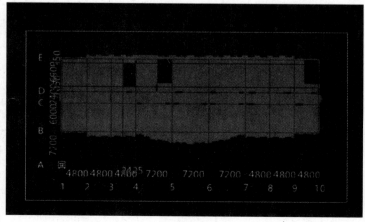

图 2.129

图 2.130

（2）块提取

在显示栏中切换楼层到第四层，单击"楼层"→"块提取"，弹出"打开"对话框，选择保存在桌面上的块文件，如图 2.131 所示。单击"打开"，屏幕上出现如图 2.132 所示的情况，单击①轴和Ⓐ轴的交点，弹出提示对话框"块提取成功"。

图 2.131

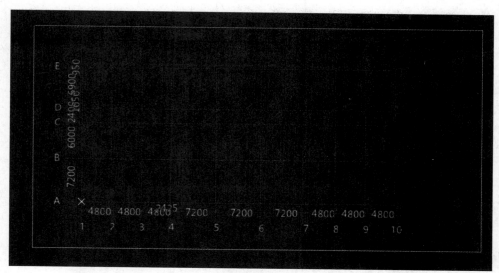

图 2.132

6) 四层构件及图元的核对修改

（1）柱、剪力墙构件及图元的核对修改

对柱、剪力墙图元的位置、截面尺寸、混凝土标号进行核对修改。

（2）梁、板的核对修改

①利用修改构件名称建立梁构件。选中Ⓔ轴 KL3，在属性编辑框中名称一栏修改 KL3 为 WKL-3，如图 2.133 所示。

属性名称	属性值	附加
名称	WKL-3	
类别1	框架梁	☐
类别2	有梁板	☐
材质	现浇混凝土	☐
砼标号	(C25)	☐
砼类型	(砾石 GD40)	☐
截面宽度(	250	☐
截面高度(	500	☐
截面面积(m	0.125	☐
截面周长(m	1.5	☐
起点顶标高	层顶标高	☐
终点顶标高	层顶标高	☐
轴线距梁左	(125)	☐
砖胎膜厚度	0	☐
是否计算单	否	☐
图元形状	直形	☐
模板类型	胶合板模板/	☐

图 2.133

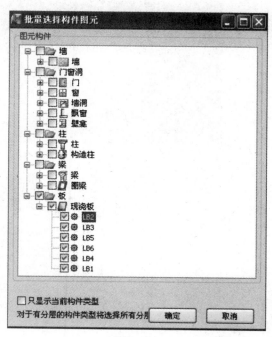

图 2.134

②批量选择构件图元(F3 键)。单击模块导航栏中的板,切换到板构件,按下键盘上的 F3 键,弹出如图 2.134 所示的批量选择构件图元的对话框,选择所有的板然后单击"确定",能看到绘图界面的板图元都被选中(见图 2.135),按下"Delete"键,弹出"是否删除选中图元"的确认对话框(见图 2.136),单击"是"。删除板的构件图元以后,单击"构件列表",单击"构件名称"可以看到所有的板构件都被选中(见图 2.137),单击右键"删除",在弹出的确认对话框中单击"是",可以看到构件列表为空。

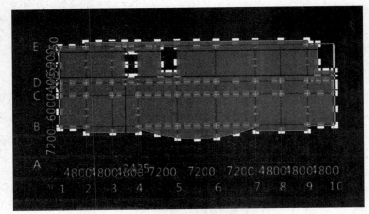

图 2.135

图 2.136

图 2.137

③新建板构件并绘制图元。板构件的属性定义及绘制参见第 2.2.4 节的相关内容。注意 LB1 的标高为 17.4m。

④砌块墙、门窗、过梁、圈梁、构造柱构件及图元的核对修改。利用延伸、删除等功能对四层砌块墙体图元进行绘制；利用精确布置、修改构件图元名称绘制门窗洞口构件图元；按 F3 键选择内墙 QL1，删除图元，利用智能布置重新绘制 QL1 图元。按 F3 键选择构造柱，删除构件图元，然后在构件列表中删除其构件。单击"自动生成构造柱"快速生成图元，检查复核构造柱的位置是否按照图纸要求进行设置。

⑤后浇带、建筑面积构件及图元核对修改。对比图纸，查看后浇带的宽度、位置是否正确。四层后浇带和三层无异，无须修改；建筑面积三层和四层无差别，无须修改。

7）做法刷套用做法

单击框架柱构件，双击进入套取做法界面，可以看到通过块提取建立的构件中没有做法，需要对四层所有的构件套取做法，切换到第三层（见图 2.138），利用做法刷功能套取做法。

图 2.138

框架柱，在构件列表中双击 KZ1，进入套取做法界面，单击"做法刷"，如图 2.139 所示，勾选第 4 层的所有框架柱，单击"确定"。

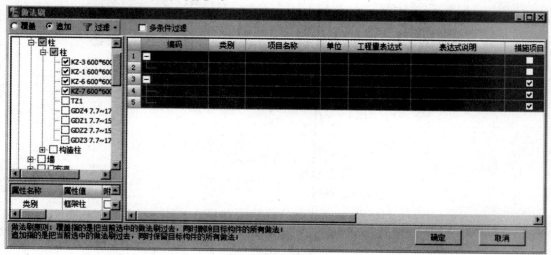

图 2.139

四、任务结果

汇总计算,统计本层工程量见表2.46。

表 2.46 四层清单定额量

序号	编码	项目名称及特征	单位	工程量
1	010402001001	砌块墙 1. 砌块品种、规格、强度等级:蒸压加气混凝土砌块 2. 墙体厚度:250mm 厚 3. 砂浆强度等级:M5 混合砂浆	m³	40.4591
	A3-57	蒸压加气混凝土砌块墙 墙体厚度 25cm	m³	40.4591
2	010402001002	砌块墙 1. 砌块品种、规格、强度等级:蒸压加气混凝土砌块 2. 墙体厚度:200mm 厚 3. 砂浆强度等级:M5 混合砂浆	m³	87.2005
	A3-56	蒸压加气混凝土砌块墙 墙体厚度 20cm	m³	87.2005
3	010402001003	砌块墙 1. 砌块品种、规格、强度等级:蒸压加气混凝土砌块 2. 墙体厚度:100mm 厚 3. 砂浆强度等级:M5 混合砂浆	m³	1.9686
	A3-54	蒸压加气混凝土砌块墙 墙体厚度 10cm	m³	1.9686
4	010502001002	矩形柱 1. 混凝土种类:普通混凝土 2. 混凝土强度等级:C25 3. 混凝土拌和料要求:商品混凝土	m³	35.3925
	A4-18	混凝土柱 矩形	m³	35.3925
5	010502002001	构造柱 1. 混凝土种类:普通混凝土 2. 混凝土强度等级:C25 3. 混凝土拌和料要求:商品混凝土	m³	13.9054
	A4-20	混凝土柱 构造柱	m³	13.9054
6	010503004001	圈梁 1. 混凝土种类:普通混凝土 2. 混凝土强度等级:C25 3. 混凝土拌和料要求:商品混凝土	m³	5.3943
	A4-24	混凝土 圈梁	m³	5.3943

序号	编码	项目名称及特征	单位	工程量
7	010503005001	过梁 1.混凝土种类:普通混凝土 2.混凝土强度等级:C25 3.混凝土拌和料要求:商品混凝土	m³	0.7272
	A4-25	混凝土　过梁	m³	0.7272
8	010504001002	直形墙 1.混凝土种类:普通混凝土 2.混凝土强度等级:C25 3.混凝土拌和料要求:商品混凝土	m³	77.8208
	A4-28	墙　混凝土	m³	77.8208
9	010505001002	有梁板 1.混凝土种类:普通混凝土 2.混凝土强度等级:C25 3.混凝土拌和料要求:商品混凝土	m³	132.9535
	A4-31	混凝土　有梁板	m³	132.9535
10	010505003001	平板 1.混凝土种类:普通混凝土 2.混凝土强度等级:C25 3.混凝土拌和料要求:商品混凝土 4.部位:电梯井、排烟风井盖板	m³	6.6344
	A4-33	混凝土　平板	m³	6.6344
11	010505008001	悬挑板 1.混凝土种类:普通混凝土 2.混凝土强度等级:C25 3.混凝土拌和料要求:商品混凝土 4.部位:飘窗	m³	0.3875
	A4-38	混凝土　悬挑板	m³	0.3875
12	010508001004	后浇带 1.混凝土种类:掺有 HEA 型膨胀剂的混凝土 2.混凝土强度等级:C35 3.混凝土拌和料要求:商品混凝土 4.部位:有梁板	m³	2.3617
	A4-67	混凝土后浇带　梁、板	m³	2.3617

续表

序号	编码	项目名称及特征	单位	工程量
13	010801001001	木质门 1. 门代号:M1、M2 2. 类型:成品木质装饰门,含五金配件	m²	38.85
	桂 B-1	成品木质装饰门	m²	38.85
14	010801004001	木质防火门 1. 门代号:JXM1 2. 类型:成品木质丙级防火检修门(<2m²),含五金配件	m²	1.155
	A12-81	防火门 木质	m²	1.155
	A12-141	特殊五金 L 形 执手插锁	把	1
	A12-149	特殊五金 闭门器 明装	套	1
	A12-151	特殊五金 防火门防火铰链	副	2
	A12-166	门窗周边塞缝 水泥砂浆 1:2.5	m	4.75
15	010801004002	木质防火门 1. 门代号:JXM2 2. 类型:成品木质丙级防火检修门(>2m²),含五金配件	m²	5.04
	A12-81	防火门 木质	m²	5.04
	A12-141	特殊五金 L 形 执手插锁	把	2
	A12-149	特殊五金 闭门器 明装	套	2
	A12-151	特殊五金 防火门防火铰链	副	4
	A12-166	门窗周边塞缝 水泥砂浆 1:2.5	m	10.8
16	010802003001	钢质防火门 1. 门代号:YFM1 2. 类型:成品钢质乙级防火检修门(>2m²),含五金配件	m²	5.04
	A12-80	防火门 钢质	m²	5.04
	A12-141	特殊五金 L 形 执手插锁	把	2
	A12-149	特殊五金 闭门器 明装	套	2
	A12-151	特殊五金 防火门防火铰链	副	4
	A12-166	门窗周边塞缝 水泥砂浆 1:2.5	m	10.8

续表

序号	编码	项目名称及特征	单位	工程量
17	010807001001	塑钢窗 1. 窗代号：LC1、LC2、LC3、LC4、LC5 2. 类型：80 系列塑钢上悬窗不带纱（>2m²），含五金配件 3. 玻璃品种、厚度：5 厚钢化白玻	m²	136.08
	桂 B-4	80 系列 5 厚钢化白玻塑钢上悬窗不带纱	m²	136.08
18	010807007001	塑钢飘窗 1. 窗代号：TLC1 2. 类型：80 系列塑钢平开窗不带纱（>2m²），含五金配件 3. 玻璃品种、厚度：5 厚钢化白玻	m²	14.58
	桂 B-5	80 系列 5 厚钢化白玻塑钢平开飘窗不带纱	m²	14.58
19	011203001001	零星项目一般抹灰 1. 12 厚 1:3 水泥砂浆 2. 8 厚 1:2 水泥砂浆 3. 刷氟碳漆 4. 部位：雨篷、飘窗板、挑檐	m²	4.995
	A10-24	外墙　水泥砂浆　砖墙（12+8）mm	m²	4.995
	A13-223	外墙刷氟碳漆	m²	4.995
20	011301001001	天棚抹灰 1. 5 厚 1:3 水泥砂浆 2. 5 厚 1:2 水泥砂浆 3. 清理抹灰基层 4. 满刮腻子一遍 5. 刷底漆一遍 6. 乳胶漆两遍 7. 部位：顶棚 1，选用 11ZJ001 顶 104 及涂 304	m²	3.6
	A11-7	混凝土面天棚　水泥砂浆　现浇（5+5）mm	m²	3.6
	A13-204	刮熟胶粉腻子　墙面　两遍（换一遍，R * 1.18）	m²	3.6
	A13-210	乳胶漆　内墙、柱、天棚抹灰面　两遍	m²	3.6

五、总结拓展

（1）删除不存在图元的构件

单击梁构件列表的"过滤"→"当前楼层未使用的构件"，单击如图 2.140 所示的位置，一次性选择所有构件,右键删除。单击"过滤"→"当前楼层使用构件"。

图 2.140

(2)查看工程量的方法

下面简单介绍几种在绘图界面查看工程量的方式:

①单击"查看工程量",选中要查看的构件图元,弹出"查看构件图元工程量"对话框,如图 2.141、图 2.142 所示,可以查看做法工程量、清单工程量、定额工程量。

图 2.141

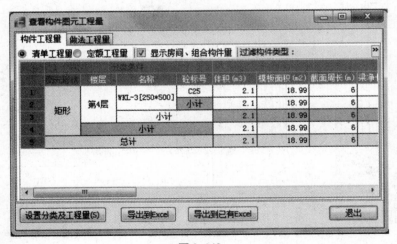

图 2.142

②按 F3 键批量选择构件图元,然后单击"查看工程量",可以查看做法工程量、清单工程量、定额工程量。

③单击"查看计算式",选择单一图元,弹出"查看构件图元工程量计算式",可以查看此图元的详细计算式,还可以利用"查看三维扣减图"查看详细工程量计算式。

问 题思考

分析可不可以块复制建立三层图元。

2.5 机房及屋面工程量计算

通过本节的学习,你将能够:

(1)掌握三点定义斜板的画法;

(2)掌握屋面的定义与做法套用;

(3)绘制屋面图元;

(4)统计本层屋面的工程量。

一、任务说明

①完成机房及屋面工程的构件定义及做法套用、绘制。

②汇总计算,统计机房及屋面的工程量。

二、任务分析

①机房层及屋面各有什么构件? 机房中的墙、柱尺寸在什么图中能找到?

②此层屋面与二屋面的做法有什么不同?

③斜板、斜墙如何定义绘制?

三、任务实施

1)分析图纸

①从建施-8 中可以看到,机房的屋面是由平屋面+坡屋面组成,以④轴为分界线。

②坡屋面是结构找坡,本工程为结构板找坡,斜板下的梁、墙、柱的起点顶标高和终点顶标高不在同一标高。

2)板的属性定义

结施-14 中 WB2、YXB3、YXB4 的厚度都是 150mm,在画板图元的时候可以统一按照 WB2 去绘制,方便绘制斜板图元。属性定义如图 2.143 所示。

属性名称	属性值	附加
名称	WB2	
类别	有梁板	☐
砼标号	(C25)	☐
砼类型	(砾石 GD4)	☐
厚度(mm)	120	☐
顶标高(m)	层顶标高	☐
是否是楼板	是	☐
是否是空心	否	☐
模板类型	胶合板模	☐
备注		☐

图 2.143

3)做法套用

①坡屋面的做法套用,如图 2.144 所示。

	编码	类别	项目名称	项目特征	单位	工程量表达式	表达式说明	措施项目	专业
1	─ 010902001002	项	屋面	1.10厚1:3水泥砂浆抹面压光,分格面积宜为1m2 2.2厚聚合物水泥防水涂料 3.15厚1:3水泥砂浆找平 4.部位:屋面2、雨棚顶、风井盖顶,选用11ZJ001 屋108	m2	MJ	MJ<面积>	☐	建筑装饰装修工程
2	─ A9-1	定	水泥砂浆找平层 混凝土或硬基层上 20mm（换15mm厚）		m²	MJ	MJ<面积>	☐	建筑
3	─ A7-78	定	屋面聚合物 水泥防水涂料 涂膜1.5mm厚（换2mm厚）		m²	MJ	MJ<面积>	☐	建筑
4	─ A9-10	定	水泥砂浆整体面层 楼地面20mm		m²	MJ	MJ<面积>	☐	建筑

图 2.144

②上人屋面做法,如图 2.145 所示。

	编码	类别	项目名称	项目特征	单位	工程量表达式	表达式说明	措施项目	专业
1	─ 010902001001	项	屋面	1.8~10厚地砖（600×600防滑砖）铺平拍实,缝宽5~8,1:1水泥砂浆填缝 2.25厚1:4干硬性水泥砂浆 3.满铺0.3厚聚乙烯薄膜一层 4.满铺一层3厚SBS改性沥青防水卷材 5.刷基层处理剂 6.20厚（最薄处）1:8水泥珍珠岩找2%坡 7.50厚挤塑聚苯板（XPS） 8.部位:屋面1,选用11ZJ001 屋101	m2	MJ	MJ<面积>	☐	建筑装饰装修工程
2	─ A8-21	定	屋面保温 挤塑聚苯板 厚度50mm		m²	MJ	MJ<面积>	☐	建筑
3	─ A8-6	定	屋面保温 现浇水泥珍珠岩1:8 厚度100mm		m²	MJ	MJ<面积>	☐	建筑
4	─ A7-47	定	改性沥青防水卷材热贴屋面一层 满铺（换二层）		m²	FSMJ	FSMJ<防水面积>	☐	建筑
5	─ A7-77	定	干铺聚乙烯膜		m²	MJ	MJ<面积>	☐	建筑
6	─ A9-83	定	陶瓷地砖楼地面 每块周长2400mm以内 水泥砂浆密缝		m²	MJ	MJ<面积>	☐	建筑

图 2.145

4)画法讲解

(1)三点定义斜板

单击"三点定义斜板",选择 WB2,可以看到选中的板边缘变成淡蓝色,如图 2.146 所示。

在有数字的地方按照图纸的设计输入标高(见图2.147),输入标高后一定要记得按"Enter"键保存输入的数据。输入标高后可以看到板上有个箭头表示斜板已经绘制完成,箭头指向标高低的方向如图2.148所示。

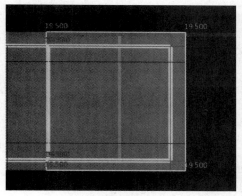

图2.146

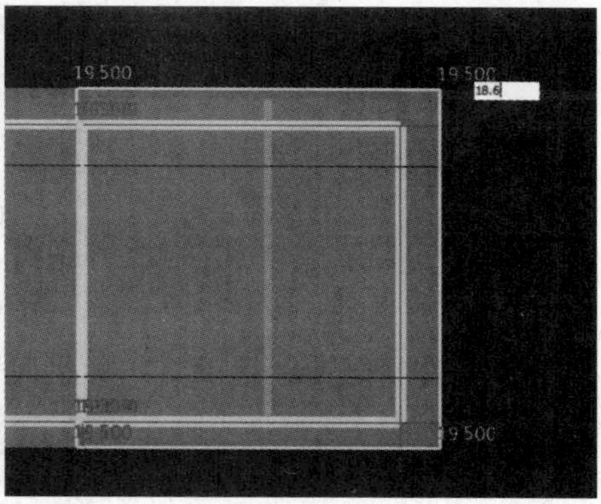

图2.147

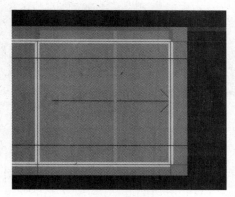

图2.148

(2)平齐板顶

右键单击"平齐板顶"(见图2.149),选择梁、墙、柱图元(见图2.150),弹出确认对话框询问"是否同时调整手动修改顶标高后的柱、梁、墙的顶标高"(见图2.151),单击"是",然后利用三维查看斜板的效果,如图2.152所示。

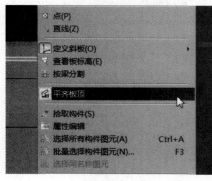

图2.149

图2.150

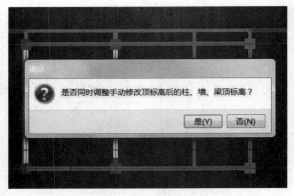

图 2.151

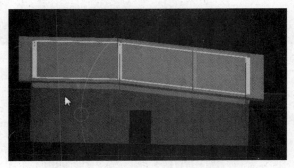

图 2.152

（3）智能布置屋面图元

建立好屋面构件，单击"智能布置"（见图 2.153），选择外墙内边线（见图 2.154），布置后的图元如图 2.155 所示。单击定义屋面卷边，设置屋面卷边。单击"智能布置"→"现浇板"，选择机房屋面板，单击"三维"查看布置后的屋面，如图 2.156 所示。

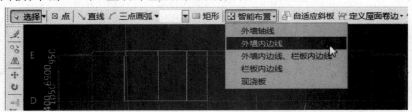

图 2.153

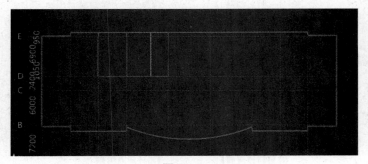

图 2.154

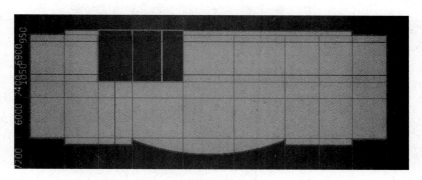

图 2.155

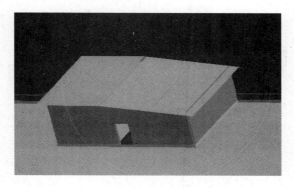

图 2.156

（4）绘制建筑面积图元

矩形绘制机房层建筑面积，绘制建筑面积图元后对比图纸，可以看到机房层的建筑面积并不是一个规则的矩形，单击"分割"→"矩形"，如图 2.157 所示。

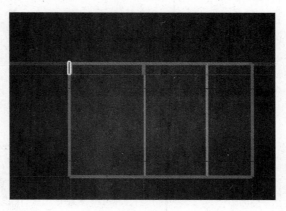

图 2.157

四、任务结果

汇总计算，统计本层工程量，见表 2.47。

表 2.47　机房层清单定额量

序号	编码	项目名称及特征	单位	工程量
1	010401003001	实心砖墙 1.砖品种、规格、强度等级:MU10 页岩标准砖 2.墙体厚度、类型:240mm 厚女儿墙 3.砂浆强度等级、配合比:M5 混合砂浆	m³	20.2642
	A3-6	混水砖墙 标准砖 240×115×53 墙体厚度 24cm	m³	20.2642
2	010401003002	实心砖墙 砖品种、规格、强度等级:MU10 页岩标准砖 墙体厚度、类型:115mm 厚排烟风井出屋面墙体 砂浆强度等级、配合比:M5 混合砂浆	m³	0.5926
	A3-4	混水砖墙 标准砖 240×115×53 墙体厚度 11.5cm	m³	0.5926
3	010402001001	砌块墙 1.砌块品种、规格、强度等级:蒸压加气混凝土砌块 2.墙体厚度:250mm 厚 3.砂浆强度等级:M5 混合砂浆	m³	6.0316
	A3-57	蒸压加气混凝土砌块墙 墙体厚度 25cm	m³	6.0316
4	010402001002	砌块墙 1.砌块品种、规格、强度等级:蒸压加气混凝土砌块 2.墙体厚度:200mm 厚 3.砂浆强度等级:M5 混合砂浆	m³	17.096
	A3-56	蒸压加气混凝土砌块墙 墙体厚度 20cm	m³	17.096
5	010502001002	矩形柱 1.混凝土种类:普通混凝土 2.混凝土强度等级:C25 3.混凝土拌和料要求:商品混凝土	m³	6.556
	A4-18	混凝土柱 矩形	m³	6.556
6	010502002001	构造柱 1.混凝土种类:普通混凝土 2.混凝土强度等级:C25 3.混凝土拌和料要求:商品混凝土	m³	4.7859
	A4-20	混凝土柱 构造柱	m³	4.7859
7	010503004001	圈梁 1.混凝土种类:普通混凝土 2.混凝土强度等级:C25 3.混凝土拌和料要求:商品混凝土	m³	0.867
	A4-24	混凝土 圈梁	m³	0.867

序号	编码	项目名称及特征	单位	工程量
8	010503005001	过梁 1.混凝土种类:普通混凝土 2.混凝土强度等级:C25 3.混凝土拌和料要求:商品混凝土	m³	0.4584
	A4-25	混凝土 过梁	m³	0.4584
9	010504001002	直形墙 1.混凝土种类:普通混凝土 2.混凝土强度等级:C25 3.混凝土拌和料要求:商品混凝土	m³	7.3395
	A4-28	墙 混凝土	m³	7.3395
10	010505001002	有梁板 1.混凝土种类:普通混凝土 2.混凝土强度等级:C25 3.混凝土拌和料要求:商品混凝土	m³	17.9209
	A4-31	混凝土 有梁板	m³	17.9209
11	010505003001	平板 1.混凝土种类:普通混凝土 2.混凝土强度等级:C25 3.混凝土拌和料要求:商品混凝土 4.部位:电梯井、排烟风井盖板	m³	0.2366
	A4-33	混凝土 平板	m³	0.2366
12	010505007001	挑檐板 1.混凝土种类:普通混凝土 2.混凝土强度等级:C25 3.混凝土拌和料要求:商品混凝土 4.部位:不上人屋面	m³	4.2506
	A4-37	混凝土 天沟、挑檐板	m³	4.2506
13	010507005001	扶手、压顶 1.断面尺寸:340×150 2.混凝土种类:普通商品混凝土 3.混凝土强度等级:C25	m³	6.0267
	A4-53	混凝土 压顶、扶手	m³	6.0267

续表

序号	编码	项目名称及特征	单位	工程量
14	010802003002	钢质防火门 1. 门代号：YFM1 2. 类型：成品钢质乙级防火检修门（>2m²），含五金配件	m²	5.04
	A12-80	防火门 钢质	m²	5.04
	A12-141	特殊五金 L形 执手插锁	把	2
	A12-149	特殊五金 闭门器 明装	套	2
	A12-151	特殊五金 防火门防火铰链	副	4
	A12-166	门窗周边塞缝 水泥砂浆1：2.5	m	10.8
15	010807001001	塑钢窗 1. 窗代号：LC1、LC2、LC3、LC4、LC5 2. 类型：80系列塑钢上悬窗不带纱（>2m²），含五金配件 3. 玻璃品种、厚度：5厚钢化白玻	m²	10.8
	桂B-4	80系列5厚钢化白玻塑钢上悬窗不带纱	m²	10.8
16	010807003001	金属百叶窗 1. 黑色金属百叶窗（<2m²），含五金配件 2. 部位：屋面	m²	0.945
	桂B-7	黑色金属百叶窗	m²	0.945
17	010902001001	屋面 1. 8～10厚地砖（600×600防滑砖）铺平拍实，缝宽5～8，1：1水泥砂浆填缝 2. 25厚1：4干硬性水泥砂浆 3. 满铺0.3厚聚乙烯薄膜一层 4. 满铺二层3厚SBS改性沥青防水卷材 5. 刷基层处理剂 6. 20厚（最薄处）1：8水泥珍珠岩找2%坡 7. 50厚挤塑聚苯板（XPS） 8. 部位：屋面1，选用11ZJ001 屋101	m²	753.7054
	A8-21	屋面保温 挤塑聚苯板 厚度50mm	m²	753.7054
	A8-6	屋面保温 现浇水泥珍珠岩1：8 厚度100mm	m²	753.7054
	A7-47	改性沥青防水卷材热贴屋面 一层 满铺（换二层）	m²	793.4402
	A7-77	干铺聚乙烯膜	m²	753.7054
	A9-83	陶瓷地砖楼地面 每块周长2400mm以内 水泥砂浆密缝	m²	753.7054

续表

序号	编码	项目名称及特征	单位	工程量
18	010902001002	屋面 1. 10 厚 1∶3 水泥砂浆抹面压光,分格面积宜为 1m² 2. 2 厚聚合物水泥防水涂料 3. 15 厚 1∶3 水泥砂浆找平 4. 部位:屋面2、雨篷顶、风井盖顶,选用 11ZJ001 屋 108	m²	122.2961
	A9-1	水泥砂浆找平层 混凝土或硬基层上 20mm(换 15mm 厚)	m²	122.2961
	A7-78	屋面聚合物 水泥防水涂料 涂膜1.5mm 厚(换 2mm 厚)	m²	122.2961
	A9-10	水泥砂浆整体面层 楼地面20mm	m²	122.2961
19	011203001002	零星项目一般抹灰 1. 15 厚 1∶3 水泥砂浆 2. 5 厚 1∶2 水泥砂浆 3. 刷氟碳漆 4. 部位:雨篷、飘窗板、挑檐、压顶	m²	92.7318
	A10-24	外墙 水泥砂浆 砖墙 (12+8)mm	m²	92.7318
	A13-223	外墙刷氟碳漆	m²	92.7318

五、总结拓展

线性构件起点顶标高与终点定标高不一样时,梁的情况就如图 2.152 所示。如果这样的梁不在斜板下时,就不能应用"平齐板顶",需要对梁的起点顶标高和终点顶标高进行编辑,达到图纸上的设计要求。

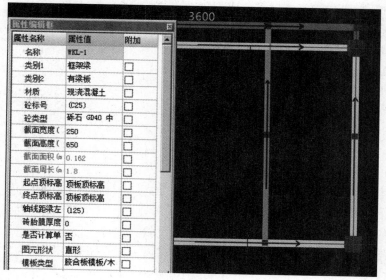

图 2.158

按键盘上的"～"键,显示构件的图元方向。选中梁,单击"属性"(见图2.158),注意梁的起点顶标高和终点顶标高都是顶板顶标高。假设梁的起点顶标高为18.6m,对这道梁构件的属性进行编辑(见图2.159),单击"三维"查看三维效果,如图2.160所示。

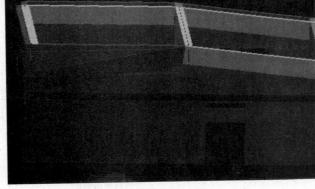

属性名称	属性值
名称	WKL-1
类别1	框架梁
类别2	有梁板
材质	现浇混凝土
砼标号	(C25)
砼类型	(砾石 GD40 细砂水泥4
截面宽度(	250
截面高度(	650
截面面积(m	0.162
截面周长	1.8
起点顶标高	顶板顶标高(19.5)
终点顶标高	18.6
轴线距梁左	(125)
砖胎膜厚度	0
是否计算单	否
图元形状	直形
模板类型	胶合板模板/木支撑
是否为人防	否

图 2.159

图 2.160

2.6 地下一层工程量计算

通过本节的学习,你将能够:

(1)分析地下层要计算哪些构件;

(2)各构件需要计算哪些工程量;

(3)地下层构件与其他层构件定义与绘制的区别;

(4)计算并统计地下一层工程量。

2.6.1 地下一层柱的工程量计算

通过本小节的学习,你将能够:

(1)分析本层归类到剪力墙的构件;

(2)掌握异形柱的属性定义及做法套用功能;

(3)绘制异形柱图元;

(4)统计本层柱的工程量。

一、任务说明

①完成地下一层工程柱的构件定义及做法套用、绘制。

②汇总计算，统计地下层柱的工程量。

二、任务分析

①地下一层都有哪些需要计算框架柱、圆形柱、圆形框架柱、异形端柱的构件工程量?

②地下一层有哪些柱构件不需要绘制?

三、任务实施

1)图纸分析

分析结施-4、结施-6,可以从柱表得到柱的截面信息,本层包括矩形框架柱、圆形框架柱及异形端柱。

③轴与④轴间以及⑦轴上的 GJZ1、GJZ2、GYZ1、GYZ2、GYZ3、GAZ1,这些柱构件包含在剪力墙里面,图形算量时属于剪力墙内部构件,归到剪力墙里面,在绘图时不需要单独绘制;剪力墙上的 GDZ1、GDZ1a、GDZ2、GDZ3、GDZ3a、GDZ4、GDZ5、GDZ6 异形端柱,属于附墙柱,在做法套用的时候按照剪力墙的做法套用清单、定额。

所以本层需要绘制的柱主要信息见表2.48。

表 2.48　柱表

序号	类型	名称	混凝土标号	截面尺寸	标高	备注
1	矩形框架柱	KZ1	C30	600×600	$-4.400 \sim -0.100$	
2	圆形框架柱	KZ2	C30	$D = 850$	$-4.400 \sim -0.100$	
3	异形端柱	GDZ1	C30	详见结施-6柱截面尺寸	$-4.400 \sim -0.100$	
		GDZ1a	C30		$-4.400 \sim -0.100$	
		GDZ2	C30		$-4.400 \sim -0.100$	
		GDZ3	C30		$-4.400 \sim -0.100$	
		GDZ3a	C30		$-4.400 \sim -0.100$	
		GDZ4	C30		$-4.400 \sim -0.100$	
		GDZ5	C30		$-4.400 \sim -0.100$	
		GDZ6	C30		$-4.400 \sim -0.100$	

2)柱的定义

本层 GDZ3、GDZ3a、GDZ5、GDZ6 属性定义在参数化端柱里面找不到类似的参数图,需要考虑用另一种方法定义,新建柱中除了可建立矩形、圆形、参数化柱外,还可以建立异形柱,因此这些 GDZ3、GDZ3a、GDZ5、GDZ6 柱需要在异形柱里面建立。

①首先根据柱的尺寸需要定义网格,单击"新建异形柱",在弹出窗口中输入想要的网格尺寸,单击"确定"即可,如图 2.161 所示。

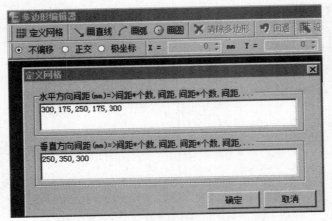

图 2.161

②用画直线或画弧线的方式绘制想要的参数图,以 GDZ3 为例,如图 2.162 所示。

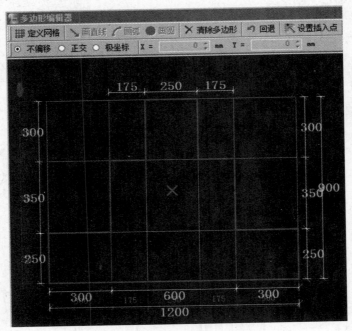

图 2.162

3)做法套用

柱的做法可以将一层柱的做法利用"做法刷"按下面步骤复制过来即可,如图 2.163 所示。

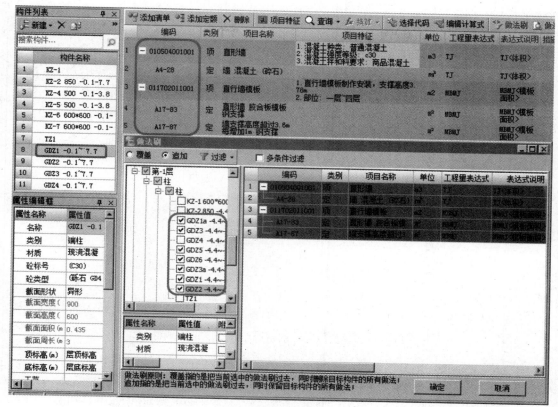

图2.163

①将GDZ1按照上图套用好做法,选择"GDZ1"→单击"定义"→选择"GDZ1的做法"→单击"做法刷"。

②弹出做法刷对话框,选择"-1层"→选择"柱"→选择与首层GDZ1做法相同的柱,单击"确定"即可将本层与首层GDZ1做法相同的柱定义好做法。

③可使用相同方法将KZ1、KZ2套用做法。

四、任务结果

①用上面讲述建立异形柱的方法重新定义本层的异形柱,并绘制本层柱图元。

②汇总计算,统计本层柱的工程量,见表2.49。

表2.49 地下一层柱清单定额量

序号	编码	项目名称	单位	工程量
1	010502001001	矩形柱 1. 混凝土种类:普通混凝土 2. 混凝土强度等级:C30 3. 混凝土拌和料要求:商品混凝土	m^3	18.576
	A4-18	混凝土柱 矩形	m^3	18.576

续表

序号	编码	项目名称	单位	工程量
2	010502003001	异形柱 1. 柱形状:圆形 2. 混凝土种类:普通混凝土 3. 混凝土强度等级:C30 4. 混凝土拌和料要求:商品混凝土	m³	4.8801
	A4-19	混凝土柱 圆形、多边形	m³	4.8801
3	010504001002	直形墙 1. 混凝土种类:普通混凝土 2. 混凝土强度等级:C30 3. 混凝土拌和料要求:商品混凝土	m³	7.482
	A4-28	墙 混凝土	m³	7.482
4	010504001001	直形墙 1. 混凝土种类:抗渗等级 P8 混凝土 2. 混凝土强度等级:C30 3. 混凝土拌和料要求:商品混凝土 4. 部位:地下室外墙	m³	64.5721
	A4-28	墙 混凝土	m³	64.5721

五、总结拓展

①在新建异形柱时,绘制异形图时有一个原则:不管是直线还是弧线,需要一次围成封闭区域,围成封闭区域以后不能在这个网格上再绘制任何图形。

②本层 GDZ5 在异形柱里是不能精确定义的,很多人在绘制这幅图时会产生错觉,认为先绘制直线再绘制弧线就行了,其实不是,图纸给的尺寸是矩形部分边线到圆形部分的切线距离为 300,并非到与弧线的交点部分为 300。如果要精确绘制,必须先将这个距离手算出来后定义网格才能绘制。

③前面已经讲述的这些柱是归到墙里面计算的,我们要的是准确的量,所以可以变通一下,定义一个圆形柱即可。

2.6.2 地下一层剪力墙的工程量计算

通过本小节的学习,你将能够:

(1)分析本层归类到剪力墙的构件;

(2)熟练运用构件的层间复制与做法刷的使用;

(3)绘制剪力墙图元;

(4)统计本层剪力墙的工程量。

一、任务说明

①完成地下一层工程剪力墙的构件定义及做法套用、绘制。

②汇总计算,统计地下层柱的工程量。

二、任务分析

①地下一层剪力墙的构件与首层有什么不同?

②地下一层有哪些剪力墙构件不需要绘制?

三、任务实施

1)分析图纸

(1)分析剪力墙

分析图纸结施-4,见表2.50。

表2.50 剪力墙参数

序号	类型	名称	混凝土标号	墙厚	标高	备注
1	外墙	WQ1	C30	250	−4.4 ~ −0.1	
2	内墙	Q1	C30	250	−4.4 ~ −0.1	
3	内墙	Q2	C30	200	−4.4 ~ −0.1	

(2)分析连梁

连梁是剪力墙的一部分。

①结施-4中,①轴和⑩轴的剪力墙上有LL4,尺寸为250mm×1200mm,梁顶标高为−3.0mm;在剪力墙里面连梁是归到墙里面的,所以不用绘制LL4,直接绘制外墙WQ1即可。

②结施-4中,④轴和⑦轴的剪力墙上有LL1、LL2、LL3,连梁下方有门和墙洞,在绘制墙时可以直接通画绘制墙,不用绘制LL1、LL2、LL3,到绘制门窗时将门和墙洞绘制上即可。

(3)分析暗梁、暗柱

暗梁、暗柱是剪力墙的一部分,结施-4中的暗梁布置图就不再进行绘制,类似GAZ1这样和墙厚一样的暗柱,此位置的剪力墙通长绘制,GAZ1不再进行绘制。

2)剪力墙的定义

①本层剪力墙的定义与首层相同,参照首层剪力墙的定义。

②本层剪力墙也可不重新定义,而是将首层剪力墙构件复制过来,具体操作步骤如下:

a.切换到绘图界面,单击菜单栏"构件"→"从其他楼层复制构件",如图2.164所示。

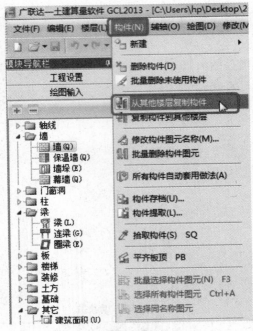

图 2.164

b. 选择本层需要复制的构件,同时复制构件的做法,如图 2.165 所示,单击"确定",但⑨轴与⑪轴间的 200mm 厚混凝土墙没有复制过来,需要重新建立属性。这样本层的剪力墙就算全部建立好了。

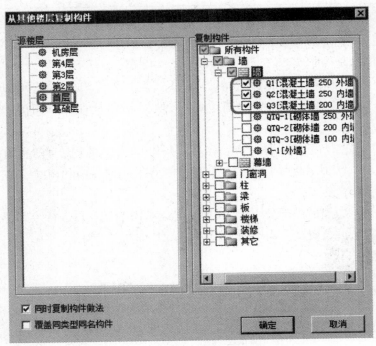

图 2.165

四、任务结果

①参照上述方法重新定义并绘制本层剪力墙。

②汇总计算,统计本层剪力墙的工程量,见表2.51。

表2.51　地下一层剪力墙清单定额量

序号	编码	项目名称	单位	工程量
1	010504001001	直形墙 1.混凝土种类:普通混凝土 2.混凝土强度等级:C30 3.混凝土拌和料要求:商品混凝土	m^3	47.816
	A4-28	墙　混凝土	m^3	47.816
2	010504001002	直形墙 1.混凝土种类:抗渗等级 P8 混凝土 2.混凝土强度等级:C30 3.混凝土拌和料要求:商品混凝土 4.部位:地下室外墙	m^3	181.6933
	A4-28	墙　混凝土	m^3	181.6933

五、总结拓展

本层剪力墙的外墙大部分都是偏往轴线外175mm,如果每段墙都用偏移方法绘制比较麻烦。在第2.6.1节里面柱的位置是固定好的,因此在这里先在轴线上绘制外剪力墙,绘制完后利用对齐功能将墙的的外边线与柱的外边线对齐即可。

2.6.3　地下一层梁、板、填充墙工程量计算

通过本小节的学习,你将能够:
统计本层梁、板及填充墙的工程量。

一、任务说明

①完成地下一层工程梁、板及填充的构件定义及做法套用、绘制。

②汇总计算,统计地下层梁、板及填充墙的工程量。

二、任务分析

地下一层梁、板、填充墙的构件与首层有什么不同?

三、任务实施

①分析图纸结施-7,从左至右从上至下本层有框架梁、非框架梁、悬挑梁3种。

②分析框架梁 KL1～KL6,非框架梁 L1～L12,悬梁 XL1,主要信息见表2.52。

表2.52　地下一层梁表

序号	类型	名称	混凝土标号	截面尺寸(mm)	顶标高	备注
1	框架梁	KL1	C30	250×500　250×650	层顶标高	与首层相同
		KL2	C30	250×500　250×650	层顶标高	与首层相同
		KL3	C30	250×500	层顶标高	属性相同位置不同
		KL4	C30	250×500	层顶标高	属性相同位置不同
		KL5	C30	250×500	层顶标高	属性相同位置不同
		KL6	C30	250×650	层顶标高	属性相同位置不同
2	非框架梁	L1	C30	250×500	层顶标高	属性相同位置不同
		L2	C30	250×500	层顶标高	属性相同位置不同
		L3	C30	250×500	层顶标高	属性相同位置不同
		L4	C30	250×500	层顶标高	属性相同位置不同
		L5	C30	250×600	层顶标高	与首层相同
		L6	C30	250×400	层顶标高	与首层相同
		L7	C30	250×600	层顶标高	与首层相同
		L8	C30	200×400	层顶标高-0.05	与首层相同
		L9	C30	250×600	层顶标高-0.05	与首层相同
		L10	C30	250×400	层顶标高	与首层相同
		L11	C30	250×400	层顶标高	属性相同位置不同
		L12	C30	250×300	层顶标高	属性相同位置不同
3	悬挑梁	XL1	C30	250×500	层顶标高	与首层相同

③分析结施-11,可以从板平面图得到板的截面信息,见表 2.53。

表 2.53　地下一层板表

序号	类型	名称	混凝土标号	板厚 h	板顶标高	备注
1	楼板	LB1	C30	180	层顶标高	
2	楼板	LB1	C30	180	层顶标高-0.05	卫生间楼板
3	其他板	YXB1	C30	180	层顶标高	

④分析建施-0、建施-2、建施-9,可以得到砌体墙的信息,见表 2.54。

表 2.54　地下一层砌体墙表

序号	类型	砌筑砂浆	材质	墙厚	标高	备注
1	砌块内墙	M5 混和砂浆	蒸压加气混凝土砌块	200	-4.4 ~ -0.1	梁下墙

四、任务结果

汇总计算,统计本层梁、板、砌体墙的工程量见表 2.55。

表 2.55　地下一层梁、板、砌体墙清单定额量

序号	编码	项目名称及特征	单位	工程量
1	010402001002	砌块墙 1.砌块品种、规格、强度等级:蒸压加气混凝土砌块 2.墙体厚度:200mm 厚 3.砂浆强度等级:M5 混合砂浆	m³	68.3632
	A3-56	蒸压加气混凝土砌块墙 墙体厚度 20cm	m³	68.3632
2	010402001003	砌块墙 1.砌块品种、规格、强度等级:蒸压加气混凝土砌块 2.墙体厚度:100mm 厚 3.砂浆强度等级:M5 混合砂浆	m³	2.299
	A3-54	蒸压加气混凝土砌块墙 墙体厚度 10cm	m³	2.299
3	010505001001	有梁板 1.混凝土种类:普通混凝土 2.混凝土强度等级:C30 3.混凝土拌和料要求:商品混凝土	m³	193.4392
	A4-31	混凝土 有梁板	m³	193.4392

2.6.4 地下一层门洞口、圈梁、构造柱工程量计算

通过本小节的学习,你将能够:
统计地下一层的门窗、圈梁、构造柱工程量。

一、任务说明

①完成地下一层工程门、圈梁、构造柱构件定义及做法套用、绘制。
②汇总计算,统计地下层门、圈梁、构造柱的工程量。

二、任务分析

地下一层门洞口、圈梁、构造柱的构件与首层有什么不同?

三、任务实施

1)分析图纸

分析图纸建施-2、结施-4,可得到地下一层门洞口信息,见表2.56。

表2.56 地下一层门洞口表

序号	名称	数量(个)	宽(mm)	高(mm)	离地高度(mm)	备注
1	M1	2	1000	2100	700	
2	M2	2	1500	2100	700	
3	JFM1	1	1000	2100	700	
4	JFM2	1	1800	2100	700	
5	YFM1	1	1200	2100	700	
6	JXM1	1	1200	2000	700	
7	JXM2	1	1200	2000	700	
8	电梯门洞	2	1200	1900	700	
9	走廊洞口	2	1800	2000	700	
10	7轴墙洞	1	2000	2000	700	
11	消火栓箱	1	750	1650	850	

2)门、洞口定义与做法套用

①本层 M1、M2、YFM1、JXM1、JXM2 与首层属性相同,只是离地高度不一样,可以将构件复制过来,根据分析图纸内容修改离地高度即可。复制构件的方法同前文填充墙构件复制方法,这里不再讲述。

②本层 JFM1、JFM2 是甲级防火门,与首层 YFM1 乙级防火门的属性定义相同,套用做法也一样,应注意 JFM2 是双扇门,闭门器及铰链工程量不同。

3)圈梁、构造柱定义与做法套用

本层圈梁(兼做过梁)、构造柱与首层的属性定义相同,套用做法也一样。

四、任务结果

汇总计算,统计本层门、过梁、圈梁、构造柱的工程量,见表 2.57。

表 2.57　地下一层门、过梁、圈梁、构造柱清单定额量

序号	编码	项目名称	单位	工程量
1	010502002001	构造柱 1. 混凝土种类:普通混凝土 2. 混凝土强度等级:C25 3. 混凝土拌和料要求:商品混凝土	m³	3.3936
	A4-20	混凝土柱　构造柱	m³	3.3936
2	010503004001	圈梁 1. 混凝土种类:普通混凝土 2. 混凝土强度等级:C25 3. 混凝土拌和料要求:商品混凝土	m³	0.7044
	A4-24	混凝土　圈梁	m³	0.7044
3	010503005001	过梁 1. 混凝土种类:普通混凝土 2. 混凝土强度等级:C25 3. 混凝土拌和料要求:商品混凝土	m³	0.3432
	A4-25	混凝土　过梁	m³	0.3432
4	010801001001	木质门 1. 门代号:M1、M2 2. 类型:成品木质装饰门,含五金配件	m²	10.5
	桂 B-1	成品木质装饰门	m²	10.5
5	010801004002	木质防火门 1. 门代号:JXM2 2. 类型:成品木质丙级防火检修门(>2m²),含五金配件	m²	7.56
	A12-81	防火门　木质	m²	7.56
	A12-141	特殊五金　L 形　执手插锁	把	3
	A12-149	特殊五金　闭门器　明装	套	3
	A12-151	特殊五金　防火门防火铰链	副	6
	A12-166	门窗周边塞缝　水泥砂浆 1:2.5	m	0.162

续表

序号	编码	项目名称	单位	工程量
6	010801004001	木质防火门 1.门代号:JXM1 2.类型:成品木质丙级防火检修门(<2m²),含五金配件	m²	1.155
	A12-81	防火门 木质	m²	1.155
	A12-141	特殊五金 L形 执手插锁	把	1
	A12-149	特殊五金 闭门器 明装	套	1
	A12-151	特殊五金 防火门防火铰链	副	2
	A12-166	门窗周边塞缝 水泥砂浆1:2.5	m	4.75
7	010802003001	钢质防火门 1.门代号:YFM1 2.类型:成品钢质乙级防火检修门(>2m²),含五金配件	m²	2.52
	A12-80	防火门 钢质	m²	2.52
	A12-141	特殊五金 L形 执手插锁	把	1
	A12-149	特殊五金 闭门器 明装	套	1
	A12-151	特殊五金 防火门防火铰链	副	2
	A12-166	门窗周边塞缝 水泥砂浆1:2.5	m	5.4
8	010802003002	钢质防火门 1.门代号:JFM1 2.类型:成品钢质甲级防火检修门(>2m²),含五金配件	m²	2.1
	A12-80	防火门 钢质	m²	2.1
	A12-149	特殊五金 闭门器 明装	套	1
	A12-141	特殊五金 L形 执手插锁	把	1
	A12-151	特殊五金 防火门防火铰链	副	2
	A12-166	门窗周边塞缝 水泥砂浆1:2.5	m	5.2
9	010802003003	钢质防火门 1.门代号:JFM2 2.类型:成品钢质甲级防火检修门(>2m²),含五金配件	m²	3.78
	A12-80	防火门 钢质	m²	3.78
	A12-149	特殊五金 闭门器 明装	套	2
	A12-141	特殊五金 L形 执手插锁	把	1
	A12-151	特殊五金 防火门防火铰链	副	4
	A12-166	门窗周边塞缝 水泥砂浆1:2.5	m	6

2.6.5 地下室后浇带、坡道与地沟工程量计算

通过本小节的学习,你将能够:
(1)定义后浇带、坡道、地沟;
(2)依据定额、清单分析坡道、地沟需要计算的工程量。

一、任务说明

①完成地下一层工程后浇带、坡道、地沟的构件定义及做法套用、绘制。
②汇总计算,统计地下层后浇带、坡道、地沟的工程量。

二、任务分析

①地下一层坡道、地沟的构件所在位置及构件尺寸。
②坡道、地沟的定义、做法套用有什么特殊性?

三、任务实施

1)分析图纸

①分析结施-7,可以从板平面图得到后浇带的截面信息,本层只有一条后浇带,后浇带宽度为800mm,分布在⑤轴与⑥轴间,距离⑤轴的距离为1000mm,可从首层复制。
②在坡道的底部和顶部均有一个截面为450mm×700mm截水沟。
③坡道的坡度为$i=1/5$,板厚200mm,垫层厚度为100mm。

2)构件定义

(1)坡道的定义
①定义一块筏板基础,标高暂定为-4.4m,如图2.166所示。
②定义一个面式垫层,如图2.167所示。

属性名称	属性值	附加
名称	坡道	
材质	现浇混凝土	☐
砼标号	(C30)	☐
砼类型	砾石 GD40 中	☐
厚度(mm)	200	☐
顶标高(m)	层底标高+0.2	☐
底标高(m)	层底标高	☐
砖胎膜厚度	0	☐
类别	有梁式	☐
模板类型	胶合板模板/	☐
备注		☐

图2.166

属性名称	属性值	附加
名称	DC-1	
材质	现浇混凝土	☐
砼标号	(C10)	☐
砼类型	(碎石 GD20	☐
形状	面型	☐
厚度(mm)	100	☐
顶标高(m)	基础底标高	☐
模板类型	木模板/木支	☐
备注		☐

图2.167

（2）截水沟的定义

软件建立地沟时，默认地沟为4个部分组成，要建立一个完整的地沟，需要建立4个地沟单元，分别为地沟底板、顶板与两个侧板。

①单击定义矩形地沟单元，此时定义的为截水沟的底板，属性根据结施图-3定义，如图2.168所示。

②单击定义矩形地沟单元，此时定义的为截水沟的顶板，属性根据结施图-3定义，如图2.169所示。

属性名称	属性值	附加
名称	DG-1-1	
类别	底板	☑
材质	现浇混凝土	☐
砼标号	(C30)	☐
砼类型	碎石 GD20 中砂	☐
截面宽度（	600	☐
截面高度（	100	☐
截面面积（m	0.06	☐
相对底标高	0	☐
相对偏心距	0	☐
模板类型	木模板/木支撑	☐
备注		☐

图 2.168

属性名称	属性值	附加
名称	DG-1-2	
类别	盖板	☑
材质	现浇混凝土	☐
砼标号	(C30)	☐
砼类型	碎石 GD20 中砂	☐
截面宽度（	500	☐
截面高度（	50	☐
截面面积（m	0.025	☐
相对底标高	0.65	☐
相对偏心距	0	☐
模板类型	木模板/木支撑	☐
备注		☐

图 2.169

③单击定义矩形地沟单元，此时定义的为截水沟的左侧板，属性根据结施图-3定义，如图2.170所示。

④单击定义矩形地沟单元，此时定义的为截水沟的右侧板，属性根据结施图-3定义，如图2.171所示。

属性名称	属性值	附加
名称	DG-1-3	
类别	侧壁	☑
材质	现浇混凝土	☐
砼标号	(C30)	☐
砼类型	碎石 GD20 中砂	☐
截面宽度（	100	☐
截面高度（	700	☐
截面面积（m	0.07	☐
相对底标高	0	☐
相对偏心距	250	☐
模板类型	木模板/木支撑	☐
备注		☐

图 2.170

属性名称	属性值	附加
名称	DG-1-4	
类别	侧壁	☑
材质	现浇混凝土	☐
砼标号	(C30)	☐
砼类型	碎石 GD20 中砂	☐
截面宽度（	100	☐
截面高度（	700	☐
截面面积（m	0.07	☐
相对底标高	0	☐
相对偏心距	-250	☐
模板类型	木模板/木支撑	☐
备注		☐

图 2.171

3)做法套用

①坡道做法套用,如图 2.172 所示。

	编码	类别	项目名称	项目特征	单位	工程量表达式	表达式说明	措施项目	专业
1	⊟ 010501004001	项	满堂基础	1.混凝土种类:抗渗等级P8混凝土 2.混凝土强度等级:C25 3.混凝土拌合要求:商品混凝土 4.部位:坡道	m3	TJ	TJ<体积>	☐	建筑装饰装修工程
2	A4-10	定	混凝土满堂基础 无梁式(碎石)		m²	TJ	TJ<体积>	☐	建筑
3	⊟ 011702001002	项	基础模板	坡道底板模板制作安装	m2	MBMJ	MBMJ<模板面积>	☑	建筑装饰装修工程
4	A17-29	定	满堂基础 无梁式 胶合板模板 木支撑		m²	MBMJ	MBMJ<模板面积>	☑	建筑
5	⊟ 010904001001	项	地面卷材防水	1.卷材品种、规格、厚度:3厚二层SBS改性沥青防水卷材 2.部位:坡道	m2	DBMJ	DBMJ<底部面积>	☐	建筑装饰装修工程
6	A7-110	定	(3厚二层)改性沥青卷材满铺防水 平面		m²	DBMJ	DBMJ<底部面积>	☐	建筑

图 2.172

②地沟的做法套用,选择工程量表达式时无长度工程量代码可选,只能用地沟的体积除以断面面积来设置。除此之外,还需考虑地沟除盖板外,由 3 个地沟单元组成,编辑地沟长度的工程量表达式时还需要除以 3。地沟盖板的做法套用,如图 2.173 所示;地沟底板的做法套用,如图 2.174 所示,地沟左、右侧壁的做法套用可以参照底板做法。

	编码	类别	项目名称	项目特征	单位	工程量表达式	表达式说明	措施项目	专业
1	⊟ 010512008001	项	沟盖板	部位:坡道截水沟铸铁盖板	m2	TJ/0.05	TJ<体积>/0.05	☐	建筑装饰装修工程
2	A3-125	定	沟槽铸铁盖板及安装		m²	TJ/0.05	TJ<体积>/0.05	☐	建筑

图 2.173

	编码	类别	项目名称	项目特征	单位	工程量表达式	表达式说明	措施项目	专业
1	⊟ 010507003001	项	地沟	沟截面净空尺寸:400*600 混凝土种类:商品混凝土 混凝土强度等级:C25 部位:坡道处地沟	m	TJ/(0.7*0.1)/3	TJ<体积>/(0.7*0.1)/3	☐	建筑装饰装修工程
2	A4-65	定	混凝土地沟、电缆沟(碎石)		m²	TJ	TJ<体积>	☐	建筑
3	⊟ 011702026001	项	地沟模板	1.截水沟模板制作安装:	m2	MBMJ	MBMJ<模板面积>	☑	建筑装饰装修工程
4	A17-127	定	混凝土地沟电缆沟 木模板木支撑		m²	MBMJ	MBMJ<模板面积>	☑	建筑
5	⊟ 010904003001	项	地面砂浆防水	1.20厚1:2.5防水水泥砂浆,内掺3%防水粉 部位:截水沟	m2	MHMJ	MHMJ<抹灰面积>	☐	建筑装饰装修工程
6	A7-176	定	防水砂浆防水 20mm厚 平面		m²	MHMJ	MHMJ<抹灰面积>	☐	建筑

图 2.174

4)画法讲解

①后浇带画法参照前面后浇带画法。

②地沟使用直线绘制即可。

③坡道:

a.按图纸尺寸绘制上述定义的筏板和垫层;

b."三点定义斜筏板"绘制⑨~⑪轴坡道处的筏板。

四、任务结果

汇总计算,统计本层后浇带、坡道与地沟的工程量,见表2.58。

表2.58 地下一层后浇带、坡道与地沟清单定额量

序号	编码	项目名称	单位	工程量
1	010501001001	垫层 1.混凝土种类:普通混凝土 2.混凝土强度等级:C15 3.混凝土拌和料要求:商品混凝土 4.部位:筏板基础、坡道及集水坑	m³	6.2719
	A4-3	混凝土垫层	m³	6.2719
2	010501004001	满堂基础 1.混凝土种类:抗渗等级 P8 混凝土 2.混凝土强度等级:C25 3.混凝土拌和要求:商品混凝土 4.部位:坡道	m³	11.9005
	A4-10	混凝土满堂基础 无梁式	m³	11.9005
3	010507003001	地沟 1.沟截面净空尺寸:400×600 2.混凝土类别:商品混凝土 3.混凝土强度等级:C25 4.部位:坡道处地沟	m	6.95
	A4-65	混凝土地沟、电缆沟	m³	6.95
4	010508001002	后浇带 1.混凝土种类:掺有 HEA 型膨胀剂的混凝土 2.混凝土强度等级:C35 3.混凝土拌和要求:商品混凝土 4.部位:地下室混凝土直行墙	m³	1.72
	A4-68	混凝土后浇带 墙	m³	1.72
5	010508001003	后浇带 1.混凝土种类:掺有 HEA 型膨胀剂的混凝土 2.混凝土强度等级:C35 3.混凝土拌和要求:商品混凝土 4.部位:有梁板	m³	3.5724
	A4-67	混凝土后浇带 梁、板	m³	3.5724
6	010512008001	沟盖板 部位:坡道截水沟铸铁盖板	m²	3.475
	A3-125	沟槽铸铁盖板及安装	m²	3.475

序号	编码	项目名称	单位	工程量
7	010903004001	墙面变形缝 1. 止水带材料种类：-3×300 止水钢板 2. 部位：地下室混凝土墙	m	17.2
	A7-202	钢板止水带	m	17.2
8	010904001001	地面卷材防水 1. 卷材品种、规格、厚度：3 厚二层 SBS 改性沥青防水卷材 2. 部位：坡道	m²	62.2388
	A7-110	改性沥青卷材满铺防水　平面	m²	62.2388
9	010904003001	楼（地）面砂浆防水（防潮） 1. 20 厚 1：2.5 防水水泥砂浆，内掺 3% 防水粉 2. 部位：集水坑及截水沟：	m²	10.425
	A7-176	防水砂浆防水　20mm 厚　平面1	m²	10.425

2.7　基础层工程量计算

通过本节的学习,你将能够:
(1)分析基础层需要计算的内容;
(2)定义筏板、集水坑、基础梁、土方等构件;
(3)统计基础层工程量。

2.7.1　筏板、垫层、集水坑工程量计算

通过本小节的学习,你将能够:
(1)依据定额、清单分析筏板、垫层的计算规则,确定计算内容;
(2)定义基础筏板、垫层、集水坑;
(3)绘制基础筏板、垫层、集水坑;
(4)统计基础筏板、垫层、集水坑工程量。

一、任务说明

①完成基础层工程筏板、垫层、集水坑的构件定义及做法套用、绘制。
②汇总计算,统计基础层基础筏板、垫层、集水坑的工程量。

二、任务分析

①基础层都有哪些需要计算的构件工程量？

②筏板、垫层、集水坑、防水如何定义绘制？

③防水如何套用做法？

三、任务实施

1）分析图纸

①分析结施-3，本工程筏板厚度为500mm，混凝土标号为C30，由建施-0中第四条防水设计可知，地下防水为防水卷材和混凝土自防水2道设防，可知筏板的混凝土为抗渗混凝土C30，由结施-1第八条可知抗渗等级为P8，由结施-3可知筏板底标高为基础层底标高(-4.9m)。

②本工程基础垫层厚度为100mm，混凝土标号为C10，顶标高为基础底标高，出边距离100mm。

③本层有JSK1两个，JSK2一个。

JSK1截面为2250mm×2200mm，坑板顶标高为-5.5m，底板厚度为800mm，底板出边宽度400mm，混凝土标号为C30，放坡角度为45°。

JSK1截面为1000mm×1000mm，坑板顶标高为-5.4m，底板厚度为500mm，底板出边宽度400mm，混凝土标号为C30，放坡角度为45°。

集水坑垫层厚度为100mm。

2）清单、定额计算规则学习

（1）清单计算规则（见表2.59）

表2.59　清单计算规则

编号	项目名称	单位	计算规则
010501001	垫层	m³	按设计图示尺寸以体积计算
010501004	满堂基础	m³	按设计图示尺寸以体积计算
010904001	地面卷材防水	m²	按设计图示尺寸以面积计算 1.楼(地)面防水:按主墙间净空面积计算，扣除凸出地面的构筑物、设备基础等所占面积，不扣除间壁墙及单个面积≤0.3m²柱、垛、烟囱和孔洞所占面积 2.楼(地)面防水反边高度≤300mm算作地面防水，反边高度>300mm按墙面防水计算
010904003	地面砂浆防水		
011702001	基础	m²	按模板与现浇混凝土构件的接触面积计算

（2）定额计算规则（见表2.60）

表2.60　定额计算规则

编号	项目名称	单位	计算规则
A4-3	混凝土垫层	m³	同清单
A4-9	现浇混凝土 满堂基础	m³	
A9-4	细石混凝土找平层 40mm	m²	按设计图示尺寸以面积计算
A9-4	细石混凝土找平层 每增减5mm	m²	
A7-110	二层改性沥青卷材满铺防水 平面	m²	同清单
A7-111	二层改性沥青卷材满铺防水 立面	m²	
A7-176	防水砂浆防水 20mm厚 平面	m²	
A7-177	防水砂浆防水 20mm厚 立面	m²	
A17-1	混凝土基础垫层 木模板木支撑	m²	
A17-25	满堂基础 有梁式 胶合板模板 钢支撑	m²	同清单

3）属性定义

（1）筏板属性定义

筏板属性定义如图2.175所示。

（2）垫层属性定义

垫层属性定义如图2.176所示。

（3）集水坑定义

JSK1的属性定义如图2.177所示。

属性名称	属性值	附加
名称	FB	
材质	现浇混凝土	□
砼标号	(C30)	□
砼类型	砾石 GD40 中砂	□
厚度(mm)	500	□
顶标高(m)	层底标高+0.5	□
底标高(m)	层底标高	□
砖胎膜厚度	0	□
类别	有梁式	□
模板类型	胶合板模板/木	□
备注		□

图2.175

属性名称	属性值	附加
名称	DC-1	
材质	现浇混凝土	□
砼标号	(C10)	□
砼类型	砾石 GD40 中砂	□
形状	面型	□
厚度(mm)	100	□
顶标高(m)	基础底标高	□
模板类型	木模板/木支撑	□
备注		□

图2.176

属性名称	属性值	附加
名称	JSK-1	
材质	现浇混凝土	□
砼标号	(C30)	□
砼类型	砾石 GD40	□
截面宽度(	2225	□
截面长度(	2250	□
坑底出边距	600	□
坑底板厚度	800	□
坑板顶标高	5.5	□
放坡输入方	放坡角度	□
放坡角度	45	□
砖胎膜厚度	0	□
备注		□

图2.177

4)做法套用

(1)集水坑

JSK1 做法套用如图 2.178 所示。

	编码	类别	项目名称	项目特征	单位	工程量表达式	表达式说明	措施	专业
1	— 010501004002	项	满堂基础	1.混凝土种类:抗渗等级P8 2.混凝土强度等级: C30 3.混凝土拌合要求: 商品混凝土 4.部位: 有梁式筏板基础	m3	TJ	TJ<体积>	□	建筑装饰装修工程
2	— A4-9	定	混凝土满堂基础 有梁式(碎石)	m³	TJ	TJ<体积>	□	建筑
3	— 011702001003	项	基础模板	有梁式满堂基础模板制作安装	m2	KLMMBMJ	KLMMBMJ<坑立面模板面积>	☑	建筑装饰装修工程
4	— A17-25	定	满堂基础 有梁式胶合板模板 钢支撑	m²	KLMMBMJ	KLMMBMJ<坑立面模板面积>	☑	建筑
5	— 010904003002	项	地面砂浆防水	1.20厚1: 2.5防水水泥砂浆,内掺3%防水粉 部位: 集水坑	m2	KLMMBMJ+KDMMBMJ	KLMMBMJ<坑立面模板面积>+KDMMBMJ<坑底面模板面积>	□	建筑装饰装修工程
6	— A7-176	定	防水砂浆防水 20mm 厚 平面	m²	KDMMBMJ	KDMMBMJ<坑底面模板面积>	□	建筑
7	— A7-177	定	防水砂浆防水 20mm 厚 立面	m²	KLMMBMJ	KLMMBMJ<坑立面模板面积>	□	建筑
8	— 010904001002	项	地面卷材防水	1.50厚C20细石混凝土保护层 2.满铺二层3厚SBS改性沥青防水卷材 部位: 地下室底板	m2	DBSPMJ+DBXMMJ+DBLMMJ	DBSPMJ<底部水平面积>+DBXMMJ<底部斜面面积>+DBLMMJ<底部立面面积>	□	建筑装饰装修工程
9	— A9-4	定	细石混凝土找平层 40mm (换50mm厚)	m²	DBSPMJ+DBXMMJ+DBLMMJ	DBSPMJ<底部水平面积>+DBXMMJ<底部斜面面积>+DBLMMJ<底部立面面积>	□	建筑
10	— A7-110	定	一层改性沥青卷材满铺防水 平面	m²	DBSPMJ+DBXMMJ	DBSPMJ<底部水平面积>+DBXMMJ<底部斜面面积>	□	建筑
11	— A7-111	定	一层改性沥青卷材满铺防水 立面	m²	DBLMMJ	DBLMMJ<底部立面面积>	□	建筑

图 2.178

(2)筏板基础

筏板基础的做法套用如图 2.179 所示。

	编码	类别	项目名称	项目特征	单位	工程量表达式	表达式说明	措施	专业
1	— 010501004002	项	满堂基础	1.混凝土种类: 抗渗等级P8 2.混凝土强度等级: C30 3.混凝土拌合要求: 商品混凝土 4.部位: 有梁式筏板基础	m3	TJ	TJ<体积>	□	建筑装饰装修工程
2	— A4-9	定	混凝土满堂基础 有梁式(碎石)	m²	TJ	TJ<体积>	□	建筑
3	— 011702001003	项	基础模板	有梁式满堂基础模板制作安装	m2	MBMJ	MBMJ<模板面积>	☑	建筑装饰装修工程
4	— A17-25	定	满堂基础 有梁式胶合板模板 钢支撑	m²	MBMJ	MBMJ<模板面积>	☑	建筑
5	— 010904001002	项	地面卷材防水	1.50厚C20细石混凝土保护层 2.满铺二层3厚SBS改性沥青防水卷材 部位: 地下室底板	m2	DBMJ+ZHMMJ+WQWCFBPMMJ	DBMJ<底部面积>+ZHMMJ<直面面积>+WQWCFBPMMJ<外墙外侧筏板平面面积>	□	建筑装饰装修工程
6	— A9-4	定	细石混凝土找平层 40mm (换50mm厚)	m²	DBMJ+ZHMMJ+WQWCFBPMMJ	DBMJ<底部面积>+ZHMMJ<直面面积>+WQWCFBPMMJ<外墙外侧筏板平面面积>	□	建筑
7	— A7-110	定	一层改性沥青卷材满铺防水 平面	m²	DBMJ+WQWCFBPMMJ	DBMJ<底部面积>+WQWCFBPMMJ<外墙外侧筏板平面面积>	□	建筑
8	— A7-111	定	一层改性沥青卷材满铺防水 立面	m²	ZHMMJ	ZHMMJ<直面面积>	□	建筑

图 2.179

(3)垫层

垫层的做法套用如图 2.180 所示。

编码	类别	项目名称	项目特征	单位	工程量表达式	表达式说明	措施	专业
1	⊟ 010501001001	项	垫层	1. 混凝土种类：普通混凝土 2. 混凝土强度等级：C15 3. 混凝土拌和料要求：商品混凝土 4. 部位：筏板基础、坡道及集水坑	m3	TJ	TJ〈体积〉	☐	建筑装饰装修工程
2	A4-3	定	混凝土垫层（碎石）		m³	TJ	TJ〈体积〉	☐	建筑
3	⊟ 011702001001	项	基础垫层模板	有梁式满堂基础垫层、坡道板底层模板制作安装	m2	MBMJ	MBMJ〈模板面积〉	☑	建筑装饰装修工程
4	A17-1	定	混凝土基础垫层 木模板木支撑		m²	MBMJ	MBMJ〈模板面积〉	☑	建筑

图 2.180

5）画法讲解

①筏板属于面式构件，和楼层现浇板一样，可以使用直线绘制也可以使用矩形绘制。在这里使用直线绘制，绘制方法同首层现浇板。

②垫层属于面式构件，可以使用直线绘制，也可以使用矩形绘制。在这里使用智能布置，单击"智能布置"→"筏板"，在弹出的对话框中输入出边距离"100"，单击"确定"，垫层就布置好了。

③集水坑采用点画绘制即可。

四、任务结果

汇总计算，统计本层筏板、垫层、集水坑的工程量见表 2.61。

表 2.61　基础层筏板、垫层、集水坑清单定额量

序号	编码	项目名称	单位	工程量
1	010501001001	垫层 1. 混凝土种类：普通混凝土 2. 混凝土强度等级：C15 3. 混凝土拌和料要求：商品混凝土 4. 部位：筏板基础、坡道及集水坑	m³	106.295
	A4-3	混凝土垫层（碎石）	m³	106.295
2	010501004002	满堂基础 1. 混凝土种类：抗渗等级 P8 混凝土 2. 混凝土强度等级：C30 3. 混凝土拌和要求：商品混凝土 4. 部位：有梁式筏板基础	m³	562.866
	A4-9	混凝土满堂基础　有梁式（碎石）	m³	562.866
3	010904001002	地面卷材防水 1. 50 厚 C20 细石混凝土保护层 2. 满铺二层 3 厚 SBS 改性沥青防水卷材 部位：地下室底板	m²	1191.2801
	A9-4	细石混凝土找平层 40mm（改 50mm 厚）	m²	1191.2801
	A7-110	二层改性沥青卷材满铺防水　平面	m²	1110.5938
	A7-111	二层改性沥青卷材满铺防水　立面	m²	80.6863

续表

序号	编码	项目名称	单位	工程量
4	010904003001	地面砂浆防水 1.20 厚 1：2.5 防水水泥砂浆,内掺3% 防水粉 2.部位:集水坑及截水沟	m²	34.7025
	A7-176	防水砂浆防水 20mm 厚 平面	m²	11.0125
	A7-177	防水砂浆防水 20mm 厚 立面	m²	23.69

五、总结拓展

(1)建模定义集水坑

①软件提供了直接在绘图区绘制不规则形状的集水坑的操作模式,如图 2.181 所示,选择"新建自定义集水坑"后,用直线画法在绘图区绘制 T 形图元。

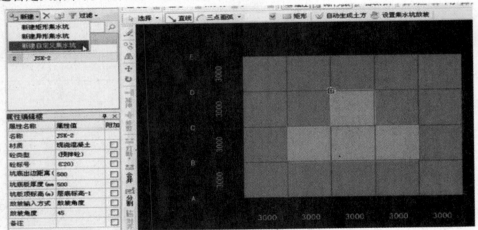

图 2.181

②绘制成封闭图形后,软件就会自动生成一个自定义的集水坑了,如图 2.182 所示。

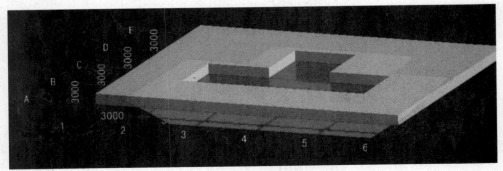

图 2.182

(2)多集水坑自动扣减

①多个集水坑之间的扣减用手工计算是很烦琐的,如果集水坑再有边坡就更加难算了,

多个集水坑如果发生相交,软件是完全可以精确计算的。如下面两个相交的集水坑空间形状是非常复杂的(见图2.183、图2.184)。

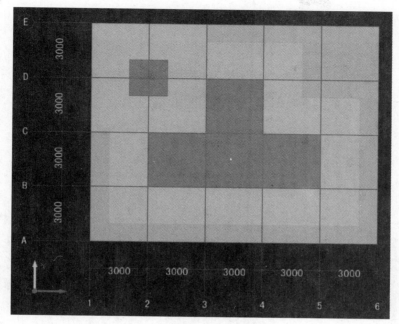

图 2.183

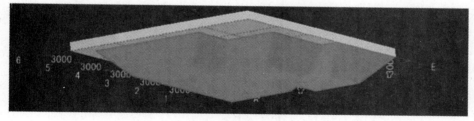

图 2.184

②集水坑之间的扣减可以通过查看三维扣减图很清楚地看到,如图2.185所示。

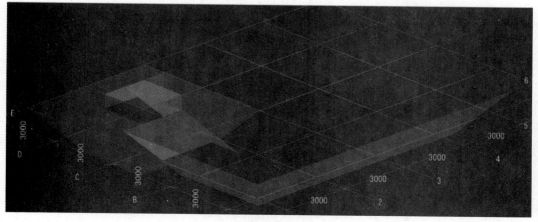

图 2.185

（3）设置集水坑放坡

实际工程中，集水坑各边边坡可能不一致，可以通过设置集水坑边坡来调整。选择"调整放坡和出边距离"的功能后，点选集水坑构件和要修改边坡的坑边，右键"确定"后就会出现"设置集水坑放坡"的对话框。其中绿色的字体都是可以修改的。修改后"确定"，就可以看到修改后的边坡形状了，如图2.186所示。

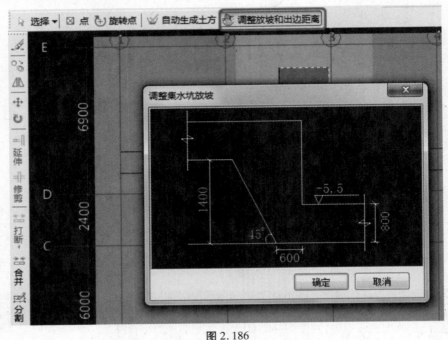

图2.186

问题思考

（1）筏板已经布置上垫层了，集水坑布置上后，为什么还要布置集水坑垫层？

（2）多个集水坑相交，软件在计算时扣减的原则是什么？哪个扣减哪个？

2.7.2　基础梁、后浇带工程量计算

通过本小节的学习，你将能够：

（1）依据清单、定额分析基础梁的计算规则；

（2）定义基础梁、后浇带；

（3）统计基础梁、后浇带的工程量。

一、任务说明

①完成基础层工程基础梁的构件定义及做法套用、绘制。

②汇总计算,统计基础梁、后浇带的工程量。

二、任务分析

基础梁、后浇带如何套用做法?

三、任务实施

1)分析图纸

由结施-2中第11条后浇带中可知在底板和地梁后浇带的位置设有-3×300止水钢板两道。后浇带的绘制不再重复讲解,可从地下一层复制图元及构件。

分析图纸结施-3,可以得知有基础主梁和基础次梁两种。基础主梁 JZL1 ~ JZL4,基础次梁 JCL1,主要信息见表 2.62。

表 2.62　基础梁参数

序号	类型	名称	混凝土标号	截面尺寸	梁底标高	备注
1	基础主梁	JZL1	C30	500×1200	基础底标高	
		JZL2	C30	500×1200	基础底标高	
		JZL3	C30	500×1200	基础底标高	
		JZL4	C30	500×1200	基础底标高	
2	基础次梁	JCL1	C30	500×1200	基础底标高	

2)清单、定额计算规则学习

（1）清单计算规则（见表 2.63）

表 2.63　清单计算规则

编号	项目名称	单位	计算规则
010501004	满堂基础	m³	按设计图示尺寸以体积计算。有梁式满堂基础按梁板体积合并计算
010508001	后浇带	m³	按设计图示尺寸以体积计算
010904004	地面变形缝	m	按设计图示以长度计算
011702001	基础	m²	按模板与现浇混凝土构件的接触面积计算
011702030	后浇带	m³	按设计图示尺寸以体积计算

（2）定额计算规则（见表 2.64）

表 2.64　定额计算规则

编号	项目名称	单位	计算规则
A4-9	混凝土满堂基础　有梁式	m³	同清单

续表

编号	项目名称	单位	计算规则
A4-66	混凝土后浇带 地下室底板	m³	同清单
A7-202	钢板止水带	m	同清单
A17-25	满堂基础 有梁式 胶合板模板 钢支撑	m²	同清单
A17-131	地下室底板后浇带 增加费 木模板	m²	同清单

3)基础梁属性定义

基础梁属性定义与框架梁属性定义类似,点开模块导航栏中基础的"+"号,单击"基础梁",新建矩形基础梁,在属性编辑框中输入基础梁基本信息即可,如图 2.187 所示。

属性名称	属性值	附加
名称	JZL1	☐
类别	基础主梁	☐
材质	现浇混凝土	☐
砼标号	(C30)	☐
砼类型	砾石 GD40 中砂水	☐
截面宽度(	500	☐
截面高度(	1200	☐
截面面积 (m	0.6	☐
截面周长 (m	3.4	☐
起点顶标高	层底标高加梁高	☐
终点顶标高	层底标高加梁高	☐
轴线距梁左	(250)	☐
砖胎膜厚度	0	☐
模板类型	组合钢模板/钢支撑	☐
备注		☐

图 2.187

4)做法套用

(1)基础梁

基础梁的做法套用,如图 2.188 所示。

	编码	类别	项目名称	项目特征	单位	工程量表达式	表达式说明	措施	专业
1	– 010501004002	项	满堂基础	1.混凝土种类:抗渗等级P8 2.混凝土强度等级: C30 3.混凝土拌合要求: 商品混凝土 4.部位: 有梁式筏板基础	m3	TJ	TJ<体积>	☐	建筑装饰装修工程
2	└ A4-9	定	混凝土满堂基础 有梁式(砾石)		m³	TJ	TJ<体积>	☐	建筑
3	– 011702001003	项	基础模板	有梁式满堂基础模板制作安装	m2	MBMJ	MBMJ<模板面积>	☑	建筑装饰装修工程
4	└ A17-25	定	满堂基础 有梁式胶合板模板 钢支撑		m²	MBMJ	MBMJ<模板面积>	☑	建筑

图 2.188

(2)后浇带

后浇带的做法套用,如图 2.189 所示。

	编码	类别	项目名称	项目特征	单位	工程量表达式	表达式说明	措施	专业
1	010508001003	项	后浇带	1.混凝土种类:掺有HEA型膨胀剂、抗渗P8混凝土 2.混凝土强度等级:C35 3.混凝土拌合要求:商品混凝土 4.部位:地下室底板	m3	FBJCHJDTJ+JCLHJDTJ	FBJCHJDTJ〈筏板基础后浇带体积〉+JCLHJDTJ〈基础梁后浇带体积〉	□	建筑装饰装修工程
2	A4-66	定	混凝土后浇带 地下室底板(碎石)		m³	FBJCHJDTJ+JCLHJDTJ	FBJCHJDTJ〈筏板基础后浇带体积〉+JCLHJDTJ〈基础梁后浇带体积〉	□	建筑
3	011702030003	项	后浇带模板	地下室底板模板制作安装	m3	FBJCHJDTJ+JCLHJDTJ	FBJCHJDTJ〈筏板基础后浇带体积〉+JCLHJDTJ〈基础梁后浇带体积〉	☑	建筑装饰装修工程
4	A17-131	定	地下室底板后浇带增加费 木模板		m³	FBJCHJDTJ+JCLHJDTJ	FBJCHJDTJ〈筏板基础后浇带体积〉+JCLHJDTJ〈基础梁后浇带体积〉	☑	建筑
5	010904004001	项	地面变形缝	1.止水带材料种类:-3×300止水钢板 2.部位:地下室有梁式满堂基础	m	HJDZYBXZCD	HJDZYBXZCD〈后浇带左右边线总长度〉	□	建筑装饰装修工程
6	A7-202	定	钢板止水带		m	HJDZYBXZCD	HJDZYBXZCD〈后浇带左右边线总长度〉	□	建筑

图 2.189

四、任务结果

汇总计算,统计本层基础梁、后浇带的工程量见表2.65。

表 2.65 基础层基础梁、后浇带清单定额量

序号	编码	项目名称	单位	工程量
1	010501004002	满堂基础 1.混凝土种类:抗渗等级 P8 混凝土 2.混凝土强度等级:C30 3.混凝土拌和要求:商品混凝土 4.部位:有梁式筏板基础	m³	93.485
	A4-9	混凝土满堂基础 有梁式	m³	93.485
2	010508001001	后浇带 1.混凝土种类:掺有 HEA 型膨胀剂、抗渗 P8 混凝土 2.混凝土强度等级:C35 3.混凝土拌和要求:商品混凝土 4.部位:地下室底板	m³	10.4
	A4-66	混凝土后浇带 地下室底板	m³	10.4
3	010904004001	地面变形缝 1.止水带材料种类:-3×300 止水钢板 2.部位:地下室有梁式满堂基础	m	47.6
	A7-202	钢板止水带	m	47.6

2.7.3 土方工程量计算

通过本小节的学习,你将能够:

(1)依据定额分析挖土方的计算规则;

(2)定义大开挖土方;

(3)统计挖土方的工程量。

一、任务说明

①完成土方工程的构件定义及做法套用、绘制。

②汇总计算土方工程的工程量。

二、任务分析

①哪些地方需要挖土方?

②基础回填土方应如何计算?

三、任务实施

1)分析图纸

根据结施-3,本工程满堂基础、坡道属于大开挖土方,依据清单、定额计算规则可知,基础垂直面做防水层工作面为1000mm;按三类土、机械坑上作业考虑,选择放坡系数为0.25。电梯坑与集水坑属于挖基坑土方,垫层不需要支模,因此不考虑工作面;根据坑的 A—A、B—B 剖面可将放坡系数设为1。

2)清单、定额计算规则学习

(1)清单计算规则(见表2.66)

表2.66 清单计算规则

编号	项目名称	单位	计算规则
010101002	挖一般土方	m³	按设计图示尺寸以体积计算。清单工程量包括工作面和放坡增加的工程量
010101004	挖基坑土方		
010103001	回填方	m³	按设计图示尺寸以体积计算 1.室内回填:主墙间面积乘回填厚度,不扣除间隔墙 2.基础回填:按挖方清单项目工程量减去自然地坪以下埋设的基础体积(包括基础垫层及其他构筑物)

（2）定额计算规则（见表 2.67）

表 2.67 定额计算规则

编号	项目名称	单位	计算规则
A1-18	液压挖掘机挖土 斗容量 1.0m³	m³	同清单
A1-4	人工挖土方 深 1.5m 以内 三类土		
A1-9	人工挖沟槽（基坑）三类土深度 2m 以内		
A1-82	人工回填土 夯填	m³	回填土按挖土体积减去室外设计地坪以下埋设的基础体积、建筑物、构筑物、垫层所占的体积,以体积计算

3）绘制土方

在垫层绘图界面,单击"智能布置"下"筏板基础",之后选中土方,右键"偏移",整体偏移向外 100mm。

4）土方做法套用

单击土方,切换到属性定义界面。大开挖土方的做法套用,如图 2.190 所示;地坑的做法套用,如图 2.191 所示;地下一层坡道处土方的做法套用参照大开挖的做法即可。

	编码	类别	项目名称	项目特征	单位	工程量表达式	表达式说明	措施	专业
1	－ 010101002001	项	挖一般土方	1.土壤类别:三类土 2.挖土深度:6M内 3.部位:满堂基础和坡道	m3	TFTJ	TFTJ〈土方体积〉	□	建筑装饰装修工程
2	— A1-18	定	液压挖掘机挖土 斗容量1.0m3		m³	TFTJ*0.96	TFTJ〈土方体积〉*0.96	□	建筑
3	— A1-4	定	人工挖土方 深1.5m以内 三类土（4m~6m以内）		m³	TFTJ*0.04	TFTJ〈土方体积〉*0.04	□	建筑
4	－ 010103001001	项	回填方	1.密实度要求:满足设计和规范要求,夯填 2.填方材料品种符合相关工程质量规范要求 3.填方部位基础	m3	STHTTJ	STHTTJ〈素土回填体积〉	□	建筑装饰装修工程
5	— A1-82	定	人工回填土 夯填		m³	STHTTJ	STHTTJ〈素土回填体积〉	□	建筑

图 2.190

	编码	类别	项目名称	项目特征	单位	工程量表达式	表达式说明	措施	专业
1	－ 010101004001	项	挖基坑土方	1.土壤类别:三类土 2.挖土深度:1.5M内 3.部位:电梯基坑和集水坑	m3	TFTJ	TFTJ〈土方体积〉	□	建筑装饰装修工程
2	— A1-9	定	人工挖沟槽（基坑）三类土深度2m以内		m³	TFTJ	TFTJ〈土方体积〉	□	建筑
3	－ 010103001001	项	回填方	1.密实度要求:满足设计和规范要求,夯填 2.填方材料品种符合相关工程质量规范要求 3.填方部位基础	m3	STHTTJ	STHTTJ〈素土回填体积〉	□	建筑装饰装修工程
4	— A1-82	定	人工回填土 夯填		m³	STHTTJ	STHTTJ〈素土回填体积〉	□	建筑

图 2.191

四、任务结果

汇总计算,统计土方的工程量见表2.68。

表2.68 地下一层、基础层土方清单定额量

序号	编码	项目名称	单位	工程量
1	010101002001	挖一般土方 1. 土壤类别:三类土 2. 挖土深度:6m内 3. 部位:满堂基础和坡道	m³	5971.7277
	A1-18	液压挖掘机挖土 斗容量1.0m³	m³	5732.8586
	A1-4	人工挖土方 深1.5m以内 三类土(4~6m以内)	m³	238.8691
2	010101004001	挖基坑土方 1. 土壤类别:三类土 2. 挖土深度:1.5m内 3. 部位:电梯基坑和集水坑	m³	62.7562
	A1-9	人工挖沟槽(基坑)三类土深度2m以内	m³	62.7562
3	010103001001	回填方 1. 密实度要求:满足设计和规范要求,夯填 2. 填方材料品种:符合相关工程质量规范要求 3. 填方部位:基础	m³	1506.6452
	A1-82	人工回填土 夯填	m³	1506.6452

五、总结拓展

大开挖土方设置边坡系数

①对于大开挖、基坑土方还可以在生成土方图元后对其进行二次编辑,达到修改土方边坡系数的目的。如图2.192所示为一个筏板基础下面的大开挖土方。

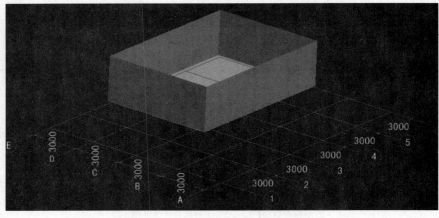

图2.192

②选择功能中"设置放坡系数"→"所有边",之后再单击该大开挖土方构件,右键确认后就会出现"输入放坡系数"的对话框。输入实际要求的系数数值后单击"确定",即可完成放坡设置,如图 2.193、图 2.194 所示。

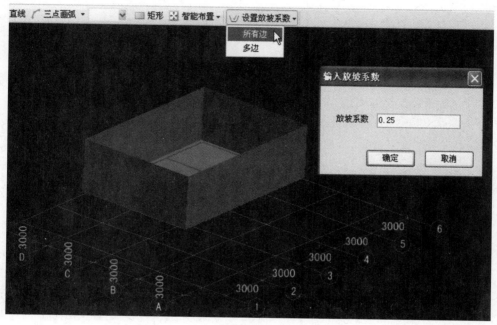

图 2.193

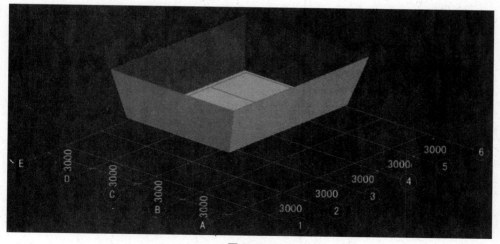

图 2.194

问题思考

(1)本工程灰土回填是和大开挖一起自动的生成的,如果灰土回填不一起自动生成,可以单独布置吗?

(2)斜大开挖土方如何定义与绘制?

2.8 装修工程量计算

通过本节的学习,你将能够:

(1)定义楼地面、天棚、墙面、踢脚、吊顶;

(2)在房间中添加依附构件;

(3)统计各层的装修工程量。

2.8.1 首层装修工程量计算

通过本小节的学习,你将能够:

(1)定义房间;

(2)分类统计首层装修工程量的计算。

一、任务说明

①完成全楼装修工程的楼地面、天棚、墙面、踢脚、吊顶的构件定义及做法套用。

②建立首层房间单元添加依附构件并绘制。

③汇总计算,统计首层装修工程的工程量。

二、任务分析

①楼地面、天棚、墙面、踢脚、吊顶的构件做法在图中什么位置找到?

②各装修做法套用清单和定额时如何正确地编辑工程量表达式?

③装修工程中如何用虚墙分割空间?

④外墙保温如何定义、套做法?地下与地上一样吗?

三、任务实施

1)分析图纸

分析建施-0 的室内装修做法表,首层有 5 种装修类型的房间:电梯厅、门厅;楼梯间;接待室、会议室、办公室;卫生间、清洁间;走廊。装修做法有楼面 1、楼面 2、楼面 3、踢脚 2、踢脚 3、内墙 1、内墙 2、天棚 1、吊顶 1、吊顶 2。建施-3 中有独立柱的装修,设计没有指明独立柱的装修做法,默认同所在房间的装修,首层的独立柱有圆形、矩形。

2）清单、定额规则学习

（1）清单计算规则（见表2.69）

表2.69　清单计算规则

编号	项目名称	单位	计算规则
011102003	块料楼地面	m²	按设计图示尺寸以面积计算。门洞、空圈、暖气包槽、壁龛的开口部分并入相应的工程量内
011102001	石材楼地面		
011105003	块料踢脚线	m²	以平方米计量，按设计图示长度乘高度以面积计算
011105002	石材踢脚线		
011201001	墙面一般抹灰	m²	按设计图示尺寸以面积计算。扣除墙裙、门窗洞口及单个>0.3m²的孔洞面积，不扣除踢脚线、挂镜线和墙与构件交接处的面积，门窗洞口和孔洞的侧壁及顶面不增加面积。附墙柱、梁、垛侧壁并入相应的墙面面积内
011203001	零星项目一般抹灰	m²	按设计图示尺寸以面积计算
桂011204007	镶贴块料墙面	m²	按设计图示尺寸以面积计算
011301001	天棚抹灰	m²	按设计图示尺寸以水平投影面积计算。带梁天棚的梁两侧抹灰面积并入天棚面积内，锯齿形楼梯底板抹灰按展开面积计算
011302001	吊顶天棚	m²	按设计图示尺寸以水平投影面积计算。天棚面中的灯槽及跌级、锯齿形、吊挂式、藻井式天棚面积不展开计算。不扣除间壁墙、检查口、附墙烟囱、柱垛和管道所占面积，扣除单个>0.3m²的孔洞、独立柱及与天棚相连的窗帘盒所占的面积

（2）定额计算规则

①楼地面装修定额规则（见表2.70）

表2.70　楼地面定额计算规则

编号	项目名称	单位	计算规则
A7-183	1.2厚聚合物水泥砂浆防水　平面20mm	m³	按设计图示尺寸以面积计算
A9-4	细石混凝土找平层30mm	m²	按设计图示尺寸以面积计算。门洞、空圈、暖气包槽、壁龛的开口部分不增加面积
A9-28	大理石楼地面　不拼花　水泥砂浆	m²	同清单
A9-83	陶瓷地砖楼地面　每块周长2400mm以内水泥砂浆密缝		

（2）踢脚定额规则（见表 2.71）

表 2.71　踢脚定额计算规则

编号	项目名称	单位	计算规则
A9-37	大理石踢脚线　直形　水泥砂浆	m²	按设计图示尺寸以面积计算
A9-99	陶瓷地砖　踢脚线　水泥砂浆		

（3）内墙面、独立柱装修定额规则（以内墙 1 为例，见表 2.72）

表 2.72　墙、柱面定额计算规则

编号	项目名称	单位	计算规则
A10-20	内墙　水泥砂浆　砖墙　（15+5）mm	m²	同清单
A10-21	内墙　水泥砂浆　混凝土　（15+5）mm		
A13-204	刮熟胶粉腻子　内墙面　两遍	m²	按设计图示尺寸以面积计算
A13-205	刮熟胶粉腻子　内墙面　每增减一遍		
A13-210	乳胶漆　内墙、柱、天棚抹灰面　两遍		

（4）天棚、吊顶定额规则（以天棚 1、吊顶 1 为例，见表 2.73）

表 2.73　天棚、吊顶定额规则

编号	项目名称	单位	计算规则
A11-7	混凝土面天棚　水泥砂浆　现浇　（5+5）mm	m²	同清单
A13-204	刮熟胶粉腻子　内墙面　两遍（R＊1.18）	m²	按设计图示尺寸以面积计算
A13-205	刮熟胶粉腻子　内墙面　每增减一遍（R＊1.18）		
A13-210	乳胶漆　内墙、柱、天棚抹灰面　两遍		
A11-60	上人型铝合金方板天棚龙骨　嵌入式　面层规格　500mm×500mm	m²	同清单
A11-107	铝合金方板天棚　嵌入式		

3）装修构件的属性定义

（1）楼地面的属性定义

单击模块导航栏中的"装修"→"楼地面"，在构件列表中单击"新建"→"新建楼地面"，如图 2.195 所示。如有房间需要计算防水，要在"是否计算防水"选择"是"。

（2）踢脚的属性定义

新建踢脚构件属性定义，如图 2.196 所示。

属性名称	属性值	附加
名称	楼面1	
块料厚度(	0	☐
顶标高(m)	层底标高	☐
是否计算防	否	☐
备注		☐

图 2.195

属性名称	属性值	附加
名称	踢脚2	
块料厚度(	0	☐
高度(mm)	100	☐
起点底标高	墙底标高	☐
终点底标高	墙底标高	☐
备注		☐

图 2.196

（3）内墙面的属性定义

新建内墙面构件属性定义，如图 2.197 所示。

（4）天棚属性定义

天棚构件属性定义，如图 2.198 所示。

属性名称	属性值	附加
名称	内墙面1	
所附墙材质	程序自动	☐
块料厚度(	0	☐
内/外墙面	内墙面	☐
起点顶标高	墙顶标高	☐
终点顶标高	墙顶标高	☐
起点底标高	墙底标高	☐
终点底标高	墙底标高	☐
备注		☐

图 2.197

属性名称	属性值	附加
名称	顶棚1	
备注		☐
➕ 计算属性		
➕ 显示样式		

图 2.198

（5）吊顶的属性定义

分析建施-9，得知吊顶 1 距地的高度，如图 2.199 所示。

（6）独立柱的属性定义

独立柱分方柱与圆柱，独立柱方柱的属性定义，如图 2.200 所示。

属性名称	属性值	附加
名称	吊顶1	
离地高度(	3400	☐
备注		☐

图 2.199

属性名称	属性值	附加
名称	独立柱方柱	
块料厚度(	0	☐
顶标高(m)	柱顶标高	☐
底标高(m)	层底标高	☐
备注		☐

图 2.200

（7）房间的属性定义

通过"添加依附构件"，建立房间中的装修构件。构件名称下"楼 1"可以切换成"楼 2"或"楼 3"，其他的依附构件也是同理进行操作，如图 2.201 所示。

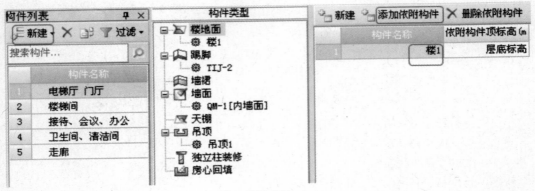

图 2.201

4）做法套用

（1）楼地面的做法套用

楼面 1 的做法套用，如图 2.202 所示。

	编码	类别	项目名称	项目特征	单位	工程量表达式	表达式说明	措施项目	专业
1	— 011102003002	项	块料楼面	1.8~10厚地砖（600×600防滑砖）铺实拍平，水泥浆擦缝或1:1水泥砂浆填缝 2.20厚1:4干硬性水泥砂浆 3.素水泥浆结合层一遍 4.部位：楼面1，选用11ZJ001 楼202	m2	KLDMJ	KLDMJ<块料地面积>	☐	建筑装饰装修工程
2	A9-83	定	陶瓷地砖楼地面 每块周长2400mm以内 水泥砂浆密缝		m²	KLDMJ	KLDMJ<块料地面积>	☐	建筑

图 2.202

楼面 2 的做法套用，如图 2.203 所示。

	编码	类别	项目名称	项目特征	单位	工程量表达式	表达式说明	措施项目	专业
1	— 011102003003	项	块料楼面	1.8~10厚地砖（600×600防滑砖）铺实拍平，水泥浆擦缝或1:1水泥砂浆填缝 2.20厚1:4干硬性水泥砂浆 3.1.2厚聚合物水泥防水涂料，四周上翻300高 4.刷基层处理剂一遍 5.30厚C20细石混凝土找平 6.部位：楼面2，选用11ZJ001 楼202F2	m2	KLDMJ	KLDMJ<块料地面积>	☐	建筑装饰装修工程
2	A9-83	定	陶瓷地砖楼地面 每块周长2400mm以内 水泥砂浆密缝		m²	KLDMJ	KLDMJ<块料地面积>	☐	建筑
3	A7-130	定	聚合物水泥防水涂料 涂膜1.2mm厚 平面		m²	SPFSMJ	SPFSMJ<水平防水面积>	☐	建筑
4	A7-140	定	刷冷底子油防水 第一遍		m²	SPFSMJ	SPFSMJ<水平防水面积>	☐	建筑
5	A9-4	定	细石混凝土找平层 30mm		m²	DMJ	DMJ<地面积>	☐	建筑

图 2.203

楼地面 3 的做法套用，如图 2.204 所示。

	编码	类别	项目名称	项目特征	单位	工程量表达式	表达式说明	措施项目	专业
1	⊟ 011102001001	项	石材楼面	1.20厚大理石板（800×800大理石）铺实拍平，水泥浆擦缝 2.30厚1:4干硬性水泥砂浆 3.素水泥浆结合层一遍 4.部位：楼面3，选用11ZJ001 楼205	m2	KLDMJ	KLDMJ〈块料地面积〉	☐	建筑装饰装修工程
2	└ A9-28	定	大理石楼地面 不拼花 水泥砂浆		m²	KLDMJ	KLDMJ〈块料地面积〉	☐	建筑

图 2.204

（2）踢脚做法套用

踢脚 2 的做法套用，如图 2.205 所示。

	编码	类别	项目名称	项目特征	单位	工程量表达式	表达式说明	措施项目	专业
1	⊟ 011105003001	项	块料踢脚线	1.17厚1:3水泥砂浆 2.3~4厚1:1水泥砂浆加水20%建筑胶镶贴 3.8~10厚面砖，水泥浆擦缝 4.部位：踢脚2，选用11ZJ001 踢5A	m2	TJKLMJ	TJKLMJ〈踢脚块料面积〉	☐	建筑装饰装修工程
2	└ A9-99	定	陶瓷地砖 踢脚线 水泥砂浆		m²	TJKLMJ	TJKLMJ〈踢脚块料面积〉	☐	建筑

图 2.205

踢脚 3 的做法套用，如图 2.206 所示。

	编码	类别	项目名称	项目特征	单位	工程量表达式	表达式说明	措施项目	专业
1	⊟ 011105002001	项	石材踢脚线	1.15厚1:3水泥砂浆 2.5~6厚1:1水泥砂浆加水20%建筑胶镶贴 3.10厚大理石板，水泥浆擦缝 4.部位：踢脚3，选用11ZJ001 踢6A	m2	TJKLMJ	TJKLMJ〈踢脚块料面积〉	☐	建筑装饰装修工程
2	└ A9-37	定	大理石踢脚线 直形 水泥砂浆		m²	TJKLMJ	TJKLMJ〈踢脚块料面积〉	☐	建筑

图 2.206

（3）内墙面的做法套用

①内墙 1 的做法套用，如图 2.207 所示。

	编码	类别	项目名称	项目特征	单位	工程量表达式	表达式说明	措施项目	专业
1	⊟ 011201001001	项	墙面一般抹灰 混凝土墙	1.15厚1:3水泥砂浆 2.5厚1:2水泥砂浆 3.清理抹灰基层 4.满刮腻子一遍 5.刮底漆一遍 6.乳胶漆两遍 7.部位：混凝土内墙1 选用11ZJ001内墙103及涂304	m2	TQMMHMJ	TQMMHMJ〈轮墙面抹灰面积〉	☐	建筑装饰装修工程
2	└ A10-21	定	内墙 水泥砂浆 混凝土墙（15+5）		m²	TQMMHMJ	TQMMHMJ〈轮墙面抹灰面积〉	☐	建筑
3	└ A13-204	定	刮熟胶粉腻子 内墙面两遍（换一遍）		m²	TQMKLMJ	TQMKLMJ〈墙面块料面积〉	☐	建筑
4	└ A13-210	定	乳胶漆 内墙、柱、天棚抹灰面 二遍		m²	TQMKLMJ	TQMKLMJ〈轮墙面块料面积〉	☐	建筑
5	⊟ 011201001002	项	墙面一般抹灰 砌体墙	1.15厚1:3水泥砂浆 2.5厚1:2水泥砂浆 3.清理抹灰基层 4.满刮腻子一遍 5.刮底漆一遍 6.乳胶漆两遍 7.部位：砌体内墙面1，选用11ZJ001内墙103及涂304	m2	QKQMMHMJ	QKQMMHMJ〈砌块墙面抹灰面积〉	☐	建筑装饰装修工程
6	└ A10-20	定	内墙 水泥砂浆 砖墙（15+5）mm		m²	QKQMMHMJ	QKQMMHMJ〈砌块墙面抹灰面积〉	☐	建筑
7	└ A13-204	定	刮熟胶粉腻子 内墙面两遍（换一遍）		m²	QKQMKLMJ	QKQMKLMJ〈砌块墙面块料面积〉	☐	建筑
8	└ A13-210	定	乳胶漆 内墙、柱、天棚抹灰面 二遍		m²	QKQMKLMJ	QKQMKLMJ〈砌块墙面块料面积〉	☐	建筑

图 2.207

②内墙 2 的做法套用,如图 2.208 所示。

	编码	类别	项目名称	项目特征	单位	工程量表达式	表达式说明	措施项目	专业
1	− 011204003001	项	块料墙面	1.15厚1:3水泥砂浆 3.4~5厚1:1水泥砂浆加水20%建筑胶镶贴 4.8~10厚面砖,水泥浆擦缝 擦表水泥浆一遍 部位:内墙面2,,选用11ZJ001内墙202A	m2	QMKLMJ	QMKLMJ<墙面块料面积>	☐	建筑装饰装修工程
2	A10-170	定	墙面、墙裙贴面砖 水泥砂浆粘贴 周长在1200mm以内		m²	QMKLMJ	QMKLMJ<墙面块料面积>	☐	建筑

图 2.208

(4)天棚的做法套用

天棚 1 的做法套用,如图 2.209 所示。

	编码	类别	项目名称	项目特征	单位	工程量表达式	表达式说明	措施项目	专业
1	− 011301001001	项	天棚抹灰	1.5厚1:3水泥砂浆 2.5厚1:2水泥砂浆 3.清理抹灰基层 满刮腻子一遍 3.刷底漆一遍 5.乳胶漆两遍 4.部位:顶棚1,选用11ZJ001顶104及涂304	m2	TPMHMJ	TPMHMJ<天棚抹灰面积>	☐	建筑装饰装修工程
2	A11-7	定	混凝土面天棚 水泥砂浆现浇 (5+5)		m²	TPMHMJ	TPMHMJ<天棚抹灰面积>	☐	建筑
3	A13-204	定	刮熟胶粉腻子 内墙面 两遍（换一遍，R*1.18）		m²	TPMHMJ	TPMHMJ<天棚抹灰面积>	☐	建筑
4	A13-210	定	乳胶漆 内墙、柱、天棚 抹灰面 二遍		m²	TPMHMJ	TPMHMJ<天棚抹灰面积>	☐	建筑

图 2.209

门厅外顶棚的做法套用,如图 2.210 所示。

	编码	类别	项目名称	项目特征	单位	工程量表达式	表达式说明	措施项目	专业
1	− 011203001002	项	零星项目一般抹灰	1.刷氟碳漆。 2.部位:室外顶棚 3.5厚1:2水泥砂浆; 4.5厚1:3水泥砂浆。	m²	TPMHMJ	TPMHMJ<天棚抹灰面积>	☐	建筑装饰装修工程
2	A11-7	定	混凝土面天棚 水泥砂浆现浇 (5+5)mm		m²	TPMHMJ	TPMHMJ<天棚抹灰面积>	☐	建筑
3	A13-223	定	外墙刷氟碳漆		m²	TPMHMJ	TPMHMJ<天棚抹灰面积>	☐	建筑

图 2.210

(5)吊顶的做法套用

吊顶 1 的做法套用,如图 2.211 所示。

	编码	类别	项目名称	项目特征	单位	工程量表达式	表达式说明	措施项目	专业
1	− 011302001001	项	吊顶天棚	1.配套金属龙骨 2.铝合金方板板,规格为500×500 3.部位:吊顶1,选用11ZJ001 顶216	m2	DDMJ	DDMJ<吊顶面积>	☐	建筑装饰装修工程
2	A11-60	定	上人型铝合金方板天棚龙骨 嵌入式 面层规格 500mm*500mm		m²	DDMJ	DDMJ<吊顶面积>	☐	建筑
3	A11-107	定	铝合金方板天棚 嵌入式		m²	DDMJ	DDMJ<吊顶面积>	☐	建筑

图 2.211

(6)独立柱装修做法套用

①矩形柱的做法套用,如图 2.212 所示。

	编码	类别	项目名称	项目特征	单位	工程量表达式	表达式说明	措施项目	专业
1	— 011202001002	项	柱面一般抹灰	1.15厚1:3水泥砂浆 2.5厚1:2水泥砂浆 3.普理抹灰基层 4.满刮腻子一遍 5.刮底漆一遍 6.乳胶漆两遍 7.部位：混凝土方柱,选用11ZJ001内墙103及涂304	m2	DLZMHMJ	DLZMHMJ〈独立柱抹灰面积〉	☐	建筑装饰装修工程
2	— A10-32	定	独立混凝土柱、梁 水泥砂浆 矩形(12+8)mm		m²	DLZMHMJ	DLZMHMJ〈独立柱抹灰面积〉	☐	建筑
3	— A13-204	定	刮熟胶粉腻子 内墙面 两遍(换一遍)		m²	DLZMHMJ	DLZMHMJ〈独立柱抹灰面积〉	☐	建筑
4	— A13-210	定	乳胶漆 内墙、柱、天棚 抹灰面 二遍		m²	DLZMHMJ	DLZMHMJ〈独立柱抹灰面积〉	☐	建筑

图 2.212

②圆形柱的做法套用,如图 2.213 所示。

	编码	类别	项目名称	项目特征	单位	工程量表达式	表达式说明	措施项目	专业
1	— 011202001001	项	柱面一般抹灰	1.15厚1:3水泥砂浆 2.5厚1:2水泥砂浆 3.普理抹灰基层 4.满刮腻子一遍 5.刮底漆一遍 6.乳胶漆两遍 7.部位：混凝土圆柱,选用11ZJ001内墙103及涂304	m2	DLZMHMJ	DLZMHMJ〈独立柱抹灰面积〉	☐	建筑装饰装修工程
2	— A10-31	定	独立混凝土柱、梁 水泥砂浆 圆形、多边形(12+8)mm		m²	DLZMHMJ	DLZMHMJ〈独立柱抹灰面积〉	☐	建筑
3	— A13-204	定	刮熟胶粉腻子 内墙面 两遍(换一遍)		m²	DLZMHMJ	DLZMHMJ〈独立柱抹灰面积〉	☐	建筑
4	— A13-210	定	乳胶漆 内墙、柱、天棚 抹灰面 二遍		m²	DLZMHMJ	DLZMHMJ〈独立柱抹灰面积〉	☐	建筑

图 2.213

5)房间的绘制

(1)点画

按照建施-3 中房间的名称,选择软件中建立好的房间,在要布置装修的房间点一下房间中的装修即自动布置上去。绘制好的房间,用三维查看一下效果,如图 2.214 所示。不同的墙的材质内墙面图元的颜色不一样,混凝土墙的内墙面装修默认为黄色。

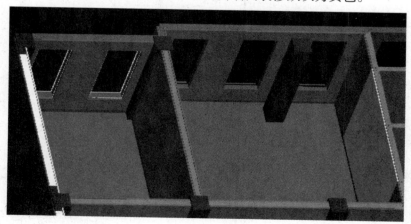

图 2.214

（2）独立柱的装修图元的绘制

在模块导航栏中选择"独立柱装修"→"矩形柱"，单击"智能布置"→"柱"，选中独立柱，单击右键，独立柱装修绘制完毕，如图 2.215、图 2.216 所示。

图 2.215

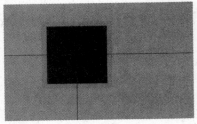

图 2.216

（3）定义立面防水高度

切换到楼地面的构件，单击"定义立面防水高度"，单击卫生间的四面，选中要设置的立面防水的边变成蓝色，右键确认，弹出"请输入立面防水高度"的对话框，输入 300mm，如图 2.217 所示，单击"确定"，立面防水图元绘制完毕如图 2.218 所示。

图 2.217

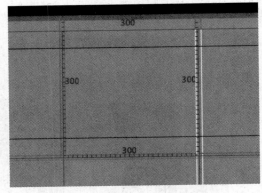

图 2.218

四、任务结果

点画绘制首层所有的房间，保存并汇总计算工程量。

①汇总计算,统计本层装修的工程量,见表2.74。

表2.74 首层装修清单定额量

序号	编码	项目名称	单位	工程量
1	011102001001	石材楼面 1.20厚大理石板(800×800 大理石)铺实拍平,水泥浆擦缝 2.30厚1:4干硬性水泥砂浆 3.素水泥浆结合层一遍 4.部位:楼面3,选用11ZJ001 楼205	m²	458.8174
	A9-28	大理石楼地面 不拼花 水泥砂浆	m²	458.8174
2	011102003002	块料楼面 1.8~10厚地砖(600×600 防滑砖)铺实拍平,水泥浆擦缝或1:1水泥砂浆填缝 2.20厚1:4干硬性水泥砂浆 3.素水泥浆结合层一遍 4.部位:楼面1,选用11ZJ001 楼202	m²	224.9749
	A9-83	陶瓷地砖楼地面 每块周长2400mm以内 水泥砂浆密缝	m²	2.2497
3	011102003003	块料楼面 1.8~10厚地砖(600×600 防滑砖)铺实拍平,水泥浆擦缝或1:1水泥砂浆填缝 2.20厚1:4干硬性水泥砂浆 3.1.2厚聚合物水泥防水涂料,四周上翻300 高 4.刷基层处理剂一遍 5.30厚C20细石混凝土找平 6.部位:楼面2,选用11ZJ001 楼202F2	m²	49.33
	A9-83	陶瓷地砖楼地面 每块周长2400mm以内 水泥砂浆密缝	m²	49.33
	A7-130	聚合物水泥防水涂料 涂膜1.2mm厚 平面	m²	62.2265
	A7-140	刷冷底子油防水 第一遍	m²	62.2265
	A9-4	细石混凝土找平层 30mm	m²	49.19
4	011105002001	石材踢脚线 1.15厚1:3水泥砂浆 2.5~6厚1:1水泥砂浆加水20%建筑胶镶贴 3.10厚大理石板,水泥浆擦缝 4.部位:踢脚3,选用11ZJ001 踢6A	m²	30.1136
	A9-37	大理石踢脚线 直形 水泥砂浆	m²	30.1136

续表

序号	编码	项目名称	单位	工程量
5	011105003001	块料踢脚线 1. 17 厚 1：3 水泥砂浆 2. 3~4 厚 1：1 水泥砂浆加水 20% 建筑胶镶贴 3. 8~10 厚面砖，水泥浆擦缝 4. 部位：踢脚 2，选用 11ZJ001 踢 5A	m²	4.369
	A9-99	陶瓷地砖 踢脚线 水泥砂浆	m²	4.369
6	011201001001	墙面一般抹灰 混凝土墙 1. 15 厚 1：3 水泥砂浆 2. 5 厚 1：2 水泥砂浆 3. 清理抹灰基层 4. 满刮腻子一遍 5. 刷底漆一遍 6. 乳胶漆两遍 7. 部位：混凝土内墙面 1，选用 11ZJ001 内墙 103 及涂 304	m²	207.3581
	A10-21	内墙 水泥砂浆 混凝土墙（15+5）mm	m²	207.3581
	A13-204	刮熟胶粉腻子 内墙面 两遍（换一遍）	m²	208.3189
	A13-210	乳胶漆 内墙、柱、天棚抹灰面 两遍	m²	208.3189
7	011201001002	墙面一般抹灰 砌体墙 1. 15 厚 1：3 水泥砂浆 2. 5 厚 1：2 水泥砂浆 3. 清理抹灰基层 4. 满刮腻子一遍 5. 刷底漆一遍 6. 乳胶漆两遍 7. 部位：砌体内墙面 1，选用 11ZJ001 内墙 103 及涂 304	m²	906.6396
	A10-20	内墙 水泥砂浆 砖墙（15+5）mm	m²	906.6396
	A13-204	刮熟胶粉腻子 内墙面 两遍（换一遍）	m²	908.793
	A13-210	乳胶漆 内墙、柱、天棚抹灰面 两遍	m²	908.793
8	011201001003	墙面一般抹灰 1. 抹粘结胶浆 2. 铺贴 30 厚挤塑聚苯板（XPS） 3. 抹抗裂砂浆一遍 4. 嵌埋耐碱玻璃纤维网格布 5. 抹抗裂砂浆一遍 6. 刷氟碳漆 7. 部位：外墙面	m²	442.8052

序号	编码	项目名称	单位	工程量
8	A8-61	外墙外保温 挤塑聚苯板薄抹灰 涂料饰面	m²	439.8195
	A13-223	外墙刷氟碳漆	m²	439.8195
9	011202001001	柱面一般抹灰 1. 15 厚 1∶3 水泥砂浆 2. 5 厚 1∶2 水泥砂浆 3. 清理抹灰基层 4. 满刮腻子一遍 5. 刷底漆一遍 6. 乳胶漆两遍 7. 部位:混凝土圆柱,选用 11ZJ001 内墙 103 及涂 304	m²	18.1584
	A10-31	独立混凝土柱、梁 水泥砂浆 圆形、多边形 (12+8)mm	m²	18.1584
	A13-204	刮熟胶粉腻子 内墙面 两遍(换一遍)	m²	18.1584
	A13-210	乳胶漆 内墙、柱、天棚抹灰面 两遍	m²	18.1584
10	011202001002	柱面一般抹灰 1. 15 厚 1∶3 水泥砂浆 2. 5 厚 1∶2 水泥砂浆 3. 清理抹灰基层 4. 满刮腻子一遍 5. 刷底漆一遍 6. 乳胶漆两遍 7. 部位:混凝土方柱,选用 11ZJ001 内墙 103 及涂 304	m²	32.64
	A10-32	独立混凝土柱、梁 水泥砂浆 矩形 (12+8)mm	m²	32.64
	A13-204	刮熟胶粉腻子 内墙面 两遍(换一遍)	m²	32.64
	A13-210	乳胶漆 内墙、柱、天棚抹灰面 两遍	m²	32.64
11	011203001002	零星项目一般抹灰 1. 15 厚 1∶3 水泥砂浆 2. 5 厚 1∶2 水泥砂浆 3. 刷氟碳漆 4. 部位:雨篷、飘窗板、挑檐、门厅外顶棚	m²	246.4963
	A11-7	混凝土面天棚 水泥砂浆 现浇 (5+5)mm	m²	246.4963
	A13-223	外墙刷氟碳漆	m²	246.496

续表

序号	编码	项目名称	单位	工程量
12	011204003001	块料墙面 1. 15 厚 1：3 水泥砂浆 2. 刷素水泥浆一遍 3. 4~5 厚 1：1 水泥砂浆加水 20% 建筑胶镶贴 4. 8~10 厚面砖,水泥浆擦缝 5. 部位:内墙面 2,选用 11ZJ001 内墙 202A	m²	318.692
	A10-170	墙面、墙裙贴面砖 水泥砂浆粘贴 周长在 1200mm 以内	m²	318.692
13	011301001001	天棚抹灰 1. 5 厚 1：3 水泥砂浆 2. 5 厚 1：2 水泥砂浆 3. 清理抹灰基层 4. 满刮腻子一遍 5. 刷底漆一遍 6. 乳胶漆两遍 7. 部位:顶棚 1,选用 11ZJ001 顶 104 及涂 304	m²	8.7385
	A11-7	混凝土面天棚 水泥砂浆 现浇 (5+5)mm	m²	8.7385
	A13-204	刮熟胶粉腻子 内墙面 两遍（换一遍,R * 1.18）	m²	8.7385
	A13-210	乳胶漆 内墙、柱、天棚抹灰面 两遍	m²	8.7385
14	011302001001	吊顶天棚 1. 配套金属龙骨 2. 铝合金方形板,规格为 500mm×500mm 3. 部位:吊顶 1,选用 11ZJ001 顶 216	m²	719.773
	A11-60	上人型铝合金方板天棚龙骨 嵌入式 面层规格 500mm×500mm	m²	719.773
	A11-107	铝合金方板天棚 嵌入式	m²	719.773

五、总结拓展

装修的房间必为封闭

在绘制房间图元的时候,必须要保证房间是封闭的,否则会弹出如图 2.219 所示"确认"对话框,在 MQ1 的位置绘制一道虚墙。

图 2.219

问题思考

（1）虚墙是否计算内墙面工程量？

（2）虚墙是否影响楼面的面积？

2.8.2　其他层装修工程量计算

通过本小节的学习，你将能够：

（1）分析软件在计算装修时的计算思路；

（2）计算各层装修工程量。

一、任务说明

完成各楼层工程装修的工程量。

二、任务分析

①首层做法与其他楼层有何不同？

②装修工程量的计算与主体构件的工程量计算有何不同？

三、任务实施

1）分析图纸

由建施-0 中室内装修做法表可知，地下一层所用的装修做法和首层装修做法基本相同，地面做法为地面 1、地面 2、地面 3。二层至机房层装修做法基本和首层的装修做法相同。可以把首层构件复制到其他楼层，然后重新组合房间即可。

由建施-2 可知，地下一层地面为 -3.6 m；由结施-3 可知，地下室底板顶标高为 -4.4 m，回填标高范围为 4.4 m-3.6 m-地面做法厚度。

2）清单、定额计算规则学习

（1）其他层清单计算规则（见表 2.75）

表 2.75　其他层装修清单计算规则

编号	项目名称	单位	计算规则
011101003	细石混凝土楼地面	m²	按设计图示尺寸以面积计算。扣除凸出地面构筑物、设备基础、室内铁道、地沟等所占面积，不扣除间壁墙及 ≤0.3 m² 柱、垛、附墙烟囱及孔洞所占面积。门洞、空圈、暖气包槽、壁龛的开口部分不增加面积
011101001	水泥砂浆楼地面		
011105001	水泥砂浆踢脚线	m²	以平方米计量，按设计图示长度乘高度以面积计算

续表

编号	项目名称	单位	计算规则
010103001	回填方	m³	按设计图示尺寸以体积计算 1.室内回填:主墙间面积乘回填厚度,不扣除间隔墙 2.基础回填:按挖方清单项目工程量减去自然地坪以下埋设的基础体积(包括基础垫层及其他构筑物)

（2）定额计算规则（以地面 1 为例,见表 2.76）

表 2.76　其他层装修定额计算规则

编号	项目名称	单位	计算规则
A1-82	人工回填土　夯填	m²	同清单
A4-3	混凝土垫层	m³	按设计图示尺寸以体积计算
A9-4	细石混凝土找平层　40mm	m³	同清单

3）房心（室内）回填属性定义与画法讲解

在模块导航栏中单击"土方"→"房心回填",新建房心回填,属性定义如图 2.220 所示,采用画点做。

属性名称	属性值	附加
名称	FXHT-1	
厚度(mm)	700	
顶标高(m)	层底标高+	
回填方式	夯填	
备注		

图 2.220

房心（室内）回填土是按主墙间面积乘回填厚度计算工程量,因此可以在装修的"楼地面"的构件做法中套用室内回填土的清单、定额,本工程是采用这种方法对房心（室内）回填土进行处理的。

四、任务结果

汇总计算,统计其他层的装修工程量,见表 2.77。

表 2.77　其他层的装修清单定额量

序号	编码	项目名称	单位	工程量
1	010103001002	回填方 1.密实度要求:满足设计和规范要求,夯填 2.填方材料品种:符合相关工程质量规范要求 3.填方部位:室内	m³	597.559
	A1-82	人工回填土　夯填	m³	597.559

续表

序号	编码	项目名称	单位	工程量
2	011101001001	水泥砂浆地面 1. 20厚1：2水泥砂浆分层抹面压光 2. 1.2厚聚合物水泥防水涂料,四周上翻300高 3. 刷基层处理剂一遍 4. 30厚C20细石混凝土找平 5. 80厚C15混凝土 6. 部位:地面2(排烟机房、弱电机房、配电室、库房),选用11ZJ001 地101F2	m²	322.1637
	A4-3	混凝土垫层	m³	25.7731
	A9-4	细石混凝土找平层 40mm(换30mm厚)	m²	322.1637
	A7-140	刷冷底子油防水 第一遍	m²	370.9708
	A7-130	聚合物水泥防水涂料 涂膜1.2mm厚 平面	m²	370.9708
	A9-10	水泥砂浆整体面层 楼地面20mm	m²	322.1637
3	011101003001	细石混凝土地面 1. 40厚C20细石混凝土随打随抹光 2. 素水泥浆结合层一遍 3. 80厚C15混凝土 4. 部位:地面1(自行车库、排烟风井、电井、水暖井),选用11ZJ001 地105	m²	513.8426
	A4-3	混凝土垫层	m³	41.1074
	A9-4	细石混凝土找平层 40mm	m²	513.8426
4	011102001001	石材楼面 1. 20厚大理石板(800×800大理石)铺实拍平,水泥浆擦缝 2. 30厚1：4干硬性水泥砂浆 3. 素水泥浆结合层一遍 4. 部位:楼面3,选用11ZJ001 楼205	m²	1850.373
	A9-28	大理石楼地面 不拼花 水泥砂浆	m²	1850.373
5	011102003002	块料楼面 1. 8～10厚地砖(600×600防滑砖)铺实拍平,水泥浆擦缝或1：1水泥砂浆填缝 2. 20厚1：4干硬性水泥砂浆 3. 素水泥浆结合层一遍 4. 部位:楼面1,选用11ZJ001 楼202	m²	328.806

续表

序号	编码	项目名称	单位	工程量
5	A9-83	陶瓷地砖楼地面 每块周长 2400mm 以内 水泥砂浆密缝	m²	328.806
6	011102003003	块料楼面 1.8~10 厚地砖(600×600 防滑砖)铺实拍平,水泥浆擦缝或 1:1 水泥砂浆填缝 2.20 厚 1:4 干硬性水泥砂浆 3.1.2 厚聚合物水泥防水涂料,四周上翻 300 高 4.刷基层处理剂一遍 5.30 厚 C20 细石混凝土找平 6.部位:楼面2,选用 11ZJ001 楼 202F2	m²	147.99
	A9-83	陶瓷地砖楼地面 每块周长 2400mm 以内 水泥砂浆密缝	m²	147.99
	A7-130	聚合物水泥防水涂料 涂膜1.2mm 厚 平面	m²	186.8595
	A7-140	刷冷底子油防水 第一遍	m²	186.8595
	A9-4	细石混凝土找平层 30mm	m²	147.57
7	011102003004	块料地面 1.8~10 厚地砖(600×600 防滑砖)铺实拍平,水泥浆擦缝或 1:1 水泥砂浆填缝 2.20 厚 1:4 干硬性水泥砂浆 3.素水泥浆结合层一遍 4.80 厚 C15 混凝土 5.部位:地面3,选用选用 11ZJ001 地 202	m²	46.8063
	A4-3	混凝土垫层	m³	3.7445
	A9-83	陶瓷地砖楼地面 每块周长 2400mm 以内 水泥砂浆密缝	m²	46.8063
8	011105001001	水泥砂浆踢脚线 1.15 厚 1:3 水泥砂浆 2.10 厚 1:2 水泥砂浆抹面压光 3.部位:踢脚1,选用 11ZJ001 踢 1B	m²	37.1508
	A9-15	水泥砂浆踢脚线	m²	37.1508

序号	编码	项目名称	单位	工程量
9	011105002001	石材踢脚线 1. 15厚1：3水泥砂浆 2. 5~6厚1：1水泥砂浆加水20％建筑胶镶贴 3. 10厚大理石板，水泥浆擦缝 4. 部位：踢脚3，选用11ZJ001 踢6A	m²	99.7874
	A9-37	大理石踢脚线　直形　水泥砂浆	m²	99.7874
10	011105003001	块料踢脚线 1. 17厚1：3水泥砂浆 2. 3~4厚1：1水泥砂浆加水20％建筑胶镶贴 3. 8~10厚面砖，水泥浆擦缝 4. 部位：踢脚2，选用11ZJ001 踢5A	m²	18.725
	A9-99	陶瓷地砖　踢脚线　水泥砂浆	m²	18.725
11	011201001001	墙面一般抹灰　混凝土墙 1. 15厚1：3水泥砂浆 2. 5厚1：2水泥砂浆 3. 清理抹灰基层 4. 满刮腻子一遍 5. 刷底漆一遍 6. 乳胶漆两遍 7. 部位：混凝土内墙面1，选用11ZJ001 内墙103 及涂304	m²	1416.7158
	A10-21	内墙　水泥砂浆　混凝土墙（15+5）mm	m²	1416.7158
	A13-204	刮熟胶粉腻子　内墙面　两遍（换一遍）	m²	1416.7158
	A13-210	乳胶漆　内墙、柱、天棚抹灰面　两遍	m²	1416.7158
12	011201001002	墙面一般抹灰　砌体墙 1. 15厚1：3水泥砂浆 2. 5厚1：2水泥砂浆 3. 清理抹灰基层 4. 满刮腻子一遍 5. 刷底漆一遍 6. 乳胶漆两遍 7. 部位：砌体内墙面1，选用11ZJ001 内墙103 及涂304	m²	3580.0759
	A10-20	内墙　水泥砂浆　砖墙（15+5）mm	m²	3580.0759
	A13-204	刮熟胶粉腻子　内墙面　两遍（换一遍）	m²	3580.0759
	A13-210	乳胶漆　内墙、柱、天棚抹灰面　两遍	m²	3580.0759

续表

序号	编码	项目名称	单位	工程量
13	011201001003	墙面一般抹灰 1. 抹粘结胶浆 2. 铺贴30厚挤塑聚苯板(XPS) 3. 抹抗裂砂浆一遍 4. 嵌埋耐碱玻璃纤维网格布 5. 抹抗裂砂浆一遍 6. 刷氟碳漆 7. 部位:外墙面	m²	1704.7669
	A8-61	外墙外保温 挤塑聚苯板薄抹灰 涂料饰面	m²	1704.7669
	A13-223	外墙刷氟碳漆	m²	1704.7669
14	011202001001	柱面一般抹灰 1. 15厚1:3水泥砂浆 2. 5厚1:2水泥砂浆 3. 清理抹灰基层 4. 满刮腻子一遍 5. 刷底漆一遍 6. 乳胶漆两遍 7. 部位:混凝土圆柱,选用11ZJ001内墙103及涂304	m²	40.1621
	A10-31	独立混凝土柱、梁 水泥砂浆 圆形、多边形 (12+8)mm	m²	40.1621
	A13-204	刮熟胶粉腻子 内墙面 两遍(换一遍)	m²	40.1621
	A13-210	乳胶漆 内墙、柱、天棚抹灰面 两遍	m²	40.1621
15	011202001002	柱面一般抹灰 1. 15厚1:3水泥砂浆 2. 5厚1:2水泥砂浆 3. 清理抹灰基层 4. 满刮腻子一遍 5. 刷底漆一遍 6. 乳胶漆两遍 7. 部位:混凝土方柱,选用11ZJ001内墙103及涂304	m²	153.1426
	A10-32	独立混凝土柱、梁 水泥砂浆 矩形 (12+8)mm	m²	153.1426
	A13-204	刮熟胶粉腻子 内墙面 两遍(换一遍)	m²	153.1426
	A13-210	乳胶漆 内墙、柱、天棚抹灰面 两遍	m²	153.1426

续表

序号	编码	项目名称	单位	工程量
16	011203001002	零星项目一般抹灰 1.刷氟碳漆： 2.部位:室外顶棚 3.5厚1：2水泥砂浆 4.5厚1：3水泥砂浆	m²	88.558
	A11-7	混凝土面天棚　水泥砂浆　现浇（5+5）mm	m²	88.558
	A13-223	外墙刷氟碳漆	m²	88.558
17	011204003001	块料墙面 1.15厚1：3水泥砂浆 2.4~5厚1：1水泥砂浆加水20%建筑胶镶贴 3.8~10厚面砖,水泥浆擦缝 4.刷素水泥浆一遍 部位:内墙面2,选用11ZJ001内墙202A	m²	1081.2879
	A10-170	墙面、墙裙贴面砖　水泥砂浆粘贴　周长在1200mm以内	m²	1081.2879
18	011301001001	天棚抹灰 1.5厚1：3水泥砂浆 2.5厚1：2水泥砂浆 3.清理抹灰基层 4.满刮腻子一遍 5.刷底漆一遍 6.乳胶漆两遍 7.部位:顶棚1,选用11ZJ001顶104及涂304	m²	1043.3667
	A11-7	混凝土面天棚　水泥砂浆　现浇（5+5）mm	m²	1043.3667
	A13-204	刮熟胶粉腻子　内墙面　两遍（换一遍,R＊1.18）	m²	1043.3667
	A13-210	乳胶漆　内墙、柱、天棚抹灰面　两遍	m²	1043.3667
19	011302001001	吊顶天棚 1.配套金属龙骨 2.铝合金方形板,规格为500×500 3.部位:吊顶1,选用11ZJ001顶216	m²	2244.6924
	A11-60	上人型铝合金方板天棚龙骨　嵌入式　面层规格　500mm×500mm	m²	2244.6924
	A11-107	铝合金方板天棚　嵌入式	m²	2244.6924

问 题思考

(1)一层的门厅位置在二层绘制装修图元的时候需注意什么?

(2)粘结层是否套用定额?

2.8.3 外墙保温、装修、防水工程量计算

通过本小节的学习,你将能够:

(1)定义外墙保温层、装修层、防水层;

(2)统计外墙保温、装修、防水工程量。

一、任务说明

完成各楼层外墙保温、装修、防水的工程量。

二、任务分析

①地上外墙与地下外墙做法有何不同?

②如何在地下一层处理不同高度范围内的外墙做法?

三、任务实施

1)分析图纸

分析广西版图纸补充说明可知,地上部分外墙从室外地坪至机房层有30厚挤塑聚苯板保温层、氟碳漆装修层;地下部分外墙有改性沥青防水卷材、115厚标准页岩砖保护墙。

2)构件定义

①地上部分外墙的保温层、装修层可以先在首层装修里定义属性。在模块导航栏中单击"装修"→"墙面",新建外墙面,属性定义如图2.221所示,再把构件复制到其他楼层,注意复制到地下一层时,应修改墙面起点、终点底标高,如图2.222所示。

属性名称	属性值	附加
名称	外墙面	☐
所附墙材质	(程序自动判断)	☐
块料厚度(	0	☐
起点顶标高	墙顶标高	☐
终点顶标高	墙顶标高	☐
起点底标高	墙底标高	☐
终点底标高	墙底标高	☐
内/外墙面	外墙面	☑
备注		☐

图2.221

属性名称	属性值	附加
名称	外墙面	☐
所附墙材质	(程序自动判断)	☐
块料厚度(	0	☐
起点顶标高	墙顶标高	☐
终点顶标高	墙顶标高	☐
起点底标高	-0.45	☐
终点底标高	-0.45	☐
内/外墙面	外墙面	☑
备注		☐

图2.222

②地下部分外墙在地下一层装修里定义属性。在模块导航栏中单击"装修"→"墙面"，新建外防水层与保护墙,属性定义如图 2.223 所示。

属性名称	属性值	附加
名称	外防水层与保护墙	
所附墙材质	(程序自动判断)	☐
块料厚度(	0	☐
起点顶标高	-0.45	☐
终点顶标高	-0.45	☐
起点底标高	墙底标高	☐
终点底标高	墙底标高	☐
内/外墙面	外墙面	☐
备注		☐

图 2.223

3)做法套用

①外墙面的做法套用,如图 2.224 所示。

	编码	类别	项目名称	项目特征	单位	工程量表达式	表达式说明	措施项目	专业
1	─ 011201001003	项	墙面一般抹灰	1.抹粘结胶浆 2.铺贴30厚挤塑聚苯板（XPS） 3.抹抗裂砂浆一遍 4.铺压耐碱玻璃纤维网格布 5.抹抗裂砂浆一遍 6.刷碳漆 7.部位:外墙面	m2	QMKLMJ	QMKLMJ〈墙面块料面积〉	☐	建筑装饰装修工程
2	─ A8-61	定	外墙外保温 挤塑聚苯板等抹灰 涂料饰面		m²	QMKLMJ	QMKLMJ〈墙面块料面积〉	☐	建筑
3	─ A13-223	定	外墙刷氟碳漆		m²	QMKLMJ	QMKLMJ〈墙面块料面积〉	☐	建筑

图 2.224

②外防水层与保护墙的做法套用,如图 2.225 所示。

	编码	类别	项目名称	项目特征	单位	工程量表达式	表达式说明	措施项目	专业
1	─ 010903001001	项	墙面卷材防水	1.卷材品种、规格、厚度：3厚二层SBS改性沥青防水卷材 2.部位:地下室混凝土外墙侧壁	m2	QMMHMJ	QMMHMJ〈墙面抹灰面积〉	☐	建筑装饰装修工程
2	─ A7-111	定	改性沥青卷材满铺防水 立面		m²	QMMHMJ	QMMHMJ〈墙面抹灰面积〉	☐	建筑
3	─ 010401003001	项	实心砖墙	砖品种、规格、强度等级：MU10页岩标准砖 墙体厚度、类型：115mm厚保护 砂浆强度等级、配合比：M5水泥砂浆	m3	QMMHMJ*0.115	QMMHMJ〈墙面抹灰面积〉*0.115	☐	建筑装饰装修工程
4	─ A3-4	定	混水砖墙 标准砖 240*115*53 墙体厚度 11.5cm		m²	QMMHMJ*0.115	QMMHMJ〈墙面抹灰面积〉*0.115	☐	建筑

图 2.225

4)画法讲解

选择"智能布置"→"外墙外边线"即可。

四、任务结果

①按照以上外墙的绘制方式,完成其他层外墙的保温层、装修层、防水层的绘制。

②汇总计算,统计各层外墙的保温、装修、防水工程量,见表 2.78。

表 2.78　各层外墙的保温、装修、防水清单定额量

序号	编码	项目名称	单位	工程量
1	010401003001	实心砖墙 1. 砖品种、规格、强度等级: MU 10 页岩标准砖 2. 墙体厚度、类型: 115mm 厚保护墙 3. 砂浆强度等级、配合比: M5 水泥砂浆	m³	66.2401
	A3-4	混水砖墙　标准砖 240×115×53　墙体厚度 11.5cm	m³	66.2401
	010903001001	墙面卷材防水 1. 卷材品种、规格、厚度: 3 厚两层 SBS 改性沥青防水卷材 2. 部位: 地下室混凝土外墙侧壁	m²	576.0009
	A7-111	改性沥青卷材满铺防水　立面	m²	576.0009
2	011201001003	墙面一般抹灰 1. 抹粘结胶浆 2. 铺贴 30 厚挤塑聚苯板(XPS) 3. 抹抗裂砂浆一遍 4. 嵌埋耐碱玻璃纤维网格布 5. 抹抗裂砂浆一遍 6. 刷氟碳漆 7. 部位: 外墙面	m²	2087.0964
	A8-61	外墙外保温　挤塑聚苯板薄抹灰　涂料饰面	m²	2087.0964
	A13-223	外墙刷氟碳漆	m²	2087.0964

问题思考

(1)自行车坡道墙是否需要保温?

(2)负一层外墙做法不同时如何布置?

2.9　楼梯工程量计算

通过本节的学习,你将能够:

(1)分析整体楼梯包含的内容;

(2)定义参数化楼梯;

(3)绘制楼梯;

(4)统计各层楼梯工程量。

一、任务说明

①使用参数化楼梯来完成定义楼梯尺寸,做法套用。
②汇总计算,统计楼梯的工程量。

二、任务分析

①楼梯都有哪些构件组成? 每一构件都对应有哪些工作内容? 做法如何套用?
②如何正确地编辑楼梯各构件的工程量表达式?

三、任务实施

1)分析图纸

分析建施-13、建施-14、结施-15、结施-16,以及各层平面图可知,本工程有 2 部楼梯,位于④~⑤轴间的为 1 号楼梯,位于⑨~⑪轴间的为 2 号楼梯。1 号楼梯从地下室开始到机房层,2 号楼梯从首层开始到四层。

依据定额计算规则可以知道楼梯按照水平投影面积计算混凝土和模板面积,通过分析图纸可知 TZ1 和 TZ2 的工程量不包含在整体楼梯中,需要单独计算;TL 以及楼梯与楼层板的连接梁 L6、L10 已包含在整体楼梯中。楼梯底面抹灰按照天棚抹灰计算。

从建施-13 中剖面图可以看出,楼梯的休息平台处有不锈钢护窗栏杆,高 1000mm,其长度为休息平台的宽度(即楼梯的宽度);从广西版图纸补充说明中可知,楼梯采用竖条式不锈钢栏杆(圆管)、不锈钢扶手(φ60),栏杆距踏步边 50mm;护窗栏杆采用竖条式不锈钢栏杆(圆管)。

2)定额清单计算规则学习

(1)清单计算规则(见表 2.79)

表 2.79 清单计算规则

编号	项目名称	单位	计算规则
010506001	直形楼梯	m²	以平方米计量,按设计图示尺寸以水平投影面积计算。不扣除宽度≤500mm 的楼梯井,伸入墙内部分不计算
011702024	直形楼梯	m²	按楼梯(包括休息平台、平台梁、斜梁和楼层板的连接梁)的水平投影面积计算,不扣除宽度≤500mm 的楼梯井所占面积,楼梯踏步、踏步板、平台梁等侧面模板不另计算,伸入墙内部分也不增加
011106002	块料楼梯面层	m²	按设计图示尺寸以楼梯(包括踏步、休息平台及≤500mm 的楼梯井)水平投影面积计算,楼梯与楼地面相连时,算至梯口梁内侧边沿;无梯口梁者,算至最上一层踏步边沿加 300mm

续表

编号	项目名称	单位	计算规则
011105003	块料踢脚线	m²	以平方米计算,按设计图示长度乘以高度以面积计算
011301001	天棚抹灰	m²	按设计图示尺寸以水平面积计算,带梁天棚的梁两侧抹灰面积并入天棚面积内,锯齿形楼梯底板抹灰按展开面积计算
011503001	金属扶手、栏杆、栏板	m	按设计图示以扶手中心线长度(包括弯头长度)计算

(2)定额计算规则(见表2.80)

表2.80 定额计算规则

编号	项目名称	单位	计算规则
A4-49	混凝土直形楼梯 板厚 100mm(碎石)(换 120mm 厚)	m²	同清单
A17-115	楼梯 直形 胶合板模板 钢支撑		
A9-96	陶瓷地砖 楼梯 水泥砂浆		
A11-7	混凝土面天棚 水泥砂浆 现浇 (5+5)mm	m²	同清单
A13-204	刮熟胶粉腻子 内墙面 两遍(换一遍,R * 1.18)		
A13-210	乳胶漆 内墙、柱、天棚抹灰面 两遍		
A14-108	不锈钢管栏杆 直线型 竖条式(圆管)	m	同清单
A14-119	不锈钢管扶手 直形 φ60	m	
A14-124	不锈钢弯头 φ60	个	按设计数量以个计算

3)楼梯、护窗栏杆定义

①楼梯可以按照水平投影面积布置,也可以绘制参数化楼梯,本工程按照参数化布置的作用是软件可以计算楼梯面层装饰及底面抹灰的面积。

1 号楼梯和 2 号楼梯都为直形双跑楼梯,以首层 1 号楼梯为例讲解。在模块导航栏中单击"楼梯"→"楼梯"→"参数化楼梯",如图 2.226 所示,选择"直形双跑楼梯",单击"确定"进入"编辑图形参数"对话框,按照结施-15 中的数据更改绿色的字体,编辑完参数后单击"保存"退出,如图 2.227 所示。

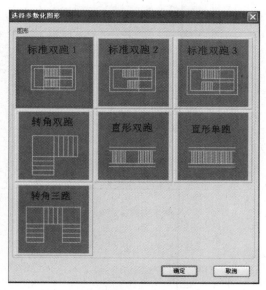

图 2.226

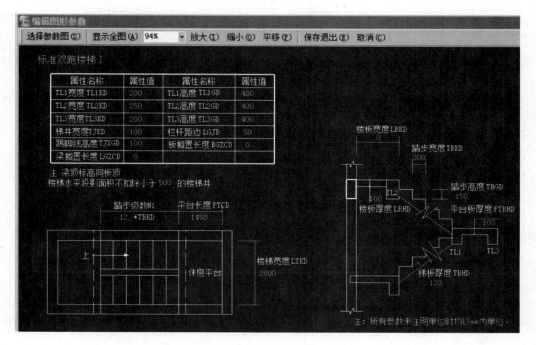

图 2.227

地下一层的"参数化楼梯"根据图纸应选择"直形双跑 2"参数化图形进行编辑。

②护窗栏杆

在模块导航栏中单击"其他"→"栏杆扶手",新建栏杆扶手,如图 2.228 所示。

属性名称	属性值	附加
名称	护窗栏杆	
材质	金属	☐
类别	栏杆扶手	☑
扶手截面形	矩形	☐
扶手截面高	60	☐
扶手截面宽	60	☐
栏杆截面形	圆形	☐
栏杆半径(	25	☐
高度(mm)	1000	☐
间距(mm)	110	☐
起点底标高	层底标高+1.95	☐
终点底标高	层底标高+1.95	☐
备注		☐

图 2.228

4)做法套用

①1 号楼梯做法套用,如图 2.229 所示。

	编码	类别	项目名称	项目特征	单位	工程量表达式	表达式说明	措施	专业
1	010506001001	项	直形楼梯	混凝土强度等级:C25 混凝土拌合要求:商品混凝土 梯板厚120mm厚	m2	TYMJ	TYMJ〈水平投影面积〉	☐	建筑装饰装修工程
2	A4-49	定	混凝土 直形楼梯 板厚 100mm(换120mm厚)	m²	TYMJ	TYMJ〈水平投影面积〉		建筑
3	011702024001	项	楼梯模板	楼梯模板制作安装	m2	TYMJ	TYMJ〈水平投影面积〉	☑	建筑装饰装修工程
4	A17-115	定	楼梯 直形 胶合板模 板 钢支撑		m²投影面	TYMJ	TYMJ〈水平投影面积〉	☑	建筑
5	011106002001	项	块料楼梯面层	2.20厚1:4干硬性水泥砂浆 1.8~10厚地砖铺头拍平	m2	TYMJ	TYMJ〈水平投影面积〉	☐	建筑装饰装修工程
6	A9-96	定	陶瓷地砖 楼梯 水泥 砂浆		m²	TYMJ	TYMJ〈水平投影面积〉		建筑
7	011105003001	项	块料踢脚线(楼梯)	1.17厚1:3水泥砂浆 2.3~4厚1:1水泥砂浆加水20%建筑胶 镶贴 3.8~10厚面砖,水泥浆擦缝	m	TJXMMJ	TJXMMJ〈踢脚线面积(斜)〉	☐	建筑装饰装修工程
8	A9-99	定	陶瓷地砖 踢脚线 水 泥砂浆		m²	TJXMMJ	TJXMMJ〈踢脚线面积(斜)〉		建筑
9	011301001001	项	天棚抹灰	1.5厚1:3水泥砂浆 2.5厚1:2水泥砂浆 黄刮腻子一遍 刷底油一遍 乳胶漆两遍	m2	DBMHMJ	DBMHMJ〈底部抹灰面积〉	☐	建筑装饰装修工程
10	A11-7	定	混凝土面天棚 水泥砂 浆 现浇 (5+5)mm		m²	DBMHMJ	DBMHMJ〈底部抹灰面积 〉	☐	建筑
11	A13-204	定	刮熟胶粉腻子 内墙面 两遍(换一遍,R*1.1 8)		m²	DBMHMJ	DBMHMJ〈底部抹灰面积 〉		建筑
12	A13-210	定	乳胶漆 内墙、柱、天 棚抹灰面 二遍		m²	DBMHMJ	DBMHMJ〈底部抹灰面积 〉		建筑
13	011503001001	项	金属扶手、栏杆	1.201材质竖条式不锈钢栏杆(圆管) 2.201材质φ60不锈钢扶手、弯头	m	LGCD	LGCD〈栏杆扶手长度〉	☐	建筑装饰装修工程
14	A14-108	定	不锈钢管栏杆 直线型 竖条式(圆管)		m	LGCD	LGCD〈栏杆扶手长度〉		建筑
15	A14-119	定	不锈钢管扶手 直形 φ60		m	LGCD	LGCD〈栏杆扶手长度〉		建筑
16	A14-124	定	不锈钢弯头 φ60		个	4	4	☐	建筑

图 2.229

②护窗栏杆做法套用,如图 2.230 所示。

序号	编码	类别	项目名称	项目特征	单位	工程量表达式	表达式说明	措施	专业
1	011503001002	项	金属扶手、栏杆	1.201材质竖条式不锈钢栏杆（圆管）2.201材质Φ60不锈钢扶手 3.部位：楼梯间护窗	m	CD	CD〈长度（含弯头）〉	□	建筑装饰装修工程
2	A14-118	定	不锈钢管护窗栏杆竖条式(圆管)		m	CD	CD〈长度（含弯头）〉	□	建筑
3	A14-119	定	不锈钢管扶手 直形 Φ60		m	CD	CD〈长度（含弯头）〉	□	建筑

图 2.230

5）楼梯画法讲解

①首层楼梯绘制。楼梯可以用点绘制,点画绘制的时候需要注意楼梯的位置。绘制的 1 号楼梯图元如图 2.231 所示。

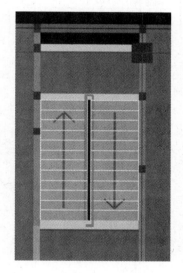

图 2.231

②利用层间复制功能复制首层 1 号楼梯到二至四层,完成二至四层楼梯的绘制;用同样方法完成 2 号楼梯的绘制。地下一层的 1 号楼梯需重新编辑参数化图形,再用点绘制完成。

四、任务结果

汇总计算,统计各层楼梯的工程量,见表 2.81。

表 2.81 各层楼梯清单定额量

序号	编码	项目名称	单位	工程量
1	010506001001	直形楼梯 1.混凝土种类:普通混凝土,梯板 120mm 厚 2.混凝土强度等级:C25 3.混凝土拌和要求:商品混凝土	m²	106.4834
	A4-49	混凝土直形楼梯 板厚 100mm（换 120mm 厚）	m²	106.4834

续表

序号	编码	项目名称	单位	工程量
2	010506001002	直形楼梯 1.混凝土种类:普通混凝土,梯板110mm厚 2.混凝土强度等级:C25 3.混凝土拌和要求:商品混凝土	m²	14.435
	A4-49	混凝土直形楼梯 板厚100mm(换110mm厚)	m²	14.435
3	011105003001	块料踢脚线(楼梯) 1.17厚1:3水泥砂浆 2.3~4厚1:1水泥砂浆加水20%建筑胶镶贴 3.8~10厚面砖,水泥浆擦缝 4.部位:踢脚2,选用11ZJ001 踢5A	m²	19.6628
	A9-99	陶瓷地砖 踢脚线 水泥砂浆	m²	19.6628
4	011106002001	块料楼梯面层 1.8~10厚地砖(300×300防滑砖)铺实拍平,水泥浆擦缝或1:1水泥砂浆填缝 2.20厚1:4干硬性水泥砂浆 3.素水泥浆结合层一遍 4.部位:楼面1,选用11ZJ001 楼202	m²	120.9184
	A9-96	陶瓷地砖 楼梯 水泥砂浆	m²	120.9184
5	011301001001	天棚抹灰 1.5厚1:3水泥砂浆 2.5厚1:2水泥砂浆 3.清理抹灰基层 4.满刮腻子一遍 5.刷底漆一遍 6.乳胶漆两遍 7.部位:顶棚1,选用11ZJ001 顶104及涂304	m²	145.5512
	A11-7	混凝土面天棚 水泥砂浆 现浇 (5+5)mm	m²	145.5512
5	A13-204	刮熟胶粉腻子 内墙面 两遍(换一遍,R*1.18)	m²	145.5512
	A13-210	乳胶漆 内墙、柱、天棚抹灰面 两遍	m²	145.5512
6	011503001001	金属扶手、栏杆 1.201材质竖条式不锈钢栏杆(圆管) 2.201材质φ60不锈钢扶手、弯头 3.部位:楼梯	m	72.5945
	A14-108	不锈钢管栏杆 直线型 竖条式(圆管)	m	72.5945
	A14-119	不锈钢管扶手 直形 φ60	m	72.5945
	A14-124	不锈钢弯头 φ60	个	32

续表

序号	编码	项目名称	单位	工程量
7	011503001002	金属扶手、栏杆 1.201 材质竖条式不锈钢栏杆(圆管) 2.201 材质 φ60 不锈钢扶手 3.部位:楼梯间护窗	m	41.3499
	A14-118	不锈钢管护窗栏杆竖条式(圆管)	m	41.3499
	A14-119	不锈钢管扶手　直形　φ60	m	41.3499

五、总结拓展

建筑图楼梯给出的标高为建筑标高,绘图时定义的是结构标高,在绘图时将楼梯标高调整为结构标高。

组合楼梯的绘制,组合楼梯就是楼梯使用单个构件绘制后的楼梯,每个单构件都要单独定义,单独绘制。

(1)组合楼梯构件定义

①直形梯段定义,在地下一层单击"新建直形梯段",将上述图纸信息输入,如图 2.232 所示。

②休息平台的定义,单击"新建现浇板",将上述图纸信息输入,如图 2.233 所示。

属性名称	属性值	附加
名称	直型梯段	
材质	现浇混凝土	□
砼标号	(C20)	□
砼类型	砾石 GD40 中砂	□
踏步总高(	1800	□
踏步高度(	150	□
梯板厚度(	110	□
底标高(m)	-3.7	□
模板类型	木模板/木支撑	□
建筑面积计	不计算	□
备注		□

图 2.232

属性名称	属性值	附加
名称	梯板	
类别	其他	□
砼标号	C25	□
砼类型	砾石 GD40	□
厚度(mm)	(100)	□
顶标高(m)	-1.9	□
是否是楼板	是	□
是否是空心	否	□
模板类型	胶合板模板/	□
备注		□

图 2.233

(2)做法套用

做法套用与上面楼梯做法套用相同。

(3)直形梯段画法

直形梯段可以直线绘制,也可以矩形绘制,绘制后单击设置踏步起始边即可。休息平台也一样,绘制方法同现浇板。绘制后如图 2.234 所示。

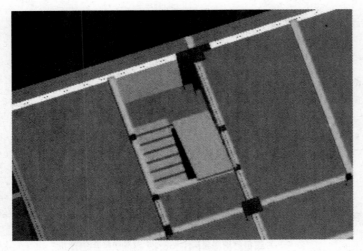

图 2.234

(4)新建组合构件

可以先绘制好梯梁、梯板、休息平台、梯段等,然后"新建组合构件",软件自动反建一个楼梯构件。该构件可以直接绘制到当前工程的其他位置。

问 题思考

整体楼梯的工程量中是否包含 TZ?

2.10 钢筋算量软件与图形算量软件的无缝联接

通过本节的学习,你将能够:
(1)掌握将钢筋软件导入图形软件中;
(2)了解钢筋导入图形后需要修改的图元;
(3)绘制钢筋中无法处理的图元;
(4)绘制未完成的图元。

一、任务说明

在图形算量软件导入完成钢筋算量模型。

二、任务分析

①图形算量与钢筋算量的接口在什么地方?
②钢筋算量与图形算量软件有什么不同?

三、任务实施

1）新建工程，导入钢筋工程

参照 2.1.1 节的方法，新建工程。

①新建工程完毕后，进入图形算量的起始界面，单击"文件"，选择"导入钢筋（GGJ 2013）工程"，如图 2.235 所示。

②弹出"打开"对话框，选择钢筋工程文件所在位置，单击打开，如图 2.236 所示。

图 2.235

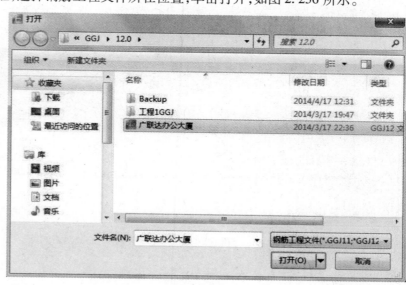

图 2.236

③弹出"提示"对话框，单击"确定"，如图 2.237 所示，出现"层高对比"对话框，选择按钢筋层高导入，如图 2.238 所示。

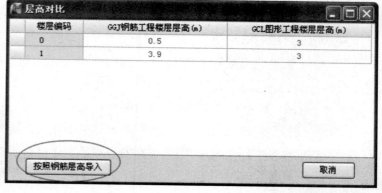

图 2.238

图 2.237

④然后会出现图 2.239，在楼层列表下方单击"全选"，在构建列表中"轴网"构件后的方框中打钩选择，然后单击"确定"。

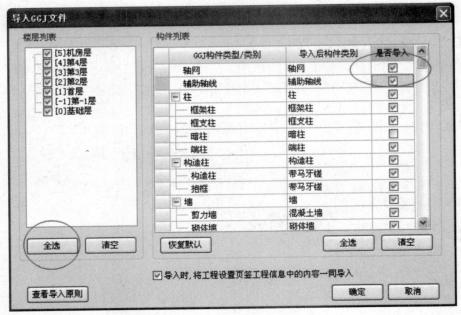

图 2.239

⑤导入完成后出现如图 2.240 所示的对话框,单击"确定"完成导入。

图 2.240

在此之后,软件会提示你是否保存工程,建议立即保存。

2)分析差异

因为钢筋算量只是计算了钢筋的工程量,所以在钢筋算量中其他不存在钢筋的构件没有进行绘制,所以需要在图形算量中将它们补充完整。

在补充之前,需要先分析钢筋算量与图形算量的差异,其差异分为 3 类:

①在钢筋算量中绘制出来,但是要在图形算量中进行重新绘制的。

②在钢筋算量中绘制出来,但是要在图形算量中进行修改的。

③在钢筋算量中未绘制出来,需要在图形算量中进行补充绘制的。

对于第 1 种差异,需要对已经导入的需要重新绘制的图元进行删除,以便以后绘制。例如,在钢筋算量中,楼梯的梯梁和休息平台都是带有钢筋的构件,需要在钢筋算量中定义并进行绘制,但是在图形算量中,可以用参数化楼梯进行绘制,其中已经包括梯梁和休息平台,所以在图形算量中绘制楼梯之前,需要把原有的梯梁和休息平台进行删除。

对于第 2 种差异,需要修改原有的图元的定义,或者直接新建图元然后替换的方法进行修改。例如,在钢筋中定义的异形构造柱,由于在图形中伸入墙体的部分是要套用墙的定额,那么在图形算量时需要把异形柱修改定义变为矩形柱,而原本伸入墙体的部分要变为墙体;或者可以直接新建矩形柱,然后进行批量修改图元。方法因人而异,可以自己选择。

对于第 3 种差异,需要在图形算量中定义并绘制出来。例如,建筑面积、平整场地、散水、台阶、基础垫层、装饰装修等。

3)做法的分类套用方法

在前面的内容中已经介绍过做法的套用方法,下面给大家做更深一步的讲解。

"做法刷"其实就是为了减少工作量,把套用好的做法快速地复制到其他同样需要套用此种做法的快捷的方式,但是怎么样做到更快捷呢? 以下以矩形柱为例进行介绍。

首先,选择一个套用好的清单和定额子目,单击"做法刷",如图 2.241 所示。

	编码	类别	项目名称	项目特征	单位	工程量表达式	表达式说明	措施	专业
1	─ 010502001001	项	矩形柱	1.混凝土种类:普通混凝土 2.混凝土强度等级:c30 3.混凝土拌和料要求:商品混凝土	m3	TJ	TJ〈体积〉	□	建筑装饰装修工程
2	A4-18	定	混凝土柱 矩形(碎石)		m³	TJ	TJ〈体积〉	□	建筑

图 2.241

在"做法刷"界面中有"覆盖"和"追加"两个选项,如图 2.242 所示。"追加"的意思就是在其他构件中已经套用好的做法的基础上,再添加一条做法;而"覆盖"的意思就是把其他构件中已经套用好的做法覆盖掉。选择好之后,单击"过滤",出现下拉菜单,如图 2.243 所示。

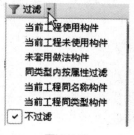

图 2.243

图 2.242

在"过滤"的下拉菜单中有很多种选项,现以"同类型内按属性过滤"为例,介绍"过滤"的功能。

首先,选择"同类型内按属性过滤",出现如图 2.244 所示对话框。可以在前面的方框中勾选需要的属性,以"截面周长"属性为例。勾选"截面周长"前面的方框,在属性内容栏中可以输入需要的数值(格式需要和默认的一致)然后单击"确定"。此时在对话框左面的楼层信息菜单中显示的构件均为已经过滤并符合条件的构件,这样便于我们选择并且不会出现错误,如图 2.245 所示。

图 2.244

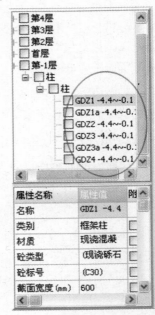

图 2.245

2.11 结课考试认证平台

2.11.1 软件应用能力测评

1)测评定义

广联达软件应用能力测评(以下简称"广联达测评")是一套专门为所有学习和应用广联达软件的广大师生开发的考试工具。它基于建设行业电算化的应用要求,结合软件教学的重点、难点,依托广联达智能考试系统,实现全面、准确、真实的考核。

主要有两个目的:一是提供试题资源共享渠道,减少教师出题难度,减轻传统阅卷时的工作量,通过实践检测自身的教学水平,以便对软件课的教学作出相应改进;二是通过实践中的考试,让学生更清晰地了解自身的软件实际应用水平,以便更好地提升软件学习和应用能力。

2)测评实现方式

广联达测评,通过教师在考试系统中建立考试,在线组卷,组织考试,最后查询成绩等操作来实现。

广联达测评考试是依托广联达智能考试系统(见图 2.246)实现的。广联达考试系统

（GIAC-ITS）是由广联达软件股份有限公司为建筑相关专业考核过程专门开发的网络考试系统（网址：https://renzheng.glodon.com/）。通过网络考试系统，替代传统结课考试形式，实现在线考试、自动阅卷、成绩分析全程自动化考试服务。

系统具有共享题库，也可自主出题。题库中不仅有单选、多选、填空、判断等各种常见题型，更有首创的软件实操题，实现试题多样化、阅卷自动化。考试防作弊及试卷随机分发，更加公平、公正、公开。独有的多维度成绩分析和作答进度记录，可供教师作为参考，明确教学重难点和改革方向，同时也促进学习动力。

图 2.246

（1）考试题型

①填空、选择、判断、主观题等。

②实操题考试：广联达土建算量、广联达钢筋算量、广联达安装算量。

（2）考试模式

①考试前会向考生提供相关的学习考试资料，提前学习系统的使用和熟悉考试模式，系统中还有模拟考试可随时进行模拟训练。

②统一通过网络访问"https://renzheng.glodon.com/"进行考试。

2.11.2　图形算量软件考试

使用考试系统进行软件实操题考试，首先需要安装考试系统。考试系统连通网络和算量软件，一键即可安装，可对学生进行考核：广联达钢筋算量 GGJ2013、广联达图形算量 GCL2013、广联达安装算量 GQI2013，以及各种客观题（如单选、多选、填空等）。下文以广联达图形算量 GGJ2013 版软件的考核为例进行说明。

（1）考试

安装了考试系统后，在桌面或者以其他快捷方式启动软件，如图 2.247 所示。

如果你登录了广联达考试系统，即 https://renzheng.glodon.com/，通过网络系统中的按钮启动了广联达软件，软件标题增加了"考试版"字样，菜单栏增加"考试提交"功能，如图2.248 所示。

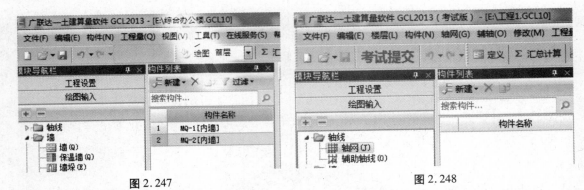

图 2.247　　　　　　　　　　　　　　　　图 2.248

　　和平时的作答过程一样,新建工程后保存,作答完成后汇总计算(见图 2.249),然后单击"考试提交",关闭软件,最后回到考试系统的网页界面交卷即可。

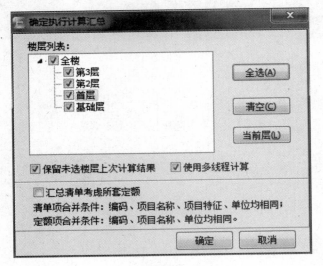

图 2.249

(2)查成绩

考试结束以后,老师可以方便地在考试系统中查阅每位考生的成绩,如图 2.250 所示。

考生姓名	性别	考场	座位	成绩	通过
谭茵茵	女	2-303	4	82.3	通过
梁桂珍	女	2-303	30	76.25	通过
苏千红	女	2-303	1	74.86	通过
叶翔	男	2-303	42	70.42	通过
丁素梅	女	2-303	12	69.83	通过
宋毅	男	2-303	36	67.16	通过
彭丽莹	女	2-303	11	65.73	通过
帅翠合	女	2-303	33	64.65	通过
莫小健	女	2-303	22	64.51	通过
夏婉婷	女	2-303	23	63.94	通过

图 2.250

（3）成绩分析

考试结束后，老师可以通过成绩分析查看考生的作答情况。具体类型可以针对单个考生、某班级整体情况或考试中心整体情况。

通过查看成绩分析的结果，教师可以轻松了解学生对软件技能的掌握程度，从而把握教学重点、难点，以便针对性地进行教学，提高水平。

2.11.3 广联达工程造价电算化应用技能认证

广联达工程造价电算化应用技能认证（见图 2.251），英文全称为 Glodon Informatization Application Skills Certification for Construction Industry，简称 GIAC（下文简称"广联达认证"），上线于 2012 年 11 月，工程建设类院校在校学生通过培训学习后，可以到指定的授权考试中心参加统一的网络考试。考试通过者可获得相关行业主管部门及广联达公司共同颁发的"建设行业信息化应用技能认证证书"，并且进入广联达人才信息库，有优先被广联达录取同时进行企业推荐就业的机会。

图 2.251

图 2.252

（1）广联达认证的特点

①认证标准的专业性。广联达认证的等级标准得到建设行业的企业和用人单位的广泛认可，值得信赖。

②认证形式的公正性。广联达认证依托先进的在线考试平台和专业的考试方法，无论客观题还是实操题，随机发卷和批量评分都保证了认证考试的便捷与公正。

③认证结果的权威性。每一次认证考试的答卷都由广联达专业的评分软件进行评分，每一次考试成绩都作为该试题分析的数据源，以便于试题的改进和完善。

④人才服务的优质性。广联达和多家名企建立长期良好的合作关系，并搭建了广联达企业人才库，为企业和求职者提供了很好的交流和展示平台。

（2）广联达认证的整体价值

①帮助学生提升应用技能水平，提高就业竞争力，缩短在企业成长与发展的周期。

②提高院校实践教学水平，提升院校品牌建设。

③为企业提供技能水平评测的标准和方法，有效地减少企业招聘及后期人才培养的成本。

④丰富应聘学生的就业渠道，搭建建设行业人才交流的平台。

XX大学 **Glodon 广联达**

工程造价电算化应用技能认证
授权考试中心（GIAC）

XX大学
广联达软件股份有限公司
X年X月X日

图 2.253

（3）广联达认证的加盟

如果您的学校想成为有资格举办广联达认证考试的认证中心，必须先成功开展数次测评考试，保证测评考试的成功率和一定的通过率。也就是说，不管是硬环境（如机房网络条件），还是软环境（相关负责教师和学生积极性）都达到了一定水平，那么您的学校将有资格参与广联达认证产品相关负责人的评定，通过评定考核后才可获得授权认证考试中心资格。

届时双方将签署友好合作协议书，由广联达公司授牌"××学校工程造价电算化应用技能认证 GICA 授权考试中心"（见图 2.253）。这表示您的学校有权举办广联达认证考试，负责认证考试过程中报名、缴费、组织、实施等，在您的学校通过广联达认证考试的学生也将获得由中国建设教育协会和广联达软件股份有限公司共同颁发的"建设行业信息化应用技能认证证书"。该证书印有考生姓名、照片、身份证号和广联达统一编制的证书编号，具有较高的防伪设计，并且在"广联达考试＆认证网"上可以通过身份证号和证书编号查询真伪。证书模板如图 2.254 所示。

图 2.254

更多、更全的考试资讯，可以登录"广联达考试＆认证网"（http://rz.glodon.com/）。网站部分页面展示如图 2.255 至图 2.257 所示。

图 2.255

	序号	姓名	认证中心	级别	成绩
钢筋	1	黄	职业技术学院	高级电算员	86
	2	梁	建设职业技术学院	高级电算员	86
	3	何	技术学院	高级电算员	85
	4	伍	职业技术学院	高级电算员	84
	5	陶	技术学院	高级电算员	82
土建	6	谭	职业技术学院	高级电算员	82
	7	韦	职业技术学院	高级电算员	80
	8	彭	技术学院	高级电算员	80
	9	杜	大学	高级电算员	79

加盟动态　考试安排　中心PK　考生PK

图 2.256

首页　新闻资讯　学习讲堂　考试流程

★ 您的位置：首页>招聘信息

招聘信息

序号	公司	职位	工作地点
1	有限公司	课程开发工程…	北京
2	有限公司	BIM高级咨询…	北京市
3	有限公司	产品经理	北京市
4	公司	运作支持641	北京市
5	公司	营销调研专员	待议

图 2.257

下篇 建筑工程计价

本篇内容简介

招标控制价编制要求

新建招标项目结构

导入图形算量工程文件

计价中的换算

其他项目清单

编制措施项目

调整人材机

计取规费和税金

统一调整人材机及输出格式

生成电子招标文件

报表实例

本篇教学目标

具体参看每节教学目标

第3章 招标控制价编制要求

通过本章的学习,你将能够:

(1)了解工程概况及招标范围;

(2)了解招标控制价编制依据;

(3)了解造价编制要求;

(4)掌握工程量清单样表。

1)工程概况及招标范围

①工程概况:第一标段为广联达办公大厦1#,总面积为4612m²,地下一层面积为967m²,地上4层建筑面积为3645m²;第二标段为广联达办公大厦2#,总面积为4612m²,地下一层面积为967m²,地上4层建筑面积为3645m²。本项目现场面积为3000m²。本工程采用履带式挖掘机1m³。

②工程地点:南宁市区。

③招标范围:第一标段及第二标段建筑施工图内除卫生间内装饰外的全部内容。

④本工程计划工期为180天,经计算定额工期210天,合同约定开工日期为2014年6月1日。

(本教材以第一标段为例讲解)

2)招标控制价编制依据

该工程的招标控制价依据《房屋建筑与装饰工程工程量清单计算规范》(GB 50854—2013)、《建设工程工程量清单计价规范》(GB 50500—2013)及广西壮族自治区实施细则、《广西壮族自治区建筑装饰装修工程消耗量定额》(2013)及配套费用定额、解释、相关规定,结合工程设计及相关资料、施工现场情况、工程特点及合理的施工方法,以及建设工程项目的相关标准、规范、技术资料编制。

3)造价编制要求

(1)价格约定

①除暂估材料及甲供材外,材料价格按"南宁市2014年工程造价信息第五期"及市场价计取。

②暂列金额为80万元。

③幕墙工程(含预埋件)为专业工程,暂估价60万元。

(2)其他要求

①土方外运按基本运距1km及增减运距1km分别列项,不考虑买土,利用原土回填。

②全部采用商品泵送混凝土。

③不考虑总承包服务费及施工配合费。

4）甲供材一览表（表3.1）

表3.1 甲供材一览表

序号	名称	规格型号	单位	单价（元）
1	圆钢	HPB300 φ10以内（综合）	t	3542
2	螺纹钢筋	HRB335 φ10以上（综合）	t	3457

5）材料暂估单价表（表3.2）

表3.2 材料暂估单价表

序号	名称	规格型号	单位	单价（元）
1	大理石板（地面用）		m^2	145

6）计日工表（表3.3）

表3.3 计日工表

序号	名称	工程量	单位	单价（元）	备注
一	人工				
1	抹灰工	工日	10	100	
2	混凝土工	工日	10	120	
二	材料				
1	砂（综合）	m^3	5	120	

7）评分办法（表3.4）

表3.4 评分办法表

序号	评标内容	分值范围	说明
1	工程造价	70	不可竞争费单列（样表参考见《报价单》）
2	工程工期	5	按招标文件要求工期进行评定
3	工程质量	5	按招标文件要求质量进行评定
4	施工组织设计	20	按招标工程的施工要求、性质等进行评审

8)报价单(表3.5)

表3.5　报价单

工程名称		第_____标段_____(项目名称)	
招标控制价		万元	
总价包括	安全文明施工费	万元	
	建安劳保费	万元	
主要材料	钢筋	吨	
	水泥(不含商品混凝土用量)	吨	
	商品混凝土	m³	

9)工程量清单计价样表

工程量清单样表参见《建设工程工程量清单计价规范》(GB 50500—2013)广西壮族自治区实施细则。

①封面:封-2。

②扉页:扉-2。

③总说明:表-01。

④单项工程招标控制价汇总表:表-03。

⑤单位工程招标控制价汇总表:表-04。

⑥分部分项工程和单价措施项目清单与计价表:表-08。

⑦工程量清单综合单价分析表:表-09。

⑧总价措施项目清单与计价表:表-11。

⑨其他项目清单与计价汇总表:表-12。

⑩暂列金额明细表:表-12-1。

⑪材料(工程设备)暂估单价及调整表:表-12-2。

⑫专业工程暂估价及结算价表:表-12-3。

⑬计日工表:表-12-4。

⑭总承包服务费计价表:表-12-5。

⑮税前项目清单与计价表:表-14。

⑯规费、税金项目清单与计价表:表-15。

⑰发包人提供主要材料和工程设备一览表:表-21。

⑱承包人提供主要材料和工程设备一览表(适用造价信息差额调整法):表-22。

第4章 编制招标控制价

通过本章的学习,你将能够:
(1)了解算量软件导入计价软件的基本流程;
(2)掌握计价软件的常用功能;
(3)运用计价软件完成预算工作。

4.1 新建招标项目结构

通过本节的学习,你将能够:
(1)建立建设项目;
(2)建立单项工程;
(3)建立单位工程;
(4)按标段多级管理工程项目;
(5)修改工程属性。

一、任务说明

在计价软件中完成招标项目的建立。

二、任务分析

①招标项目的单项目工程和单位工程分别是什么?
②单位工程的造价构成是什么? 各构成所含内容分别又是什么?

三、任务实施

(1)新建项目
单击"新建项目",如图4.1所示。

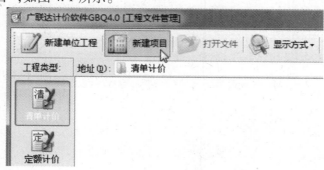

图4.1

（2）进入新建标段工程

本项目的计价方式为清单计价。

项目名称为："广联达办公大厦项目"。

项目编号：201401，如图 4.2 所示。

图 4.2

（3）新建单项工程

单击"新建单项工程"，输入工程名称为"广联达办公大厦 1#楼"，如图 4.3 所示。

注：在建设项目下，可以新建单项工程；在单项工程下可以新建单位工程。

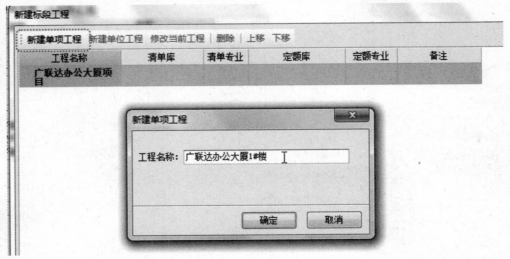

图 4.3

（4）新建单位工程

单击"新建单位工程"，输入"广联达办公大厦 1#楼建筑装饰工程"，如图 4.4 所示。

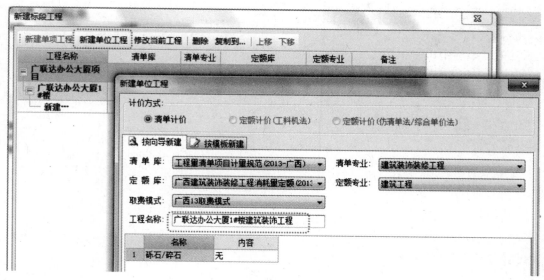

图 4.4

四、任务结果

任务结果如图 4.5 所示。

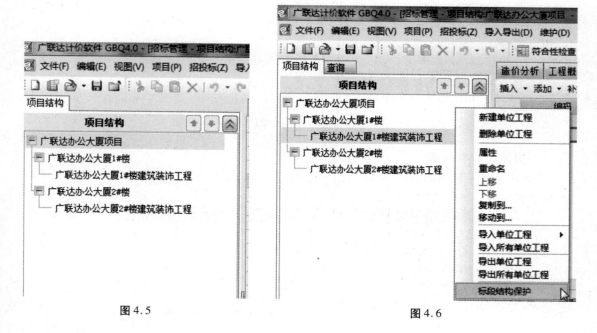

图 4.5　　　　　　　　　　　　　　　　图 4.6

五、总结拓展

（1）标段结构保护

项目结构建立完成之后，为防止失误操作更改项目结构内容，可右击项目名称，选择"标段结构保护"对项目结构进行保护,如图4.6所示。

(2)编辑

在项目结构中进入单位工程进行编辑时,直接单击项目结构中的单位工程名称"广联达办公大厦1#楼建筑装饰工程"进入即可。

4.2　导入图形算量工程文件

通过本节的学习,你将能够:

(1)导入图形算量文件;

(2)整理清单项;

(3)项目特征描述;

(4)增加、补充清单项。

一、任务说明

①导入图形算量工程文件。

②添加钢筋工程清单和定额,以及相应的钢筋工程量。

③补充其他清单项和定额。

二、任务分析

①图形算量与计价软件的接口在哪里?

②分部分项工程中如何增加钢筋工程量?

三、任务实施

(1)导入图形算量文件

①进入单位工程界面,单击"导入导出"→"导入广联达土建算量工程文件",如图4.7所示,选择相应图形算量文件。

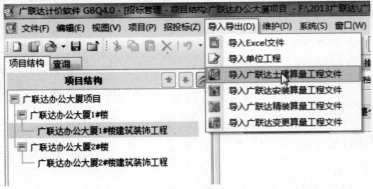

图4.7

②选择算量文件所在位置,然后要检查列是否对应,无误后单击"导入",如图4.8所示。

图4.8

（2）整理清单

在分部分项界面进行分部分项整理清单项:

①单击"整理清单"→"分部整理",如图4.9所示。

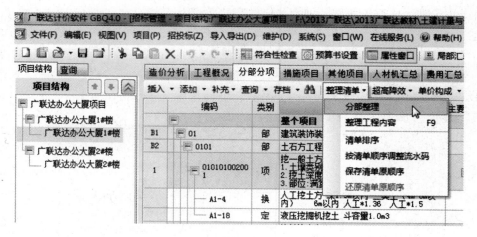

图4.9

②弹出"分部整理"对话框,选择按专业、章、节整理后,单击"确定",如图4.10所示。

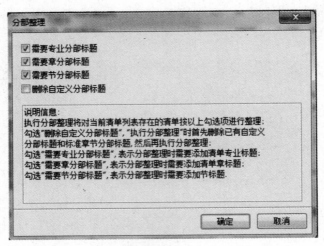

图 4.10

③清单项整理完成后,如图 4.11 所示。

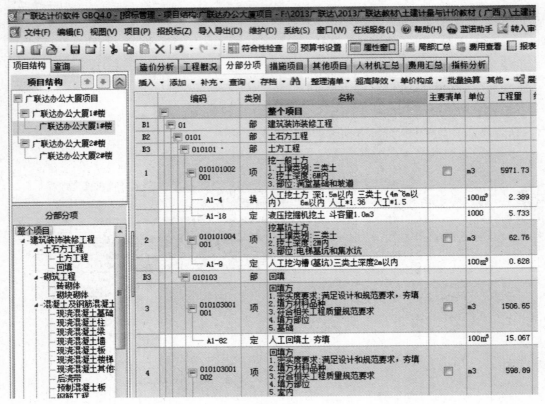

图 4.11

(3)项目特征描述

①图形算量中已包含项目特征描述的,可以在"特征及内容"界面下(见图 4.12)选择"应用规则到全部清单项"。

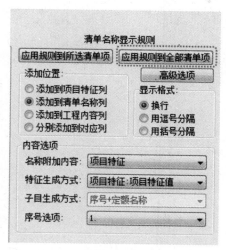

图 4.12

②选择清单项,在"特征及内容"界面可以进行插入、添加或修改来完善项目特征,如图 4.13 所示。

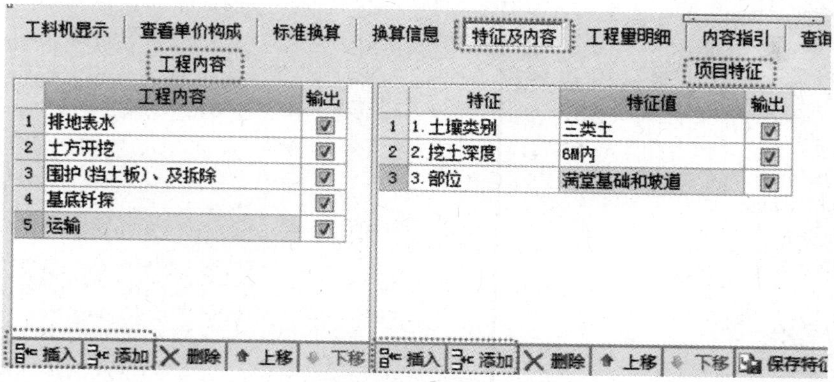

图 4.13

③直接单击"名称"对话框,进行修改或添加,如图 1.14 所示。

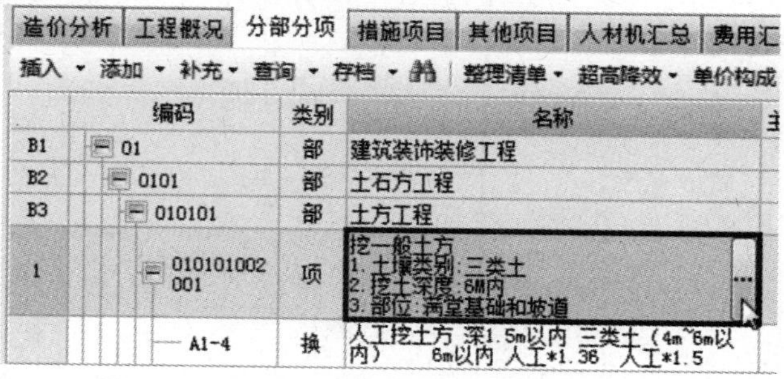

图 4.14

(4)补充清单

导入的土建算量文件中没有列出的清单项目,可以在计价软件中添加,并补充、完善,方法如下:

方法一:单击"插入",选择"插入清单项"和"插入子目",如图 4.15 所示。新插入的清单和定额则出现在光标所在行。

单击"添加",选择"添加清单项"和"添加子目",如图 4.16 所示。新添加的清单和定额则出现在光标所在分部的最后一行。

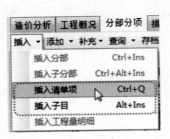

图 4.15

图 4.16

方法二:右键单击选择"插入清单项"和"插入子目","添加清单项"和"添加子目",如图 4.17 所示。

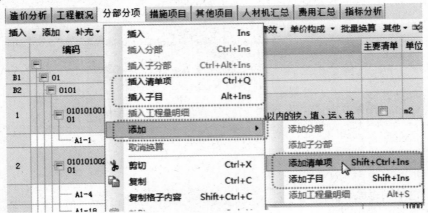

图 4.17

该工程补充清单子目如下(仅供参考):

①增加钢筋清单项,如图 4.18 所示。

	编码	类别	名称	主要清单	单位	工程量
40	010515001001	项	现浇构件钢筋 1.钢筋种类、规格:Φ10以内 HPB300	☐	t	86.684
	A4-236	定	现浇构件圆钢筋制安 Φ10以内		t	86.684
41	010515001002	项	现浇构件钢筋 1.钢筋种类、规格:Φ10以上 HRB335	☐	t	296.614
	A4-239	定	现浇构件螺纹钢制安 Ⅱ 10以上		t	296.614
42	桂010515011001	项	砌体加固筋 1.钢筋种类、规格:Φ10以内 HPB300 2.类型:砌体加筋	☐	t	4.229
	A4-317	定	砖砌体加固钢筋 绑扎		t	4.229
43	010516003001	项	机械连接 1.连接方式:套筒机械连接 2.螺纹套筒种类:直螺纹 3.规格:直径大于14mm,小于32mm	☐	个	1072
	A4-320	定	套筒直形螺栓钢筋接头 Φ32以内		10个	107.2

图 4.18

②补充余方弃置等清单项,如图4.19所示。

	编码	类别	名称	主要清单	单位	工程量
5	010103002001	项	余方弃置 1. 基本运距:1km	☐	m³	3928.95
	A1-118	定	人工装、自卸汽车运土方 1km运距以内 4.5t 自卸汽车		100m³	39.29
6	010103002002	项	余方弃置 1. 每增加1km	☐	m³	3928.95
	A1-170	定	自卸汽车运土方(每增加1km运距) 4.5t		1000	3.929

图4.19

(5)补充税前项目清单

不按定额和清单规定程序组价,而按市场价格进行组价的项目应列为税前项目,其内容包含了除税金以外的全部费用,方法如下:

①单击"补充税前项目",输入清单编码、名称、单位,如图4.20所示。

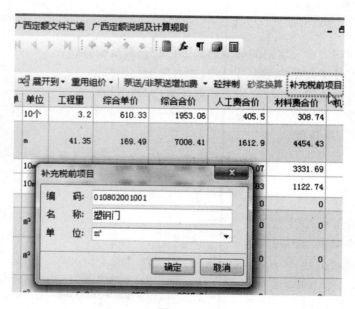

图4.20

②再直接单击"名称"对话框,将项目特征补充完整,并直接输入工程量及综合单价,如图4.21所示。

	编码	类别	名称	主要清单	单位	工程量	综合单价	综合合价
B1	⊟ SQXM	部	税前项目					199644.27
84	─ 010801001001	项	木质 1. 门代号：M1、M2 2. 类型：成品木质装饰门，含五金	☐	m²	136.5	400	54600
85	─ 010802001001	项	塑钢 1. 门代号：LM1 2. 类型：塑钢平开门（≥2m2），含五金配件 3. 玻璃品种、厚度：6厚钢化白玻	☐	m²	6.3	268	1688.4
86	─ 010805005001	项	全玻 1.1. 门代号：TLM1 2. 类型：玻璃推拉门（≥2m2），含五金配件 3. 玻璃品种、厚度：8厚钢化白玻	☐	m²	6.3	352	2217.6
87	─ 010807001001	项	塑钢窗 1.1. 窗代号：LC1、LC2、LC3、LC4、LC5 1.2. 类型：80系列塑钢上悬窗（不带纱）（≥2m2），含五金配件 4.3. 玻璃品种、厚度：5厚钢化白玻	☐	m²	500.04	259	129510.36
88	─ 010807003001	项	金属百叶窗 1.黑色金属百叶窗（≤2m2），含五金 2.部位：屋面	☐	m²	0.95	315	299.25
89	─ 010807007001	项	塑钢飘窗 1.窗代号：TLC1 2.类型：80系列塑钢平开窗不带纱（≥2m2），含五金配件 3.玻璃品种、厚度：5厚钢化白玻	☐	m²	43.74	259	11328.66

图 4.21

四、检查与整理

（1）整体检查

①对分部分项的清单与定额的套用做法进行检查看是否有误。

②查看整个的分部分项中是否有空格，如有要进行删除。

③按清单项目特征描述校核套用定额的一致性，并进行修改。

④查看清单工程量与定额工程量的数据的差别是否正确。

（2）整体进行分部整理

对于分部整理完成后出现的"补充分部"清单项，可以调整专业章节位置至应该归类的分部，操作如下：

①单击鼠标右键，选择"页面显示列设置"，如图 4.22 所示。

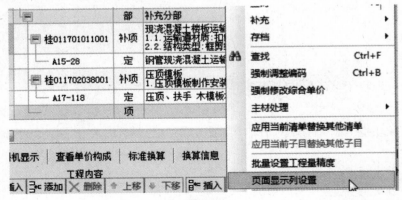

图 4.22

在"页面显示列设置"对话框下选择"指定专业章节位置"，如图 4.23 所示。

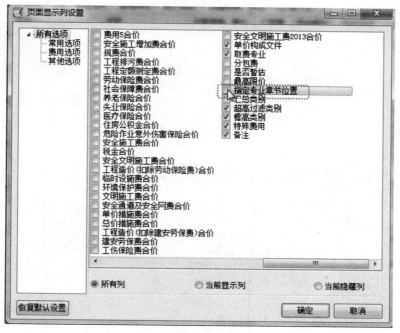

图 4.23

②单击"确定"按钮后,分部分项页面会出现"指定专业章节位置"列。单击补充清单项的"指定专业章节位置",弹出专业章节对话框,选择相应的分部,如图 4.24 所示。

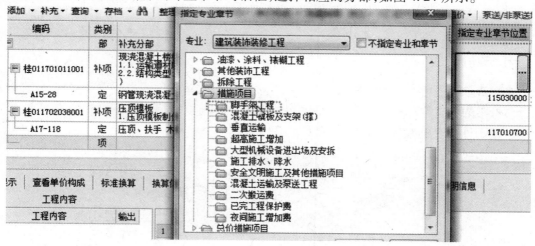

图 4.24

③调整完后,再单击"整理清单"中的"分部整理"即可。

(3)整体进行清单排序

①为避免清单编码出现重码,需要对整个项目的清单进行排序时,可以单击"整理清单"中的"清单排序",如图 4.25 所示。

②在清单项排序对话框中选择"清单重新编码",如图 4.26 所示。

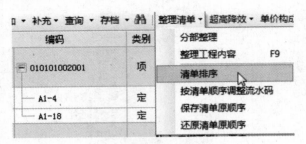

图 4.25

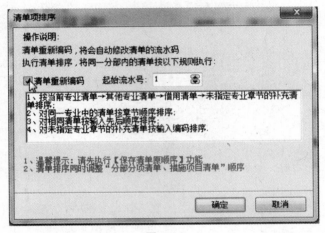

图 4.26

五、单价构成

在对清单项进行相应的补充、调整之后,需要对清单的单价构成进行费率检查,软件默认综合单价中的管理费和利润按费率区间的中值取定,如要调整,具体操作如下:

①在工具栏中单击"单价构成",如图 4.27 所示。

| 造价分析 | 工程概况 | 分部分项 | 措施项目 | 其他项目 | 人材机汇总 | 费用汇总 | 指标分析 |

	编码	类别	名称		量	综合单价
			整个项目			
B1	01	部	建筑装饰装修工程			
B2	0101	部	土石方工程			
B3	010101	部	土方工程			
1	010101002 001	项	挖一般土方 1.土壤类别:三类土 2.挖土深度:6M内 3.部位:满堂基础和坡道	☐	m3	5971.73	5.36
	A1-4	换	人工挖土方 深1.5m以内 三类土（4m~6m以内） 6m以内 人工*1.36 人工*1.5	100m³	2.389	3727.6
	A1-18	定	液压挖掘机挖土 斗容量1.0m3	1000	5.733	4032.79

图 4.27

②根据专业选择对应的取费文件下的对应费率,如图4.28所示。

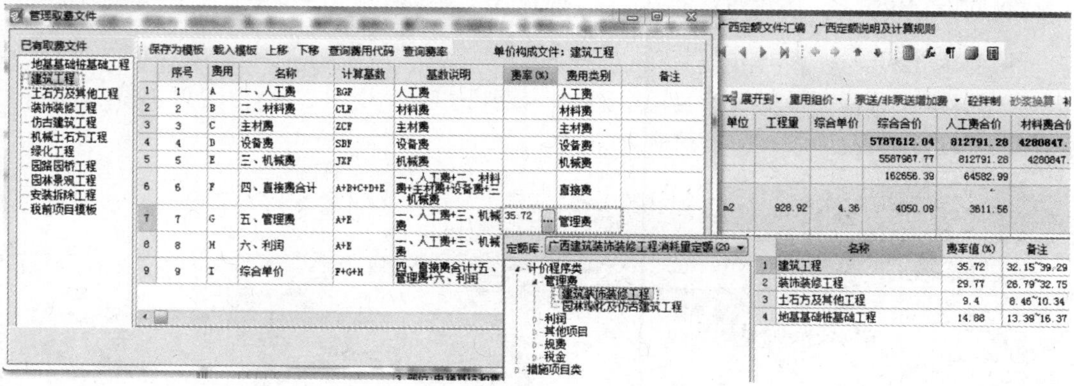

图 4.28

本工程的管理费和利润按费率区间的中值取定,采用软件默认值,不作调整。

六、任务结果

详见报表实例。

4.3　计价中的换算

通过本节的学习,你将能够:
(1)清单与定额的套定一致性;
(2)调整人材机系数;
(3)换算混凝土、砂浆等级标号;
(4)换算或修改材料名称;
(5)泵送/非泵送增加费的计算;
(6)超高降效费的计算。

一、任务说明

根据招标文件所述换算内容,完成对应换算。

二、任务分析

①图形算量与计价软件的接口在哪里?
②分部分项工程中如何换算混凝土、砂浆?
③清单描述与定额子目材料名称不同时如何修改?
④如何操作泵送/非泵送增加费的计取?
⑤如何操作超高降效费的计取?

三、任务实施

(1)替换子目

根据清单项目特征描述校核套用定额的一致性,如果套用子目不合适,可单击"查询",选择相应子目进行"替换",如图4.29所示。

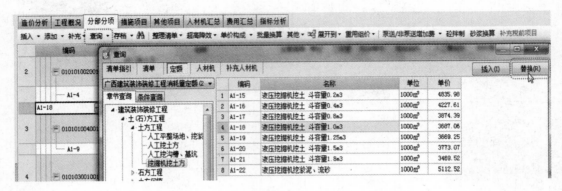

图4.29

(2)子目换算

按清单描述进行子目换算时,主要包括3个方面的换算:

①调整人材机系数。

方法一:如本工程中楼梯踢脚线应按相应普通踢脚线子目乘以系数1.15,则单击定额子目下方的标准换算,选择相应换算内容,如图4.30所示。

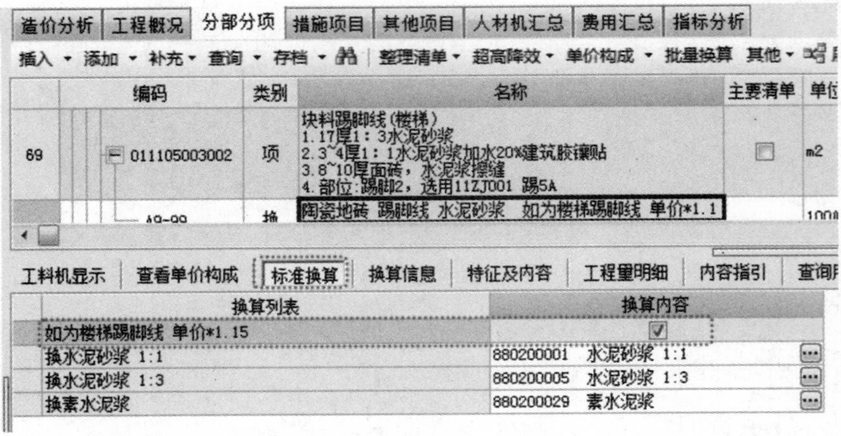

图4.30

方法二:如工程中天棚面刮腻子应按相应墙面子目人工费乘以系数1.18,则套用墙面刮腻子子目后单击定额子目下方的标准换算,在人工系数中直接输入1.18,如图4.31所示。

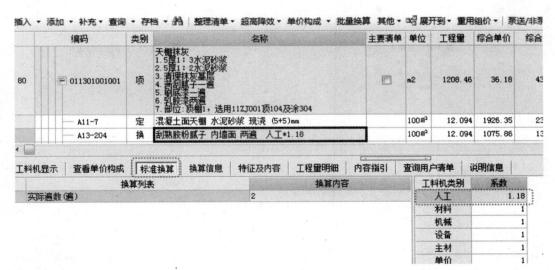

图 4.31

②换算混凝土、砂浆等级标号时,方法如下:

a. 标准换算。选择需要换算混凝土标号的定额子目,在标准换算界面下选择相应的混凝土标号,本项目选用的全部为商品混凝土,如图 4.32 所示。

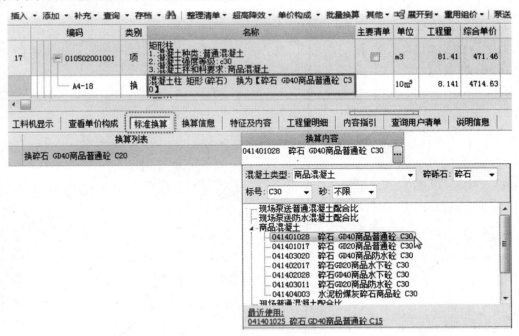

图 4.32

b. 批量系数换算。若清单中的材料进行换算的系数相同时,可选中所有换算内容相同的清单项,单击常用功能中的"批量系数换算",对材料进行换算,如图 4.33 所示。

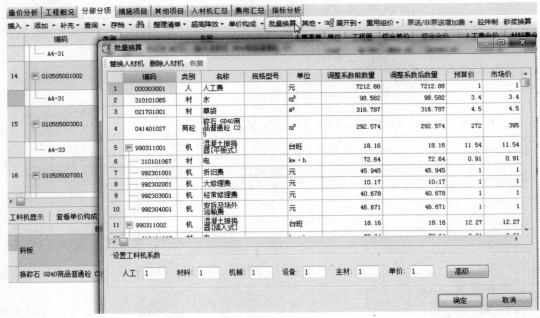

图 4.33

本工程不作调整。

③换算或修改材料名称。

当项目特征中要求材料与子目相对应的人材机材料不相符时,需要对材料名称进行换算或修改,操作方法如下:

方法一:选择需要修改的定额子目,在"工料机显示"操作界面下单击需要换算的材料名称旁的按钮,在材料库中查找到对应的材料后选择"替换",如图4.34所示。

图 4.34

方法二:选择需要修改的定额子目,在"工料机显示"操作界面下"规格及型号"中输入型号,如图 4.35 所示。

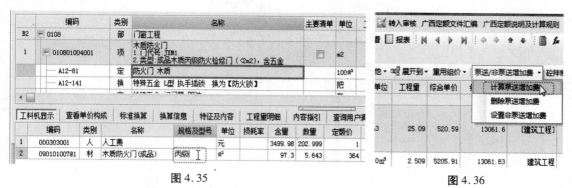

图 4.35　　　　　　　　　　　　　图 4.36

(3)泵送/非泵送增加费的计算

①计算泵送增加费。本工程混凝土全部采用商品泵送混凝土,单击"计算泵送增加费",如图 4.36 所示。

在对话框中选择泵送高度,在表格中单击全选或单个定额,再单击"确定",如图 4.37 所示。

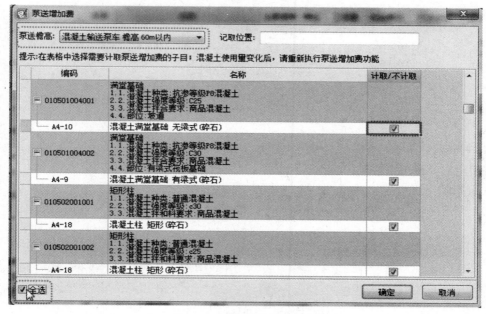

图 4.37

②计算非泵送增加费。如采用非泵送混凝土,单击"设置非泵送增加费",如图 4.38 所示。

在对话框中单击全选或单个定额设置需要计算非泵送增加费的子目,如图 4.39 所示。

设置好后,打开定额的"工料机显示",会看到定额工料机组成中自动增加了一行"非泵送砼人工增加费",如图 4.40 所示。

图 4.38

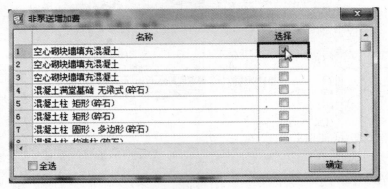

图 4.39

	编码	类别	名称	规格及型	单位	损耗率	含量	
	A3-72	换	空心砌块墙填充混凝土				10m³	
1	000303001	人	人工费		元		1339.5	
2	041401015	商砼	碎石 GD20商品普通砼		m³		10.3	
3	310101065	材	水		m³		2.16	
4	R00001	人	非泵送砼人工增加费		元		216.3	

图 4.40

(4)超高降效费的计算

按照定额计算规则要求,建筑物达到一定高度或层数时应计算超高降效费,本工程檐高小于20m,因此不用计算超高降效费。以下介绍如要计算时的操作方法:

①在分部分项界面单击"超高降效",选择"记取建筑、装饰装修超高降效",如图4.41所示。

	造价分析	工程概况	分部分项	措施项目	其他项目	人材机汇总	费用汇总	指标分析

插入 ▾ 添加 ▾ 补充 ▾ 查询 ▾ 存档 ▾ 整理清单 ▾ 超高降效 ▾ 单价构成 ▾ 批量换算 其他

记取建筑、装饰装修超高降效
记取局部装修装修超高降效
取消超高降效
批量设置超高过滤类别

	编码	类别			
	A4-28	换	墙 混凝土 商品普通砼		
25	⊟ 010504001003	项	直形墙 1.: 2.: 3.: 部位:地下室外墙		
	A4-28	换	墙 混凝土（碎石）换为【碎石 GD40 商品防水砼 C30】	10t
26	⊟ 010505001001	项	有梁板 1.: 2.: 3.:	m3

图 4.41

②在"记取建筑、装饰装修超高降效"对话框中选择相应檐高，软件将自动套用对应定额，并且默认"措施项目也要计算超高降效"，如图 4.42 所示。

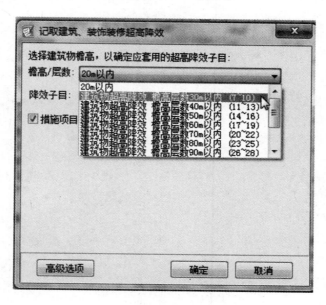

图 4.42

③操作完成后，在"超高过滤类别"中标识了"计取超高费用"的清单项目下会自动增加一行超高降效定额，如图 4.43 所示。如果要取消可以选择直接删除此项定额子目或选择整体取消超高降效即可。

	编码	类别	名称	单价构成文件	取费专业	指定专业章节位置	超高过滤类别
3	⊟ 010501004002	项	满堂基础 1.混凝土种类:抗渗等级P8混凝土 2.混凝土强度等级:C30 3.混凝土拌合要求:商品混凝土 4.部位:有梁式板板基础	建筑工程	建筑工程	105010000	
	└ A4-9	换	混凝土满堂基础 有梁式(碎石)　换为【碎石 GD40商品防水砼 C30】	建筑工程	建筑工程	104010201	无
4	⊟ 010502001001	项	矩形柱 1.混凝土种类:普通混凝土 2.混凝土强度等级:c30 3.部位和料要求:商品混凝土	建筑工程	建筑工程	105020000	
	└ A4-18	换	混凝土柱 矩形(碎石)　换为【碎石 GD40商品普通砼 C30】	建筑工程	建筑工程	104010202	计取超高费用
	└ A19-1	降	建筑物超高降效 檐高层数30m以内 (7~10)	建筑工程	建筑工程	119010000	无

图 4.43

四、任务结果

详见报表实例。

五、总结拓展

锁定清单

在所有清单补充完整之后,可运用"锁定清单"对所有清单项进行锁定,锁定之后的清单项将不能再进行添加和删除等操作。若要进行修改,需先对清单项进行解锁,如图 4.44 所示。

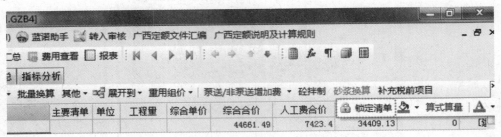

图 4.44

4.4 编制措施项目

通过本节的学习,你将能够:
(1)编制脚手架、模板、垂直运输、大型机械设备进出场及安拆费等单价措施项目;
(2)编制安全文明施工费等总价措施项目。

一、任务说明

根据招标文件所述编制措施项目:
①编制脚手架、模板、垂直运输;
②补充大型机械设备进出场及安拆费等清单项及定额子目,完善单价措施项目的编制;
③参照定额及造价文件计取安全文明施工费等总价措施项目。

二、任务分析

①措施项目中按项计算与按量计算有什么不同? 分别如何调整?
②单价措施项目与总价措施项目有什么不同?

三、任务实施

①编制脚手架、模板、垂直运输。
本工程采用导入的土建算量文件结果,如图 4.45 所示,方法同分部分项清单导入。导入后在"措施项目"界面将清单整理到各对应分部章节下。

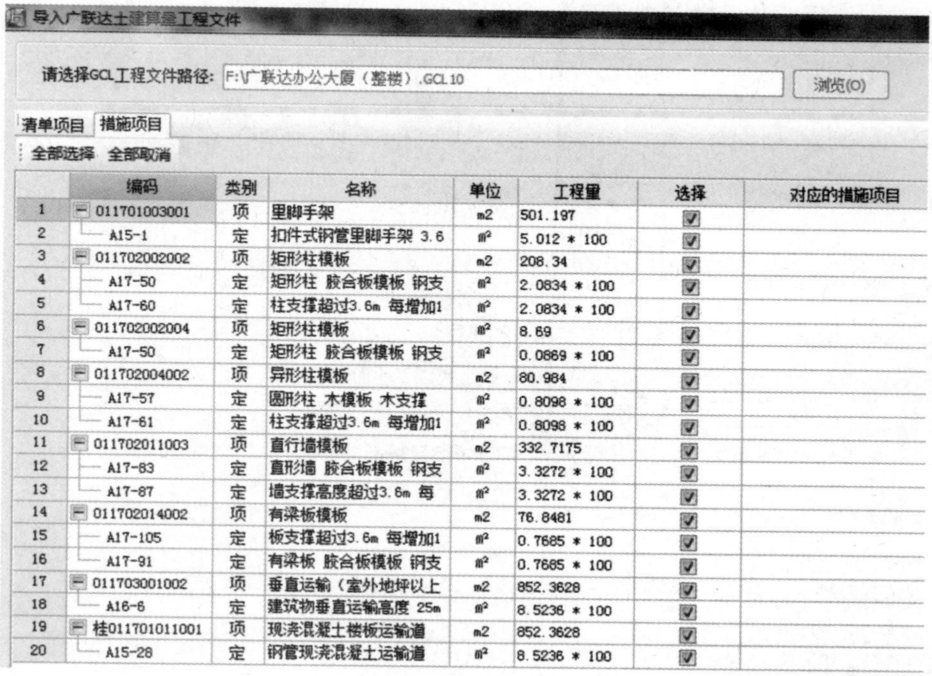
导入广联达土建算量工程文件

请选择GCL工程文件路径: F:\广联达办公大厦（整楼）.GCL10 浏览(O)

清单项目 措施项目

全部选择 全部取消

	编码	类别	名称	单位	工程量	选择	对应的措施项目
1	011701003001	项	里脚手架	m2	501.197	☑	
2	A15-1	定	扣件式钢管里脚手架 3.6	m²	5.012 * 100	☑	
3	011702002002	项	矩形柱模板	m2	208.34	☑	
4	A17-50	定	矩形柱 胶合板模板 钢支	m²	2.0834 * 100	☑	
5	A17-60	定	柱支撑超过3.6m 每增加1	m²	2.0834 * 100	☑	
6	011702002004	项	矩形柱模板	m²	8.69	☑	
7	A17-50	定	矩形柱 胶合板模板 钢支	m²	0.0869 * 100	☑	
8	011702004002	项	异形柱模板	m2	80.984	☑	
9	A17-57	定	圆形柱 木模板 木支撑	m²	0.8098 * 100	☑	
10	A17-61	定	柱支撑超过3.6m 每增加1	m²	0.8098 * 100	☑	
11	011702011003	项	直行墙模板	m2	332.7175	☑	
12	A17-83	定	直形墙 胶合板模板 钢支	m²	3.3272 * 100	☑	
13	A17-87	定	墙支撑高度超过3.6m 每	m²	3.3272 * 100	☑	
14	011702014002	项	有梁板模板	m2	76.8481	☑	
15	A17-105	定	板支撑超过3.6m 每增加1	m²	0.7685 * 100	☑	
16	A17-91	定	有梁板 胶合板模板 钢支	m²	0.7685 * 100	☑	
17	011703001002	项	垂直运输（室外地坪以上	m2	852.3628	☑	
18	A16-6	定	建筑物垂直运输高度 25m	m²	8.5236 * 100	☑	
19	桂011701011001	项	现浇混凝土楼板运输道	m2	852.3628	☑	
20	A15-28	定	钢管现浇混凝土运输道	m²	8.5236 * 100	☑	

图 4.45

②补充大型机械设备进出场及安拆费等清单项及定额子目，完善单价措施项目的编制，方法同分部分项清单补充，该工程补充措施清单如下（仅供参考）：

补充外脚手架清单及定额子目，如需手工列式计算，单击清单项下的“工程量明细”输入计算式，如图 4.46 所示。

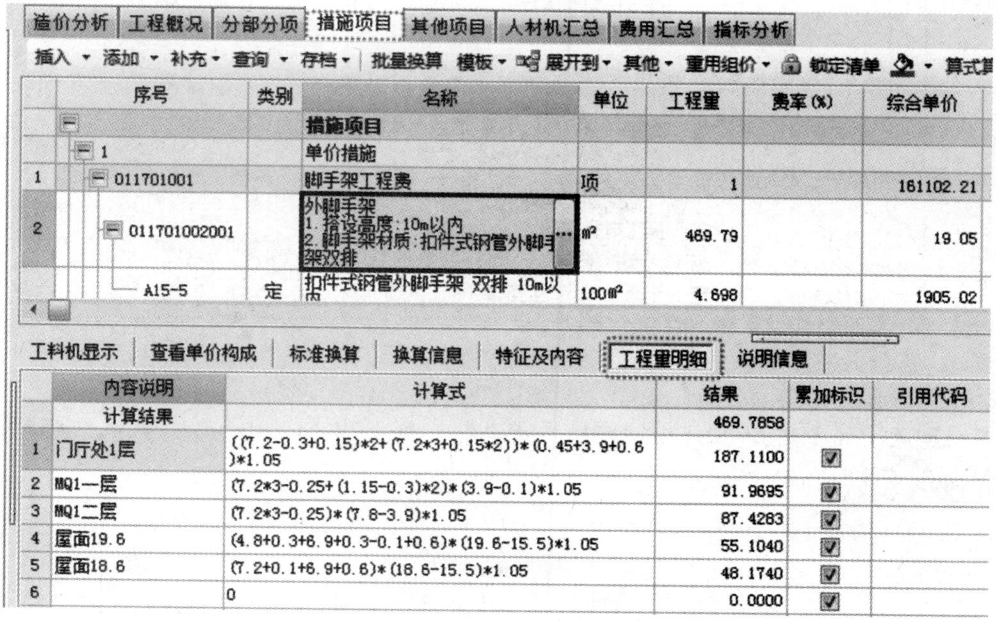
造价分析 工程概况 分部分项 措施项目 其他项目 人材机汇总 费用汇总 指标分析

插入 添加 补充 查询 存档 批量换算 模板 展开到 其他 重用组价 锁定清单 算式

	序号	类别	名称	单位	工程量	费率(%)	综合单价
			措施项目				
	1		单价措施				
1	011701001		脚手架工程费	项	1		161102.21
2	011701002001		外脚手架 1.搭设高度:10m以内 2.脚手架材质:扣件式钢管外脚手架双排	m²	469.79		19.05
	A15-5	定	扣件式钢管外脚手架 双排 10m以内	100m²	4.698		1905.02

工料机显示 查看单价构成 标准换算 换算信息 特征及内容 工程量明细 说明信息

	内容说明	计算式	结果	累加标识	引用代码
	计算结果		469.7858		
1	门厅处1层	((7.2-0.3+0.15)*2+(7.2*3+0.15*2))*(0.45+3.9+0.6)*1.05	187.1100	☑	
2	MQ1一层	(7.2*3-0.25+(1.15-0.3)*2)*(3.9-0.1)*1.05	91.9695	☑	
3	MQ1二层	(7.2*3-0.25)*(7.8-3.9)*1.05	87.4283	☑	
4	屋面19.6	(4.8+0.3+6.9+0.3-0.1+0.6)*(19.6-15.5)*1.05	55.1040	☑	
5	屋面18.6	(7.2+0.1+6.9+0.6)*(18.6-15.5)*1.05	48.1740	☑	
6		0	0.0000	☑	

图 4.46

补充满堂脚手架及电梯井脚手架等清单及定额子目,如图4.47所示。

| 造价分析 | 工程概况 | 分部分项 | 措施项目 | 其他项目 | 人材机汇总 | 费用汇总 | 指标分析 |

插入 ▾ 添加 ▾ 补充 ▾ 查询 ▾ 存档 ▾ │ 批量换算 模板 ▾ ⊠ 展开到 ▾ 其他 ▾ 重用组价 ▾ 🔒锁定清单 🧹 ▾ 算式算量

序号			类别	名称	单位	工程量
6		⊟ 011701006001		满堂脚手架 1.搭设高度:5.8m以内（不包括5.8m） 2.脚手架材质:扣件式钢管脚手架	m²	3084.5
		A15-84	定	钢管满堂脚手架 基本层高3.6m	100m²	30.845
7		⊟ 011701006002		满堂脚手架 1.搭设高度:5.8m以上（包括5.8m）、7.68m以下 2.脚手架材质:扣件式钢管脚手架	m²	134.51
		A15-84	换	钢管满堂脚手架 基本层高3.6m 实际高度(m):7.68	100m²	1.345
8		桂011701011001		现浇混凝土楼板运输道 1.1.运输道材质:扣件式钢管脚手架 2.2.结构类型:框剪结构（泵送混凝土）	m2	4611.78
		A15-28	换	钢管现浇混凝土运输道 楼板钢管架 单价*0.5	100m²	46.118
9		桂011701012001		电梯井脚手架 1.脚手架材质:扣件式钢管脚手架 2.脚手架高度:30m以内	座	2
		A15-30	定	电梯井脚手架高度(h) 30m以内	座	2

图4.47

补充大型机械设备进出场及安拆费等清单项及定额子目,如图4.48所示。

| 造价分析 | 工程概况 | 分部分项 | 措施项目 | 其他项目 | 人材机汇总 | 费用汇总 | 指标分析 |

插入 ▾ 添加 ▾ 补充 ▾ 查询 ▾ 存档 ▾ │ 批量换算 模板 ▾ ⊠ 展开到 ▾ 其他 ▾ 重用组价 ▾ 🔒锁定清单

序号		类别	名称	单位	工程量
46	⊟ 011705001		大型机械设备进出场及安拆费	项	1
47	⊟ 011705001001		大型机械设备进出场及安拆 机械设备名称:液压挖掘机	台次	2
	A20-20	定	大型机械场外运输费 履带式挖掘机 1m3内	台次	2
48	⊟ 011705001002		大型机械设备进出场及安拆 机械设备名称:塔式起重机 1.含钢筋砼基础	台次	1
	A20-1	定	塔式起重机固定式基础(带配重)	座	1
	A20-15	定	大型机械安装、拆卸一次费用 塔式起重机	台次	1
	A20-39	定	大型机械场外运输费 塔式起重机	台次	1
49	⊟ 011705001003		大型机械设备进出场及安拆 机械设备名称:施工电梯 1.含钢筋砼基础	台次	1
	A20-2	定	施工电梯基础	座	1
	A20-16	定	大型机械安装、拆卸一次费用 施工电梯 75m	台次	1
	A20-40	定	大型机械场外运输费 施工电梯 75m	台次	1

图4.48

③参照定额及造价文件计取安全文明施工费等总价措施项目。

单击费率旁的按钮,在选项中选择相应的费率,不需计算的费用如"优良工程增加费"输入"0",如图4.49所示。

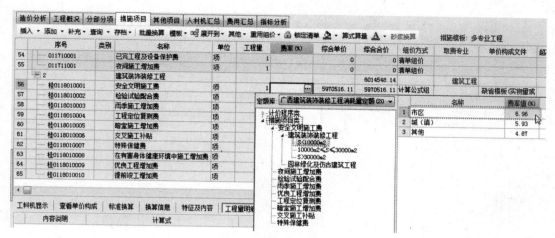

图 4.49

四、任务结果

详见报表实例。

4.5　其他项目清单

通过本节的学习,你将能够:
(1)编制暂列金额;
(2)编制专业工程暂估价;
(3)编制计工日表。

一、任务说明

①根据招标文件所述编制其他项目清单;
②按本工程控制价编制要求,本工程暂列金额为80万(列入建筑工程专业);
③本工程幕墙为专业暂估工程,暂列金额为60万(列入装饰工程专业)。

二、任务分析

①其他项目清单中哪几项内容不能变动?
②暂估材料价如何调整?计日工是不是综合单价?应如何计算?

三、任务实施

(1)添加暂列金额
按招标文件要求暂列金额为800000元,单击"其他项目"→"暂列金额",在名称中输入"暂列金额",在暂定金额中输入"800000",如图4.50所示。

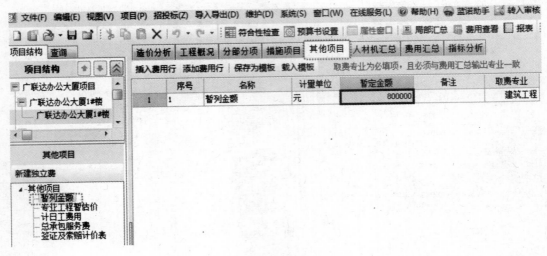

图 4.50

（2）添加专业工程暂估价

按招标文件内容，玻璃幕墙（含预埋件）为暂估工程价，单击"其他项目"→"专业工程暂估价"，在工程名称中输入"幕墙工程"，在金额中输入"600000"，如图4.51所示。

	序号	工程名称	工程内容	金额	备注	取费专业
1	1	幕墙工程	玻璃幕墙工程(含预埋铁件) ...	600000		装饰装修

图 4.51

（3）添加计日工费用

按招标文件要求，本项目有计日工费用，需要添加计日工，单击"其他项目"→"计日工费用"，输入相应费用，如图4.52所示。

	序号	名称	单位	数量	单价	合价
1	-	**计日工费用**				**2200**
2	- 1	人工				2200
3	1	抹灰工	工日	10.000	100	1000
4	2	混凝土工	工日	10.000	120	1200

图 4.52

添加材料时，如需增加费用行可右击操作界面，选择"插入费用行"进行添加，如图4.53所示。

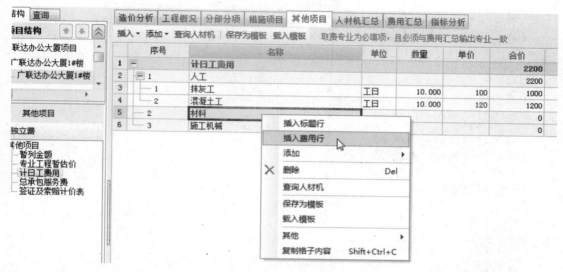

图 4.53

四、任务结果

详见报表实例。

五、总结拓展

总承包服务费

在工程建设施工阶段实行施工总承包时,当招标人在法律、法规允许的范围内对工程进行分包和自行采购供应部分设备、材料时,要求总承包人提供相关服务(如分包人使用总包人脚手架、水电接剥等)和施工现场管理等所需的费用。

4.6 调整人材机

通过本节的学习,你将能够:
(1)调整定额工日;
(2)调整材料价格;
(3)增加甲供材;
(4)添加暂估材料。

一、任务说明

根据招标文件所述输入或导入信息价、按招标要求修正人材机价格:
①按照招标文件规定,计取相应的人工费;
②材料价格按"南宁市 2014 年工程造价信息第五期"及市场价调整;

③根据招标文件,编制甲供材及暂估材料。

④确定承包人主要材料项。

二、任务分析

①有效信息价是如何导入的?哪些类型价格需要调整?

②甲供材料价格如何调整?

③暂估材料价格如何调整?

④承包人主要材料表如何选择?

三、任务实施

①在"人材机汇总"界面下,参照招标文件要求的"南宁市 2014 年工程造价信息第五期",输入"市场价",如图 4.54 所示。

	编码	名称	规格型号	单位	数量	预算价	市场价	市场价合计	供货方式
1	010102002	螺纹钢筋	HRB335 II 10以	t	311.164	4499	3457	1075693.95	完全甲供
2	010501001	圆钢	HPB300 φ10以	t	92.732	4336	3542	328456.74	完全甲供
3	032510001	闭门器(明装)		套	52	120	72	3744	自行采购
4	032513007	防火铰链		副	104	16	15	1560	自行采购
5	040201001	砂(综合)		m³	405.315	89	119.5	48435.14	自行采购
6	040204001	中砂		m³	97.302	88	125	12162.75	自行采购
7	040205001	粗砂		m³	0.059	85	119	7.02	自行采购
8	040807003	蒸压加气砼砌块	590*100*200	m³	9.076	290	255	2314.38	自行采购
9	040807005	蒸压加气砼砌块	590*200*200	m³	341.519	280	265	90502.54	自行采购
10	041401014	碎石GD20商品普通		m³	5.349	251	375	2005.88	自行采购
11	041401015	碎石 GD20商品普通		m³	129.256	262	385	49763.56	自行采购
12	041401016	碎石 GD20商品普通		m³	32.133	272	395	12692.54	自行采购
13	041401018	碎石 GD20商品普通		m³	43.99	293	416	18299.84	自行采购

图 4.54

②按照招标文件的要求,对于甲供材料可以在供货方式处选择完全甲供,如图 4.55 所示。

	编码	类别	名称	规格型号	单位	数量	预算价	市场价	市场价合计	价差	价差合计	供货方式	甲
1	000303001	人	人工费		元	1143566.81	1	1	1143566.81	0	0	自行采购	
2	010102002	材	螺纹钢筋	HRB335 II 10以	t	311.164	4499	3457	1075693.95	-1042	-324232.89	完全甲供	
3	010501001	材	圆钢	HPB300 φ10以	t	92.732	4336	3542	328456.74	-794	-73629.21	供	
4	011503001	材	薄钢板	0.5~4mm	t	0.679	5210	5210	3537.59	0	0	自行采购	
5	012504002	材	铝合金方板	0.8	m²	3023.79	65	65	196546.35	0	0	自行采购	
6	012504003	材	铝合金靠墙方板		m²	148.225	55	55	8152.38	0	0	自行采购	
7	012804006	材	镀锌全螺纹吊杆	φ8	m	5522.864	1.8	1.8	9941.16	0	0	自行采购	

图 4.55

③按照招标文件要求,对于暂估材料表中要求的暂估材料,可以在人材机汇总中将暂估材料选中,如图 4.56 所示。

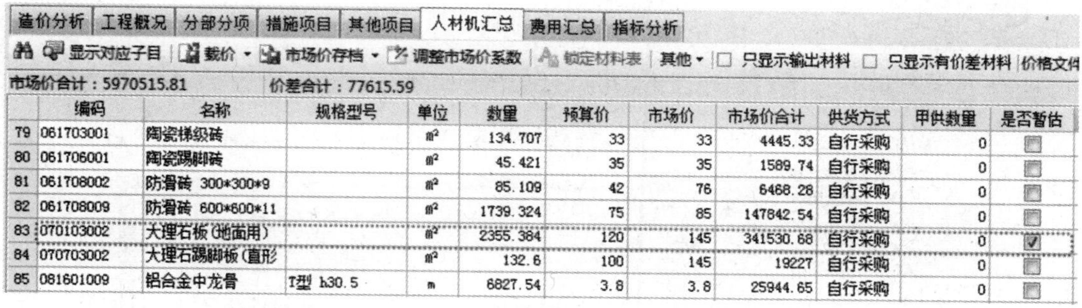

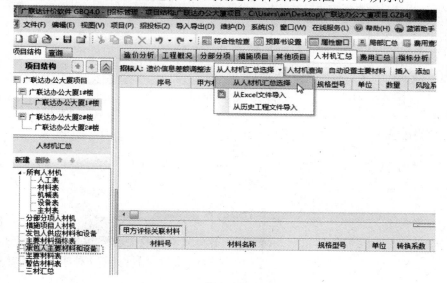

	编码	名称	规格型号	单位	数量	预算价	市场价	市场价合计	供货方式	甲供数量	是否暂估
79	061703001	陶瓷梯级砖		m²	134.707	33	33	4445.33	自行采购	0	
80	061706001	陶瓷踢脚砖		m²	45.421	35	35	1589.74	自行采购	0	
81	061708002	防滑砖 300*300*9		m²	85.109	42	76	6468.28	自行采购	0	
82	061708009	防滑砖 600*600*11		m²	1739.324	75	85	147842.54	自行采购	0	
83	070103002	大理石板(地面用)		m²	2355.384	120	145	341530.68	自行采购	0	☑
84	070703002	大理石踢脚板(直形)		m²	132.6	100	145	19227	自行采购	0	
85	081601009	铝合金中龙骨	T型 h30.5	m	6827.54	3.8	3.8	25944.65	自行采购	0	

图 4.56

④确定承包人需要提供的主要材料表项目。在"人材机汇总"界面下,单击"承包人主要材料和设备",采用"从人材机汇总选择"方式确定材料项目,如图 4.57 所示。

图 4.57

在"人材机汇总选择"中选择"全选调差材料"确定材料项目,如图 4.58 所示。

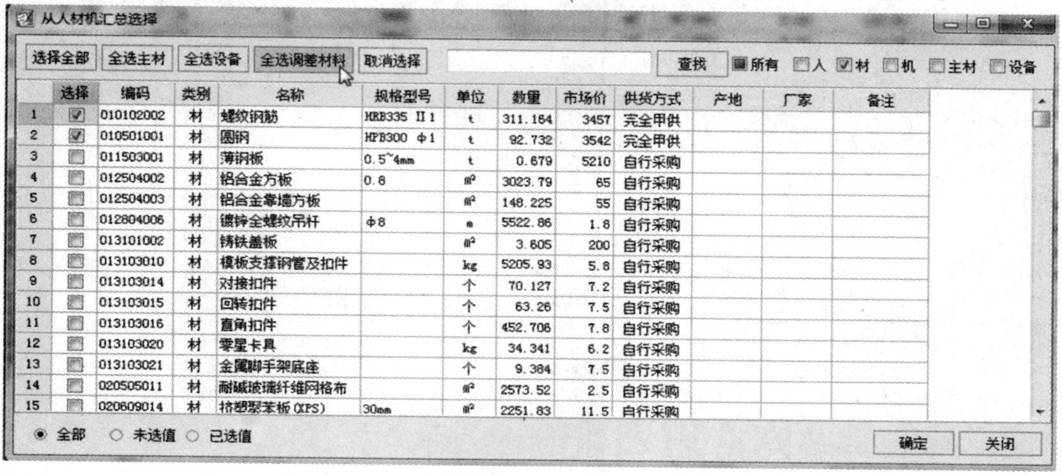

图 4.58

也可以选择"自动设置主要材料"功能确定材料项目,如图4.59所示。

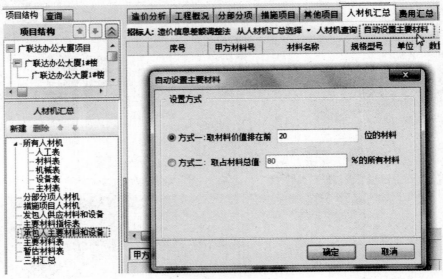

图 4.59

四、任务结果

详见报表实例。

五、总结拓展

(1)市场价锁定

对于招标文件要求的,如甲供材料表、暂估材料表中涉及的材料价格是不能进行调整的,为了避免在调整其他材料价格时出现操作失误,可使用"市场价锁定"对修改后的材料价格进行锁定,如图4.60所示。

市场价合计:3365703.65　　　价差合计:77615.59

	编码	名称	规格型号	单位	数量	预算价	市场价	市场价合计	供货方式	甲供数量	市场价锁定
1	010102002	螺纹钢筋	HRB335 II 10以	t	311.164	4499	3457	1075693.95	完全甲供	311.164	☑
2	010501001	圆钢	HPB300 φ10以	t	92.732	4336	3542	328456.74	完全甲供	92.732	☑
3	032510001	闭门器(明装)		套	52	120	72	3744	自行采购	0	☐
4	032513007	防火铰链		副	104	16	15	1560	自行采购	0	☐
5	040201001	砂(综合)		m³	405.315	89	119.5	48435.14	自行采购	0	☐
6	040204001	中砂		m³	97.302	88	125	12162.75	自行采购	0	☐
7	040205001	粗砂		m³	0.059	85	119	7.02	自行采购	0	☐
8	040807003	蒸压加气砼砌块	590*100*200	m³	9.076	290	255	2314.38	自行采购	0	☐
9	040807005	蒸压加气砼砌块	590*200*200	m³	341.519	280	265	90502.54	自行采购	0	☐
10	061601006	陶瓷墙面砖	900*300	m²	1452.776	35	70	101694.32	自行采购	0	☐
11	061708002	防滑砖 300*300*9		m²	85.109	42	76	6468.28	自行采购	0	☐
12	061708009	防滑砖 600*600*11		m²	1739.324	75	85	147842.54	自行采购	0	☐
13	070103002	大理石板(地面用)		m²	2355.384	120	145	341530.68	自行采购	0	☑

图 4.60

（2）显示对应子目

对于人材机汇总中出现材料名称异常或数量异常的情况，可直接右击相应材料，选择显示相应子目，在分部分项中对材料进行修改，如图4.61所示。

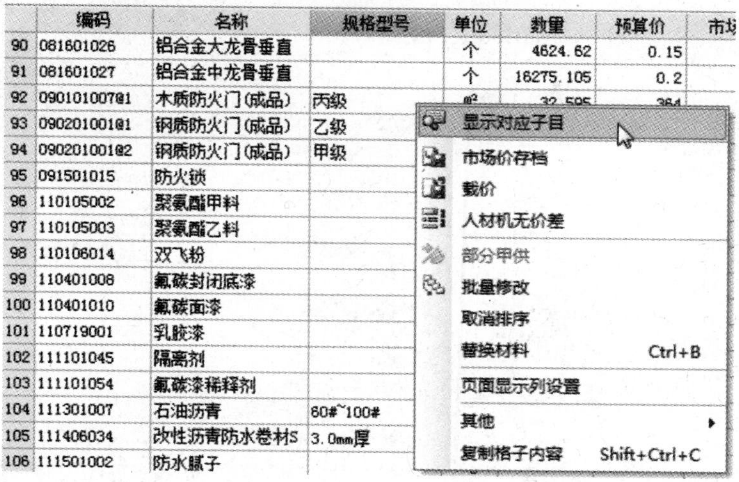

图4.61

（3）市场价存档

对于同一个项目的多个标段，发包方会要求所有标段的材料价保持一致，在调整好一个标段的材料价后可利用"市场价存档"将此材料价运用到其他标段，如图4.62所示。

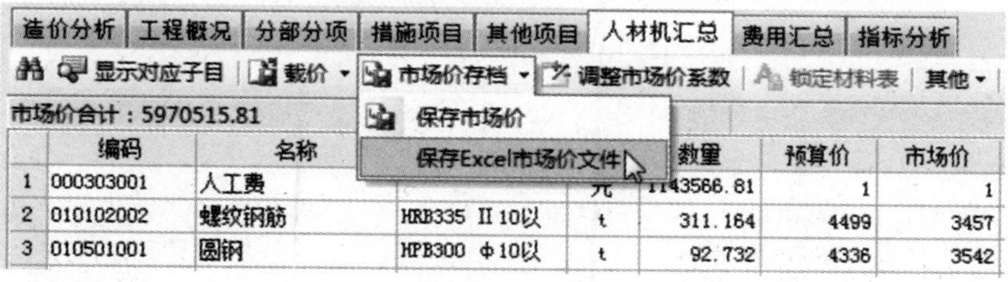

图4.62

在其他标段的人材机汇总中使用该市场价文件时，可运用"载入Excel市场价文件"，如图4.63所示。

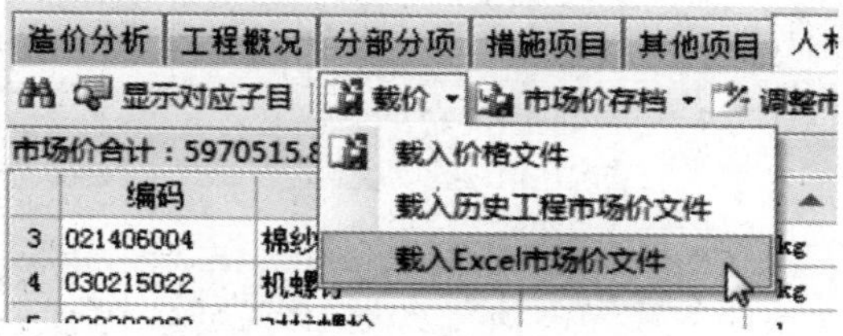

图4.63

在导入Excel市场价文件时，按图4.64所示顺序进行操作。

导入Excel市场价文件之后，需要先识别材料号、名称、规格、单位、单价等信息，如图4.65所示。

识别完所需要的信息之后，需要选择匹配选项，然后导入即可，如图4.66所示。

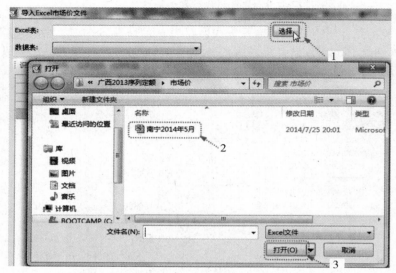

图 4.64

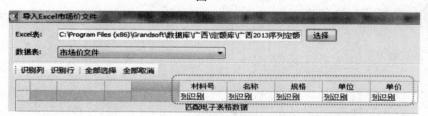

图 4.65

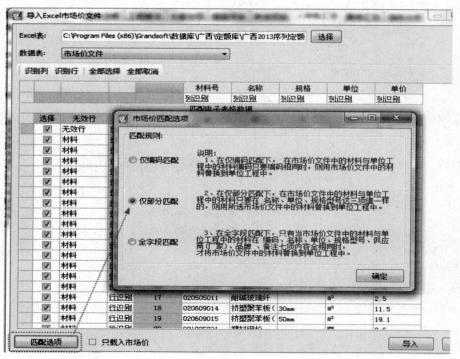

图 4.66

（4）批量修改人材机属性

在修改材料供货方式、市场价锁定、主要材料类别等材料属性时，可同时选中多个材料，右键单击鼠标，选择"批量修改"，如图 4.67 所示。

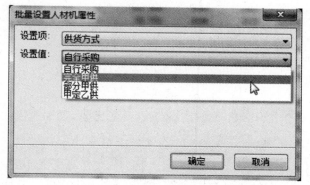

	编码	名称	规格型号	单位	数量	预算价	市场价	市场价合计	供货方式
1	000303001	人工费		元	1143566.81	1	1	1143566.81	自行采购
2	010102002	螺纹钢筋	HRB335 JL10以		311.164	4499	3457	1075693.95	自行采购
3	010501001	圆钢			2	4336	3542	328456.74	自行采购
4	011503001	薄钢板			9	5210	5210	3537.59	自行采购
5	012504002	铝合金方板			9	65	65	196546.35	自行采购
6	012504003	铝合金墙方板			5	55	55	8152.38	自行采购
7	012804006	镀锌全螺纹吊杆			2	1.8	1.8	9941.16	自行采购
8	013101002	铸铁盖板			5	200	200	721	自行采购
9	013103010	模板支撑钢管及			2	5.8	5.8	30194.41	自行采购
10	013103014	对接扣件			7	7.2	7.2	504.91	自行采购
11	013103015	回转扣件			5	7.5	7.5	474.45	自行采购
12	013103016	直角扣件			8	7.8	7.8	3531.11	自行采购
13	013103020	零星卡具			1	6.2	6.2	212.91	自行采购

右键菜单项：显示对应子目、市场价存档、载价、人材机无价差、部分甲供、批量修改、取消排序、替换材料 Ctrl+B、页面显示列设置

图 4.67

选择需要修改的人材机属性内容进行修改，如图 4.68 所示。

批量设置人材机属性

设置项：供货方式

设置值：自行采购
- 自行采购
- 完全甲供
- 部分甲供
- 甲定乙供

确定　　取消

图 4.68

4.7　计取规费和税金

通过本节的学习，你将能够：
计取规费和税金。

一、任务说明

根据招标文件所述内容和定额规定计取规费、税金。

二、任务分析

①规费都包含什么项目？

②税金如何确定?

三、任务实施

①在"费用汇总"界面,查看规费和税金的费率取值,如果招标文件对规费有特别要求的,可在规费的费率一栏中进行调整,如图4.69所示。本项目对规费和税金没有特别要求,按软件默认费率计算即可,不用调整。

	序号	费用代号	名称	计算基数	费率(%)	金额	输出
1	1	A	分部分项工程和单价措施项目清单计价合计	FBFXHJ+JSCSF-SQXMQDHJ		6,484,101.70	☑
2	1.1	A1	其中:暂估价	ZGJCLHJ		341,530.66	☑
3	2	B	总价措施项目清单计价合计	ZZCSF		458,212.37	☑
4	2.1	B1	其中:安全文明施工费	AQWMSGF		414,297.15	☑
5	3	C	其他项目清单计价合计	QTXMHJ		1,402,800.00	☑
6	4	D	税前项目清单计价合计	SQXMQDHJ		199,644.27	☑
7	5	E	规费、税金项目清单计价合计	E1+E2		709,799.43	☑
8	5.1	E1	规费清单计价合计	E11+E12+E13+E14+E15		389,937.33	☑
9	5.1.1	E11	建安劳保费	RGF+JSCS_RGF	27.93 …		
10	5.1.2	E12	生育保险费	RGF+JSCS_RGF			
11	5.1.3	E13	工伤保险费	RGF+JSCS_RGF			
12	5.1.4	E14	住房公积金	RGF+JSCS_RGF			
13	5.1.5	E15	工程排污费	ZJF+ZCF+JSCS_ZJF+JS...			
14	5.2	E2	税金	A+B+C+D+E1			
15	5.2.1	E21	营业税	A+B+C+D+E1			
16	5.2.2	E22	城市维护建设税	A+B+C+D+E1			
17	5.2.3	E23	教育附加费	A+B+C+D+E1			
18	5.2.4	E24	地方教育附加费	A+B+C+D+E1			
19	5.2.5	E25	水利建设基金	A+B+C+D+E1			
20	6	G	工程总造价=1+2+3+4+5	A+B+C+D+E			

定额库 广西建筑装饰装修工程消耗量定额(20 ▼
- 计价程序类
  - 管理费
  - 利润
  - 其他项目
  - 规费
    - 建安劳保费
    - 生育保险费
    - 工伤保险费
    - 住房公积金
    - 工程排污费
  - 税金
- 措施项目类

	名称	费率值(%)
1	建安劳保费	27.93

图 4.69

②检查工程造价计价程序及相关数据,查看工程总造价,如图4.70所示。

费用汇总文件:建筑装饰装修工程

	序号	费用代号	名称	计算基数	费率(%)	金额	输出
1	1	A	分部分项工程和单价措施项目清单计价合计	FBFXHJ+JSCSF-SQXMQDHJ		6,484,101.70	☑
2	1.1	A1	其中:暂估价	ZGJCLHJ		341,530.66	☑
3	2	B	总价措施项目清单计价合计	ZZCSF		458,212.37	☑
4	2.1	B1	其中:安全文明施工费	AQWMSGF		414,297.15	☑
5	3	C	其他项目清单计价合计	QTXMHJ		1,402,800.00	☑
6	4	D	税前项目清单计价合计	SQXMQDHJ		199,644.27	☑
7	5	E	规费、税金项目清单计价合计	E1+E2		709,799.43	☑
8	5.1	E1	规费清单计价合计	E11+E12+E13+E14+E15		389,937.33	☑
9	5.1.1	E11	建安劳保费	RGF+JSCS_RGF	27.93	317,378.37	☑
10	5.1.2	E12	生育保险费	RGF+JSCS_RGF	1.16	13,181.49	☑
11	5.1.3	E13	工伤保险费	RGF+JSCS_RGF	1.28	14,545.09	☑
12	5.1.4	E14	住房公积金	RGF+JSCS_RGF	1.85	21,022.20	☑
13	5.1.5	E15	工程排污费	ZJF+ZCF+JSCS_ZJF+JSCS_ZCF	0.4	23,810.18	☑
14	5.2	E2	税金	A+B+C+D+E1	3.58	319,862.10	☑
15	5.2.1	E21	营业税	A+B+C+D+E1	3.11	277,869.04	☑
16	5.2.2	E22	城市维护建设税	A+B+C+D+E1	0.22	19,656.33	☑
17	5.2.3	E23	教育附加费	A+B+C+D+E1	0.09	8,041.23	☑
18	5.2.4	E24	地方教育附加费	A+B+C+D+E1	0.06	5,360.82	☑
19	5.2.5	E25	水利建设基金	A+B+C+D+E1	0.1	8,934.70	☑
20	6	G	工程总造价=1+2+3+4+5	A+B+C+D+E		9,254,557.77	☑

图 4.70

4.8　统一调整人材机

通过本节的学习,你将能够:
调整多个工程人材机。

一、任务说明

根据招标文件所述内容统一调整人材机和取费。
①将 1#工程数据导入 2#工程。
②统一调整 1#和 2#的人材机。
③统一调整 1#和 2#的取费。

二、任务分析

①统一调整人材机与调整人材机有什么不同?
②统一调整取费应注意什么?

三、任务实施

在项目管理界面,选择单位工程"广联达办公大厦 1#楼建筑装饰工程",单击鼠标右键,选择"复制到""广联达办公大厦 2#楼",复制成功后将单位工程名称修改为"广联达办公大厦 2#楼建筑装饰工程",如图 4.71、图 4.72、图 4.73 所示。

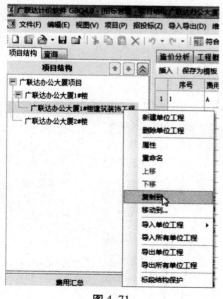

图 4.71

图 4.72

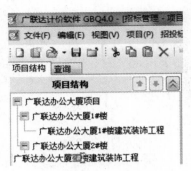

图 4.73

①假设在甲方要求下需调整钢筋市场价格,可先鼠标单击项目名称"广联达办公大厦项目",再单击"人材机汇总",即可选择对整个项目的多个单项工程统一进行人材机市场价的输入和调整,如图4.74所示。

图 4.74

②统一调整取费。根据招标文件要求,可同时调整两个标段的取费,在"项目管理"界面下单击"统一调价"功能中的"量价费率调整"进行调整,如图4.75、图4.76所示。

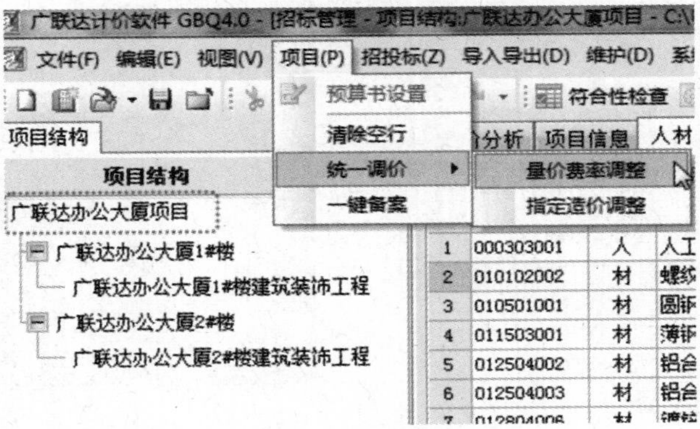

图 4.75

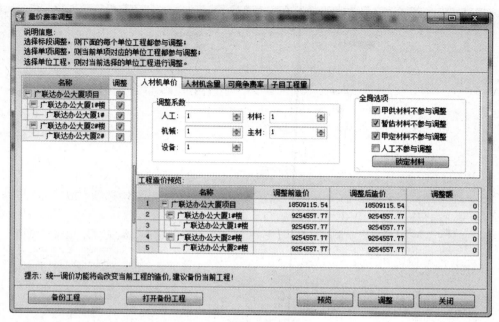

图 4.76

四、任务结果

详见报表实例。

4.9 生成电子招标文件

通过本节的学习,你将能够:

(1)填写编制说明;

(2)运用"符合性检查"进行检查并修改;

(3)运用软件生成工程量清单及电子招标书。

一、任务说明

根据招标文件所述内容生成工程量清单及电子招标书。

二、任务分析

①输出招标文件之前有检查要求吗?

②输出的文件是什么类型?如何使用?

三、任务实施

①在"项目信息"或单位工程"工程概况"页面下单击"编辑"即可填写内容,如图4.77所示。

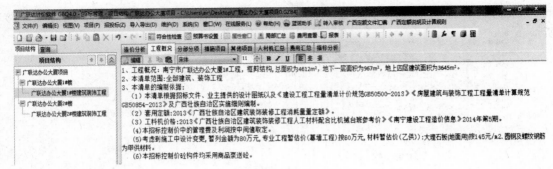

图 4.77

②在"项目结构管理"界面单击"符合性检查",选择"招标书自检选项"及"招标控制价符合性检查"。查看检查结果后进行调整,如图 4.78 所示。

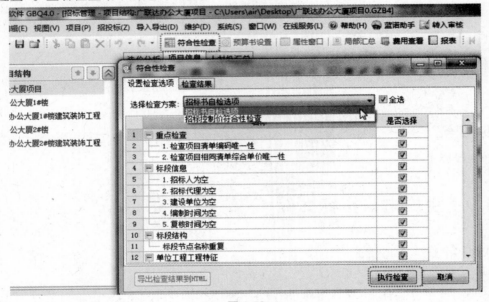

图 4.78

③如要生成工程量清单,可以选择菜单中的"项目",选择"生成工程量清单",如图 4.79 所示。

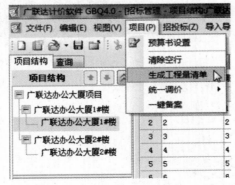

图 4.79

④要生成招标文件,可以选择菜单中的"招投标",选择"生成招标文件",如图 4.80所示。

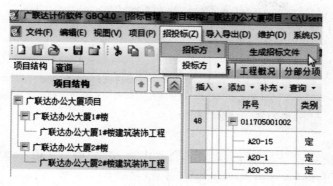

图 4.80

四、任务结果

详见报表实例。

第5章　报表实例

通过本章的学习,你将能够:
熟悉编制招标控制价时需要打印的表格。

一、任务说明

按照招标文件的要求,打印相应的报表,并装订成册。

二、任务分析

①招标文件的内容和格式是如何规定的?
②打印前的报表与要求之间如何检查?

三、任务实施

①检查报表样式。单击"报表",进入"预览整个项目报表"界面,选择需要打印的报表,检查其样式是否符合要求,如图5.1所示。

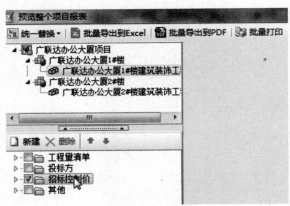

图5.1

②修改报表样式。如果报表样式需要调整,可以选择"高级设计"功能进行调整,如图5.2所示。

进入"报表设计器"后可以进行列宽及行距、字体的调整,如图5.3所示。

③设定需要打印的报表。选择需要打印的报表,可以单页打印也可批量打印,或者选择导出到Excel文件,如图5.4所示。

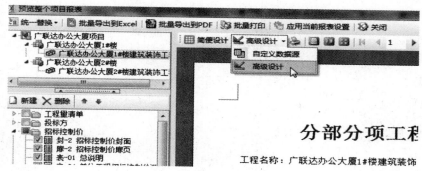

图 5.2

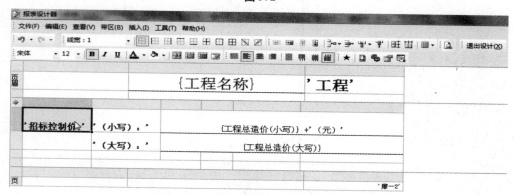

图 5.3

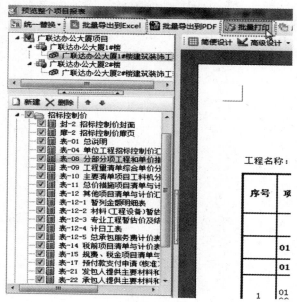

图 5.4

四、任务结果

工程量清单招标控制价实例。

广联达办公大厦1#楼　工程

招标控制价

招　标　人：＿＿＿＿＿＿＿＿＿＿＿＿＿＿

（单位盖章）

造价咨询人：＿＿＿＿＿＿＿＿＿＿＿＿＿＿

（单位盖章）

年　　月　　日

封-2

广联达办公大厦1#楼 工程

招标控制价

招标控制价（小写）： <u>9254557.77（元）</u>

（大写）： <u>玖佰贰拾伍万肆仟伍佰伍拾柒元柒角柒分</u>

招 标 人： _____
（单位盖章）

造价咨询人： _____
（单位资质专用章）

法定代表人
或其授权人： _____
（签字或盖章）

法定代表人
或其授权人： _____
（签字或盖章）

编 制 人： _____
（造价人员签字盖专用章）

复 核 人： _____
（造价工程师签字盖专用章）

编 制 时 间： 年 月 日

复 核 时 间： 年 月 日

总 说 明

工程名称:广联达办公大厦 1#楼

    1. 工程概况:南宁市广联达办公大厦 1#楼工程,框剪结构,总面积为 $4612m^2$,地下一层面积为 $967m^2$,地上 4 层建筑面积为 $3645m^2$。

    2. 本清单范围:全部建筑、装饰工程。

    3. 本清单的编制依据:

    (1)本清单根据招标文件、业主提供的设计图纸以及《建设工程工程量清单计价规范》(GB 50500—2013)、《房屋建筑与装饰工程工程量清单计算规范》(GB 50854—2013)及广西壮族自治区实施细则编制。

    (2)套用定额:《广西壮族自治区建筑装饰装修工程消耗量量定额》(2013)。

    (3)工料机价格:《广西壮族自治区建筑装饰装修工程人工材料配合比机械台班参考价》(2013)、《南宁建设工程造价信息》2014 年第 5 期。

    (4)本招标控制价中的管理费及利润按中间值取定。

    (5)考虑到施工中设计变更,暂列金额为 80 万元,专业工程暂估价(幕墙工程)按 60 万元,材料暂估价(乙供):大理石板(地面用)按 145 元/m^2。圆钢及螺纹钢筋采用甲供材料。

    (6)本招标控制价混凝土构件均采用商品泵送混凝土。

表-01

单项工程招标控制价汇总表

工程名称:广联达办公大厦1#楼

序号	单位工程名称	金额(元)	其中:(元)		
			暂估价	安全文明施工费	建安劳保费
1	广联达办公大厦1#楼	9254557.77	941530.68	414297.15	317378.37
	招标控制价合计	9254557.77	941530.68	414297.15	317378.37

表-03

单位工程招标控制价汇总表

工程名称:广联达办公大厦1#楼　　　　　　　　　　　　　　　　第1页 共1页

序号	汇总内容	金额(元)	备注
1	分部分项工程和单价措施项目清单计价合计	6484101.7	
1.1	其中:暂估价	341530.68	
2	总价措施项目清单计价合计	458212.37	
2.1	其中:安全文明施工费	414297.15	
3	其他项目清单计价合计	1402800	
4	税前项目清单计价合计	199644.27	
5	规费、税金项目清单计价合计	709799.43	
5.1	其中:建安劳保费	317378.37	
6	工程总造价＝1+2+3+4+5	9254557.77	

表-04

分部分项工程和单价措施项目清单与计价表

工程名称:广联达办公大厦 1#楼　　　　　　　　　　　　　　　　第 1 页　共 20 页

序号	项目编码	项目名称及项目特征描述	计量单位	工程量	综合单价	合价	其中:暂估价
		分部分项工程				5567902.1	341530.68
	01	建筑工程				5567902.1	341530.68
	0101	土石方工程				158606.3	
	010101	土方工程				33474.54	
1	010101002001	挖一般土方 1.土壤类别:三类土 2.挖土深度:6m 内 3.部位:满堂基础和坡道	m³	5971.73	5.36	32008.47	
2	010101004001	挖基坑土方 1.土壤类别:三类土 2.挖土深度:2m 内 3.部位:电梯基坑和集水坑	m³	62.76	23.36	1466.07	
	010103	回填				125131.76	
3	010103001001	回填方 1.密实度要求:满足设计和规范要求,夯填 2.填方材料品种 3.符合相关工程质量规范要求 4.填方部位 5.基础	m³	1506.65	17.37	26170.51	
4	010103001002	回填方 1.密实度要求:满足设计和规范要求,夯填 2.填方材料品种 3.符合相关工程质量规范要求 4.填方部位 5.室内	m³	598.89	17.37	10402.72	
5	010103002001	余方弃置 基本运距:1km	m³	3928.95	20.17	79246.92	
6	010103002002	余方弃置 每增加 1km	m³	3928.95	2.37	9311.61	
	0104	砌筑工程				272918.38	

表-08

分部分项工程和单价措施项目清单与计价表

工程名称:广联达办公大厦1#楼   第 2 页 共 20 页

序号	项目编码	项目名称及项目特征描述	计量单位	工程量	综合单价	合价	其中:暂估价
	010401	砖砌体				52440.66	
7	010401003001	实心砖墙 1.砖品种、规格、强度等级:MU 10 页岩标准砖 2.墙体厚度、类型:240mm 厚女儿墙 3.砂浆强度等级、配合比:M5 混合砂浆	m³	25.09	530.96	13321.79	
8	010401003002	实心砖墙 1.砖品种、规格、强度等级:MU 10 页岩标准砖 2.墙体厚度、类型:115mm 厚保护墙 3.砂浆强度等级、配合比:M5 水泥砂浆	m³	69.65	556.86	38785.3	
9	010401003003	实心砖墙 1.砖品种、规格、强度等级:MU 10 页岩标准砖 2.墙体厚度、类型:115mm 厚排烟风井出屋面墙体 3.砂浆强度等级、配合比:M5 混合砂浆	m³	0.59	565.37	333.57	
	010402	砌块砌体				220477.72	
10	010402001001	砌块墙 1.砌块品种、规格、强度等级:蒸压加气混凝土砌块 2.墙体厚度:250mm 厚 3.砂浆强度等级:M5 混合砂浆	m³	149.16	405.92	60547.03	
11	010402001002	砌块墙 1.砌块品种、规格、强度等级:蒸压加气混凝土砌块 2.墙体厚度:200mm 厚 3.砂浆强度等级:M5 混合砂浆	m³	381.16	408.29	155623.82	
12	010402001003	砌块墙 1.砌块品种、规格、强度等级:蒸压加气混凝土砌块 2.墙体厚度:100mm 厚 3.砂浆强度等级:M5 混合砂浆	m³	10.13	425.16	4306.87	

表-08

分部分项工程和单价措施项目清单与计价表

工程名称：广联达办公大厦 1#楼　　　　　　　　　　　　　　　　　第 3 页　共 20 页

序号	项目编码	项目名称及项目特征描述	计量单位	工程量	金额（元）		
					综合单价	合价	其中：暂估价
	0105	混凝土及钢筋混凝土工程				2839387.5	
	010501	现浇混凝土基础				362498.62	
13	010501001001	垫层 1.混凝土种类:普通混凝土 2.混凝土强度等级:C15 3.混凝土拌和料要求:商品混凝土 4.部位:筏板基础、坡道及集水坑	m³	112.57	416.5	46885.41	
14	010501004001	满堂基础 1.混凝土种类:抗渗等级 P8 混凝土 2.混凝土强度等级:C25 3.混凝土拌和料要求:商品混凝土 4.部位:坡道	m³	11.9	453.82	5400.46	
15	010501004002	满堂基础 1.混凝土种类:抗渗等级 P8 混凝土 2.混凝土强度等级:C30 3.混凝土拌和料要求:商品混凝土 4.部位:有梁式筏板基础	m³	646.91	479.53	310212.75	
	010502	现浇混凝土柱				112353.75	
16	010502001001	矩形柱 1.混凝土种类:普通混凝土 2.混凝土强度等级:C30 3.混凝土拌和料要求:商品混凝土	m³	81.41	471.46	38381.56	
17	010502001002	矩形柱 1.混凝土种类:普通混凝土 2.混凝土强度等级:C25 3.混凝土拌和料要求:商品混凝土	m³	77.54	460.3	35691.66	
18	010502002001	构造柱 1.混凝土种类:普通混凝土 2.混凝土强度等级:C25 3.混凝土拌和料要求:商品混凝土	m³	59.48	478.89	28484.38	
19	010502003001	异形柱 1.柱形状:圆形 2.混凝土种类:普通混凝土 3.混凝土强度等级:C30 4.混凝土拌和料要求:商品混凝土	m³	20.62	475.08	9796.15	

表-08

分部分项工程和单价措施项目清单与计价表

工程名称:广联达办公大厦1#楼   第4页 共20页

序号	项目编码	项目名称及项目特征描述	计量单位	工程量	金额(元)		
					综合单价	合价	其中:暂估价
	010503	现浇混凝土梁				11178.93	
20	010503004001	圈梁 1.混凝土种类:普通混凝土 2.混凝土强度等级:C25 3.混凝土拌和料要求:商品混凝土	m³	19.99	471.13	9417.89	
21	010503005001	过梁 1.混凝土种类:普通混凝土 2.混凝土强度等级:C25 3.混凝土拌和料要求:商品混凝土	m³	3.59	490.54	1761.04	
	010504	现浇混凝土墙				241918.04	
22	010504001001	直形墙 1.混凝土种类:普通混凝土 2.混凝土强度等级:C30 3.混凝土拌和料要求:商品混凝土	m³	190.38	449.49	85573.91	
23	010504001002	直形墙 1.混凝土种类:普通混凝土 2.混凝土强度等级:C25 3.混凝土拌和料要求:商品混凝土	m³	161.75	438.33	70899.88	
24	010504001003	直形墙 1.混凝土种类:抗渗等级 P8 混凝土 2.混凝土强度等级:C30 3.混凝土拌和料要求:商品混凝土 4.部位:地下室外墙	m³	179.55	475.88	85444.25	
	010505	现浇混凝土板				347418.54	
25	010505001001	有梁板 1.混凝土种类:普通混凝土 2.混凝土强度等级:C30 3.混凝土拌和料要求:商品混凝土	m³	465.95	456.81	212850.62	
26	010505001002	有梁板 1.混凝土种类:普通混凝土 2.混凝土强度等级:C25 3.混凝土拌和料要求:商品混凝土	m³	288.25	445.68	128467.26	

表-08

分部分项工程和单价措施项目清单与计价表

工程名称:广联达办公大厦1#楼

序号	项目编码	项目名称及项目特征描述	计量单位	工程量	金额(元)		
					综合单价	合价	其中:暂估价
27	010505003001	平板 1.混凝土种类:普通混凝土 2.混凝土强度等级:C25 3.混凝土拌和料要求:商品混凝土 4.部位:电梯井、排烟风井盖板	m³	6.69	451.47	3020.33	
28	010505007001	挑檐板 1.混凝土种类:普通混凝土 2.混凝土强度等级:C25 3.混凝土拌和料要求:商品混凝土 4.部位:不上人屋面	m³	4.25	575.36	2445.28	
29	010505008001	悬挑板 1.混凝土种类:普通混凝土 2.混凝土强度等级:C25 3.混凝土拌和料要求:商品混凝土 4.部位:飘窗	m³	1.16	547.46	635.05	
	010506	现浇混凝土楼梯				13461.84	
30	010506001001	直形楼梯(120mm 厚) 1.混凝土种类:普通混凝土 2.混凝土强度等级:C25 3.混凝土拌和料要求:商品混凝土	m²	106.48	111.99	11924.7	
31	010506001002	直形楼梯(110mm 厚) 1.混凝土种类:普通混凝土 2.混凝土强度等级:C25 3.混凝土拌和料要求:商品混凝土	m²	14.44	106.45	1537.14	
	010507	现浇混凝土其他构件				12531.33	
32	010507001001	散水 1.垫层材料种类、厚度:150 厚三七灰土 2.面层厚度:60 厚 C15 混凝土 面上加 5 厚 1:1 水泥砂浆随打随抹光 3.混凝土种类:普通混凝土 4.混凝土强度等级:C15 5.变形缝填塞材料:沥青砂浆 6.混凝土拌和料要求:商品混凝土	m²	98.19	77.28	7588.12	

表-08

分部分项工程和单价措施项目清单与计价表

工程名称:广联达办公大厦 1#楼

序号	项目编码	项目名称及项目特征描述	计量单位	工程量	金额（元）		
					综合单价	合价	其中：暂估价
33	010507003001	地沟 1. 土壤类别：三类土 2. 沟截面净空尺寸：400×600 3. 混凝土类别：商品混凝土 4. 混凝土强度等级：C25 5. 部位：坡道处地沟	m	6.95	90.58	629.53	
34	010507005001	扶手、压顶 1. 断面尺寸：340×150 2. 混凝土种类：普通商品混凝土 3. 混凝土强度等级：C25	m³	7.67	562.41	4313.68	
	010508	后浇带				12750.03	
35	010508001001	后浇带 1. 混凝土种类：掺有 HEA 型膨胀剂的混凝土 2. 混凝土强度等级：C35 3. 混凝土拌和料要求：商品混凝土 4. 部位：有梁板	m³	12.84	519.58	6671.41	
36	010508001002	后浇带 1. 混凝土种类：掺有 HEA 型膨胀剂的混凝土 2. 混凝土强度等级：C35 3. 混凝土拌和料要求：商品混凝土 4. 部位：地下室混凝土直形墙	m³	1.72	532.17	915.33	
37	010508001003	后浇带 1. 混凝土种类：掺有 HEA 型膨胀剂、抗渗 P8 混凝土 2. 混凝土强度等级：C35 3. 混凝土拌和料要求：商品混凝土 4. 部位：地下室底板	m³	10.4	496.47	5163.29	
	010512	预制混凝土板				734.04	
38	010512008001	沟盖板 部位：坡道截水沟铸铁盖板	m²	3.48	210.93	734.04	
	010515	钢筋工程				1711356.8	

表-08

分部分项工程和单价措施项目清单与计价表

工程名称:广联达办公大厦1#楼　　　　　　　　　　　　　　　　第7页　共20页

序号	项目编码	项目名称及项目特征描述	计量单位	工程量	金额(元)		
					综合单价	合价	其中:暂估价
39	010515001001	现浇构件钢筋 钢筋种类、规格:φ10以内 HPB300	t	86.684	4529.13	392603.1	
40	010515001002	现浇构件钢筋 钢筋种类、规格:φ10以上 HRB335	t	296.614	4373.62	1297276.9	
41	桂010515011001	砌体加固筋 1.钢筋种类、规格:φ10以内 HPB300 2.类型:砌体加筋	t	4.229	5078.45	21476.77	
	010516	螺栓、铁件				13185.6	
42	010516003001	机械连接 1.连接方式:套筒机械连接 2.螺纹套筒种类:直螺纹 3.规格:直径大于14mm,小于32mm	个	1072	12.3	13185.6	
	0108	门窗工程				44661.49	
	010801	木门				21121.97	
43	010801004001	木质防火门 1.门代号:JXM1 2.类型:成品木质丙级防火检修门(＜2m²),含五金	m²	5.78	698.11	4035.08	
44	010801004002	木质防火门 1.门代号:JXM2 2.类型:成品木质丙级防火检修门(＞2m²),含五金	m²	27.72	616.41	17086.89	
	010802	金属门				23539.52	
45	010802003001	钢质防火门 1.门代号:YFM1 2.类型:成品钢质乙级防火检修门(＞2m²),含五金	m²	27.72	703.92	19512.66	
46	010802003002	钢质防火门 1.门代号:JFM1、JFM2 2.类型:成品钢质甲级防火检修门(＞2m²),含五金	m²	5.88	684.84	4026.86	
	0109	屋面及防水工程				412445.37	

表-08

分部分项工程和单价措施项目清单与计价表

工程名称：广联达办公大厦1#楼 　　　　　　　　　　　　　　　　　　

序号	项目编码	项目名称及项目特征描述	计量单位	工程量	金额（元）		
					综合单价	合价	其中：暂估价
	010902	屋面防水及其他				250666.67	
47	010902001001	屋面 1.8~10厚地砖（600×600防滑砖）铺平拍实，缝宽5~8，1：1水泥砂浆填缝 2.25厚1：4干硬性水泥砂浆 3.满铺0.3厚聚乙烯薄膜一层 4.满铺二层3厚SBS改性沥青防水卷材 5.刷基层处理剂 6.20厚（最薄处）1：8水泥珍珠岩找2%坡 7.50厚挤塑聚苯板（XPS） 8.部位：屋面1，选用11ZJ001 屋101	m²	753.71	286.19	215704.26	
48	010902001002	屋面 1.25厚1：2.5水泥砂浆，分格面积宜为1m² 2.满铺0.3厚聚乙烯薄膜一层 3.满铺二层3厚SBS改性沥青防水卷材 4.刷基层处理剂 5.20厚1：2.5水泥砂浆找平 6.20厚（最薄处）1：8水泥珍珠岩找2%坡 7.50厚挤塑聚苯板（XPS） 8.部位：屋面3，选用11ZJ001 屋107	m²	151.53	190.35	28843.74	
49	010902001003	屋面 1.10厚1：3水泥砂浆抹面压光，分格面积宜为1m² 2.2厚聚合物水泥防水涂料 3.15厚1：3水泥砂浆找平 4.部位：屋面2、雨篷顶、风井盖顶，选用11ZJ001 屋108	m²	122.3	50.03	6118.67	
	010903	墙面防水、防潮				56626.53	

表-08

分部分项工程和单价措施项目清单与计价表

工程名称:广联达办公大厦1#楼

序号	项目编码	项目名称及项目特征描述	计量单位	工程量	综合单价	合价	其中:暂估价
50	010903001001	墙面卷材防水 1.卷材品种、规格、厚度:3厚二层SBS改性沥青防水卷材 2.部位:地下室混凝土外墙侧壁	m²	605.64	91.34	55319.16	
51	010903004001	墙面变形缝 1.止水带材料种类:-3×300止水钢板 2.部位:地下室混凝土墙	m	17.2	76.01	1307.37	
	010904	楼(地)面防水、防潮				105152.17	
52	010904001001	地面卷材防水 1.卷材品种、规格、厚度:3厚二层SBS改性沥青防水卷材 2.部位:坡道	m²	62.24	89.84	5591.64	
53	010904001002	地面卷材防水 1.50厚C20细石混凝土保护层 2.满铺二层3厚SBS改性沥青防水卷材 3.部位:地下室底板	m²	1191.28	79.91	95195.18	
54	010904003001	地面砂浆防水 1.20厚1:2.5防水水泥砂浆,内掺3%防水粉 2.部位:截水沟	m²	10.43	15.72	163.96	
55	010904003002	地面砂浆防水 1.20厚1:2.5防水水泥砂浆,内掺3%防水粉 2.部位:集水坑	m²	34.7	16.81	583.31	
56	010904004001	地面变形缝 1.止水带材料种类:-3×300止水钢板 2.部位:地下室有梁式满堂基础	m	47.6	76.01	3618.08	
	0111	楼地面装饰工程				694019.42	341530.68
	011101	整体面层及找平层				61255.75	

表-08

分部分项工程和单价措施项目清单与计价表

工程名称:广联达办公大厦1#楼 .

序号	项目编码	项目名称及项目特征描述	计量单位	工程量	综合单价	合价	其中:暂估价
57	011101001001	水泥砂浆地面 1.20 厚 1:2 水泥砂浆分层抹面压光 2.1.2 厚聚合物水泥防水涂料,四周上翻 300 高 3.刷基层处理剂一遍 4.30 厚 C20 细石混凝土找平 5.80 厚 C15 混凝土 6.部位:地面2(排烟机房、弱电机房、配电室、库房),选用 11ZJ001 地 101F2	m²	322.16	100.07	32238.55	
58	011101001002	水泥砂浆楼面 1.20 厚 1:2 水泥砂浆分层抹面压光 2.部位:电井、水暖井	m²	27.84	16.45	457.97	
59	011101003001	细石混凝土地面 1.40 厚 C20 细石混凝土随打随抹光 2.素水泥浆结合层一遍 3.80 厚 C15 混凝土 4.部位:地面1(自行车库、排烟风井、电井、水暖井),选用 11ZJ001 地 105	m²	513.84	55.58	28559.23	
	011102	块料面层				576394.67	341530.68
60	011102001001	石材楼面 1.20 厚大理石板(800×800 大理石)铺实拍平,水泥浆擦缝 2.30 厚 1:4 干硬性水泥砂浆 3.素水泥浆结合层一遍 4.部位:楼面3,选用 11ZJ001 楼 205	m²	2309.19	187.15	432164.91	341530.68
61	011102003001	块料楼地面 1.8~10 厚地砖(600×600 防滑砖),缝宽 5~8,1:1 水泥砂浆擦缝 2.25 厚 1:4 干硬性水泥砂浆 2.素水泥浆结合层一遍 3.100 厚 C15 混凝土垫层 4.300 厚三七灰土 5.部位:台阶平台,选用 11ZJ00 台 5	m²	145.27	221.89	32233.96	

表-08

256

分部分项工程和单价措施项目清单与计价表

工程名称:广联达办公大厦1#楼

序号	项目编码	项目名称及项目特征描述	计量单位	工程量	金额(元)		
					综合单价	合价	其中:暂估价
62	011102003002	块料楼面 1.8～10厚地砖(600×600防滑砖)铺实拍平,水泥浆擦缝或1:1水泥砂浆填缝 2.20厚1:4干硬性水泥砂浆 3.素水泥浆结合层一遍 4.部位:楼面1,选用11ZJ001 楼202	m²	553.78	123.82	68569.04	
63	011102003003	块料楼面 1.8～10厚地砖(600×600防滑砖)铺实拍平,水泥浆擦缝或1:1水泥砂浆填缝 2.20厚1:4干硬性水泥砂浆 3.1.2厚聚合物水泥防水涂料,四周上翻300高 4.刷基层处理剂一遍 5.30厚C20细石混凝土找平 6.部位:楼面2,选用11ZJ001 楼202F2	m²	197.32	182.8	36070.1	
64	011102003004	块料地面 1.8～10厚地砖(600×600防滑砖)铺实拍平,水泥浆擦缝或1:1水泥砂浆填缝 2.20厚1:4干硬性水泥砂浆 3.素水泥浆结合层一遍 4.80厚C15混凝土 5.部位:地面3,选用选用11ZJ001 地202	m²	46.81	157.16	7356.66	
	011105	踢脚线				30683.28	
65	011105001001	水泥砂浆踢脚线 1.15厚1:3水泥砂浆 2.10厚1:2水泥砂浆抹面压光 3.部位:踢脚1,选用11ZJ001 踢1B	m²	37.15	39.01	1449.22	

表-08

分部分项工程和单价措施项目清单与计价表

工程名称:广联达办公大厦1#楼　　　　　　　　　　　　　　　　　第 12 页 共 20 页

序号	项目编码	项目名称及项目特征描述	计量单位	工程量	综合单价	合价	其中:暂估价
66	011105002001	石材踢脚线 1.15 厚 1:3 水泥砂浆 2.5~6 厚 1:1 水泥砂浆加水 20% 建筑胶镶贴 3.10 厚大理石板,水泥浆擦缝 4.部位:踢脚 3,选用 11ZJ001 踢 6A	m²	129.98	194.67	25303.21	
67	011105003001	块料踢脚线 1.17 厚 1:3 水泥砂浆 2.3~4 厚 1:1 水泥砂浆加水 20% 建筑胶镶贴 3.8~10 厚面砖,水泥浆擦缝 4.部位:踢脚 2,选用 11ZJ001 踢 5A	m²	32.79	88.3	2895.36	
68	011105003002	块料踢脚线(楼梯) 1.17 厚 1:3 水泥砂浆 2.3~4 厚 1:1 水泥砂浆加水 20% 建筑胶镶贴 3.8~10 厚面砖,水泥浆擦缝 4.部位:踢脚 2,选用 11ZJ001 踢 5A	m²	10.22	101.32	1035.49	
	011106	楼梯面层				16983.21	
69	011106002001	块料楼梯面层 1.8~10 厚地砖(300×300 防滑砖)铺实拍平,水泥浆擦缝或 1:1 水泥砂浆填缝 2.20 厚 1:4 干硬性水泥砂浆 3.素水泥浆结合层一遍 4.部位:楼面 1,选用 11ZJ001 楼 202	m²	120.92	140.45	16983.21	
	011107	台阶装饰				8702.51	
70	011107002001	块料台阶面 1.8~10 厚地砖(300×300 防滑砖),缝宽 5~8,1:1 水泥砂浆擦缝 2.25 厚 1:4 干硬性水泥砂浆 3.素水泥浆结合层一遍 4.60 厚 C15 混凝土台阶(厚度不包括踏步三角部分) 5.300 厚三七灰土 6.部位:室外台阶,选用 11ZJ00 台 5	m²	28.59	304.39	8702.51	

表-08

分部分项工程和单价措施项目清单与计价表

工程名称:广联达办公大厦1#楼

序号	项目编码	项目名称及项目特征描述	计量单位	工程量	金额(元)		
					综合单价	合价	其中:暂估价
	0112	墙、柱面装饰与隔断、幕墙工程				732013.11	
	011201	墙面抹灰				517859.47	
71	011201001001	墙面一般抹灰　混凝土墙 1.15 厚 1:3 水泥砂浆 2.5 厚 1:2 水泥砂浆 3.清理抹灰基层 4.满刮腻子一遍 5.刷底漆一遍 6.刷乳胶漆两遍 7.部位:混凝土内墙面 1,选用 11ZJ001 内墙 103 及涂 304	m²	1624.07	40.1	65125.21	
72	011201001002	墙面一般抹灰　砌体墙 1.15 厚 1:3 水泥砂浆 2.5 厚 1:2 水泥砂浆 3.清理抹灰基层 4.满刮腻子一遍 5.刷底漆一遍 6.刷乳胶漆两遍 7.部位:砌体内墙面 1,选用 11ZJ001 内墙 103 及涂 304	m²	4486.72	38.7	173636.06	
73	011201001003	墙面一般抹灰 1.抹粘结胶浆 2.铺贴 30 厚挤塑聚苯板(XPS) 3.抹抗裂砂浆一遍 4.嵌埋耐碱玻璃纤维网格布 5.抹抗裂砂浆一遍 6.刷氟碳漆 7.部位:外墙面	m²	2147.57	129.96	279098.2	
	011202	柱(梁)面抹灰				10799	
74	011202001001	柱面一般抹灰 1.15 厚 1:3 水泥砂浆 2.5 厚 1:2 水泥砂浆 3.清理抹灰基层 4.满刮腻子一遍 5.刷底漆一遍 6.刷乳胶漆两遍 7.部位:混凝土圆柱,选用 11ZJ001 内墙 103 及涂 304	m²	58.32	52.93	3086.88	

表-08

259

分部分项工程和单价措施项目清单与计价表

工程名称:广联达办公大厦1#楼　　　　　　　　　　　　　　　　　第 14 页 共 20 页

序号	项目编码	项目名称及项目特征描述	计量单位	工程量	金额(元)		
					综合单价	合价	其中:暂估价
75	011202001002	柱面一般抹灰 1.15 厚 1:3 水泥砂浆 2.5 厚 1:2 水泥砂浆 3. 清理抹灰基层 4. 满刮腻子一遍 5. 刷底漆一遍 6. 刷乳胶漆两遍 7. 部位:混凝土方柱,选用 11ZJ001 内墙 103 及涂 304	m²	169.46	45.51	7712.12	
	011203	零星抹灰				37826.73	
76	011203001001	零星项目一般抹灰 1.12 厚 1:3 水泥砂浆 2.8 厚 1:2 水泥砂浆 3. 刷氟碳漆 4. 部位:雨篷、飘窗板、挑檐、压顶	m²	145.4	89.82	13059.83	
77	011203001002	零星项目一般抹灰 1. 刷氟碳漆 2. 部位:室外顶棚 3.5 厚 1:2 水泥砂浆 4.5 厚 1:3 水泥砂浆	m²	335.05	73.92	24766.9	
	011204	墙面块料面层				165527.91	
78	011204003001	块料墙面 1.15 厚 1:3 水泥砂浆 2.4~5 厚 1:1 水泥砂浆加水 20% 建筑胶镶贴 3.8~10 厚面砖,水泥浆擦缝 4. 刷素水泥浆一遍 5. 部位:内墙面2,选用 11ZJ001 内墙 202A	m²	1396.86	118.5	165527.91	
	0113	天棚工程				393084.87	
	011301	天棚抹灰				43722.08	

表-08

分部分项工程和单价措施项目清单与计价表

工程名称:广联达办公大厦1#楼　　　　　　　　　　　　　　第 15 页　共 20 页

序号	项目编码	项目名称及项目特征描述	计量单位	工程量	综合单价	合价	其中:暂估价
79	011301001001	天棚抹灰 1.5 厚 1:3 水泥砂浆 2.5 厚 1:2 水泥砂浆 3. 清理抹灰基层 4. 满刮腻子一遍 5. 刷底漆一遍 6. 刷乳胶漆两遍 7. 部位:顶棚 1,选用 11ZJ001 顶 104 及涂 304	m²	1208.46	36.18	43722.08	
	011302	天棚吊顶				349362.79	
80	011302001001	吊顶天棚 1. 配套金属龙骨 2. 铝合金方形板,规格为 500×500 3. 部位:吊顶 1,选用 11ZJ001 顶 216	m²	2964.47	117.85	349362.79	
	0115	其他装饰工程				20765.67	
	011503	扶手、栏杆、栏板装饰				20765.67	
81	011503001001	金属扶手、栏杆 1.201 材质竖条式不锈钢栏杆(圆管) 2.201 材质 φ60 不锈钢扶手、弯头 3. 部位:楼梯	m	72.59	189.52	13757.26	
82	011503001002	金属扶手、栏杆 1.201 材质竖条式不锈钢栏杆(圆管) 2.201 材质 φ60 不锈钢扶手 3. 部位:楼梯间护窗	m	41.35	169.49	7008.41	
		单价措施项目				916192.15	
	011701001	脚手架工程费				161102.21	
1	011701002001	外脚手架 1. 搭设高度:10m 以内 2. 脚手架材质:扣件式钢管外脚手架双排	m²	469.79	19.05	8949.5	
2	011701002002	外脚手架 1. 搭设高度:30m 以内 2. 脚手架材质:扣件式钢管外脚手架双排	m²	2383.93	25.82	61553.07	

表-08

分部分项工程和单价措施项目清单与计价表

工程名称:广联达办公大厦1#楼　　　　　　　　　　　　　　　　第 16 页 共 20 页

序号	项目编码	项目名称及项目特征描述	计量单位	工程量	金额(元)		
					综合单价	合价	其中:暂估价
3	011701002003	外脚手架 1.搭设高度:10m 以内 2.脚手架材质:扣件式钢管外脚手架单排 3.部位:地下室	m²	692	19.05	13182.6	
4	011701003001	里脚手架 1.搭设高度:3.6m 以内 2.脚手架材质:扣件式钢管里脚手架	m²	2371.92	4.72	11195.46	
5	011701006001	满堂脚手架 1.搭设高度:5.8m 以内(不包括5.8m) 2.脚手架材质:扣件式钢管脚手架	m²	3084.5	11.79	36366.26	
6	011701006002	满堂脚手架 1.搭设高度:5.8m 以上(包括5.8m)、7.68m 以下 2.脚手架材质:扣件式钢管脚手架	m²	134.51	22.36	3007.64	
7	桂011701011001	现浇混凝土楼板运输道 1.运输道材质:扣件式钢管脚手架 2.结构类型:框剪结构(泵送混凝土)	m²	4611.78	4.84	22321.02	
8	桂011701012001	电梯井脚手架 1.脚手架材质:扣件式钢管脚手架 2.脚手架高度:30m 以内 3.脚手架材质:扣件式钢管脚手架 4.脚手架高度:30m 以内	座	2	2263.33	4526.66	
	011702001	混凝土、钢筋混凝土模板及支架费				560057.65	
9	011702001001	基础垫层模板 有梁式满堂基础垫层、坡道底板垫层模板制作安装	m²	18.66	20.77	387.57	
10	011702001002	基础模板 坡道底板模板制作安装	m²	6.52	44.25	288.51	
11	011702001003	基础模板 有梁式满堂基础模板制作安装	m²	496.99	39.6	19680.8	

表-08

分部分项工程和单价措施项目清单与计价表

工程名称:广联达办公大厦1#楼

序号	项目编码	项目名称及项目特征描述	计量单位	工程量	金额(元)		
					综合单价	合价	其中:暂估价
12	011702002001	矩形柱模板 1.矩形柱模板制作安装,支撑高度3.78m 2.部位:一层~四层	m²	868.64	36.37	31592.44	
13	011702002002	矩形柱模板 1.矩形柱模板制作安装,支撑高度3.85m 2.部位:机房层	m²	41.97	36.61	1536.52	
14	011702002003	矩形柱模板 1.矩形柱模板制作安装,支撑高度4.12m 以内 2.部位:地下一层	m²	101.86	37.42	3811.6	
15	011702002004	矩形柱模板 矩形柱模板制作安装,支撑高度3.6m以内	m²	35.1	35.83	1257.63	
16	011702003001	构造柱模板 1.构造柱模板制作安装,支撑高度3.78m 2.部位:一层~四层	m²	510.17	46.68	23814.74	
17	011702003002	构造柱模板 1.构造柱模板制作安装,支撑高度3.85m 2.部位:机房层	m²	45.96	46.99	2159.66	
18	011702003003	构造柱模板 1.构造柱模板制作安装,支撑高度4.12m 以内 2.部位:地下一层	m²	34.92	47.95	1674.41	
19	011702004001	异形柱模板 1.圆柱模板制作安装,支撑高度3.78m 2.部位:一、二层	m²	101.17	75.36	7624.17	
20	011702004002	异形柱模板 1.圆柱模板制作安装,支撑高度4.12m 以内 2.部位:地下一层	m²	19.01	76.6	1456.17	

表-08

分部分项工程和单价措施项目清单与计价表

工程名称:广联达办公大厦 1#楼

序号	项目编码	项目名称及项目特征描述	计量单位	工程量	金额(元)		
					综合单价	合价	其中:暂估价
21	011702008001	圈梁模板 圈梁模板制作安装,支撑高度 3.6m 以内	m²	223.6	34.89	7801.4	
22	011702009001	过梁模板 过梁模板制作安装,支撑高度 3.6m 以内	m²	35.46	60.1	2131.15	
23	011702011001	直形墙模板 1. 直形墙模板制作安装,支撑高度 3.78m 2. 部位:一层～四层	m²	2325.9	33.53	77987.43	
24	011702011002	直形墙模板 1. 直形墙模板制作安装,支撑高度 3.6m 以内 2. 部位:坡道、机房层	m²	118.9	33.21	3948.67	
25	011702011003	直形墙模板 1. 直形墙模板制作安装,支撑高度 4.12m 以内 2. 部位:地下一层	m²	1560.21	34.13	53249.97	
26	011702014001	有梁板模板 1. 有梁板模板制作安装,支撑高度 3.78m 2. 部位:一层～四层	m²	4677.89	47.17	220656.07	
27	011702014002	有梁板模板 1. 有梁板模板制作安装,支撑高度 3.85m 2. 部位:机房层	m²	126.1	47.07	5935.53	
28	011702014003	有梁板模板 1. 有梁板模板制作安装,支撑高度 4.12m 以内 2. 部位:地下一层	m²	1177.65	49.5	58293.68	
29	011702016001	平板模板 1. 平板模板制作安装,支撑高度 3.6m 以内 2. 部位:机房层	m²	61.96	38.93	2412.1	

表-08

分部分项工程和单价措施项目清单与计价表

工程名称:广联达办公大厦1#楼　　　　　　　　　　　　　　　　第 19 页　共 20 页

序号	项目编码	项目名称及项目特征描述	计量单位	工程量	金额(元)		
					综合单价	合价	其中:暂估价
30	011702022001	挑檐板模板 1.挑檐板模板制作安装 2.部位:机房层	m²	29.06	60.43	1756.1	
31	011702023001	飘窗板模板 飘窗板模板制作安装	m²	11.63	101.02	1174.86	
32	011702024001	楼梯模板 楼梯模板制作安装	m²	120.92	120.2	14534.58	
33	011702026001	地沟模板 截水沟模板制作安装	m²	16.61	43.15	716.72	
34	011702027001	台阶模板 台阶模板制作安装	m²	28.59	30.44	870.28	
35	011702030001	后浇带模板 有梁板后浇带模板制作安装	m³	12.84	436.02	5598.5	
36	011702030002	后浇带模板 直形墙后浇带模板制作安装	m³	1.72	373.86	643.04	
37	011702030003	后浇带模板 地下室底板模板制作安装	m³	10.4	176.09	1831.34	
38	011702039001	混凝土散水模板制作安装	m²	98.19	6.4	628.42	
39	桂011702038001	压顶模板 压顶模板制作安装	m	159.57	28.85	4603.59	
	011703001	垂直运输机械费				85364.05	
40	011703001001	垂直运输(室外地坪以上) 1.结构类型:框架结构 2.垂直运输高度:20m 以内	m²	3644.63	18.51	67462.1	
41	011703001002	垂直运输(地下室) 1.结构类型:框架结构 2.垂直运输高度:20m 以内	m²	967.15	18.51	17901.95	
	011705001	大型机械设备进出场及安拆费				65712.34	
42	011705001001	大型机械设备进出场及安拆 机械设备名称:液压挖掘机	台次	2	913.64	1827.28	

表-08

分部分项工程和单价措施项目清单与计价表

工程名称:广联达办公大厦1#楼　　　　　　　　　　　　　　　　　第 20 页 共 20 页

序号	项目编码	项目名称及项目特征描述	计量单位	工程量	金额(元)		
					综合单价	合价	其中:暂估价
43	011705001002	大型机械设备进出场及安拆 机械设备名称:塔式起重机 含钢筋混凝土基础	台次	1	50088.25	50088.25	
44	011705001003	大型机械设备进出场及安拆 机械设备名称:施工电梯 含钢筋混凝土基础	台次	1	13796.81	13796.81	
	011708001	混凝土运输及泵送费				43955.9	
45	011708002001	混凝土泵送	m³	2652.74	16.57	43955.9	
		∑合计				6484094.3	
		∑人工费				1136335	
		∑材料费				4534845.4	
		∑机械费				281364.89	
		∑管理费				415332.93	
		∑利润				116253.37	

表-08

工程量清单综合单价分析表

工程名称：广联达办公大厦1#楼

序号	项目编码	项目名称及项目特征描述	单位	工程量	综合单价（元）	综合单价（元）					其中：暂估价
						人工费	材料费	机械费	管理费	利润	
		分部分项工程									
	01	建筑工程									
	0101	土石方工程									
	010101	土方工程									
1	010101002001	挖一般土方 1.土壤类别：三类土 2.挖土深度：6m内 3.部位：满堂基础和坡道	m³	5971.73	5.36	1.61		3.18	0.45	0.13	
	A1-4	人工挖土方　深1.5m以内　三类土（4～6m以内）6m以内　人工×1.36 人工×1.5	100m³	2.389	3727.6	3327.32			312.77	87.51	
	A1-18	液压挖掘机挖土　斗容量1.0m³	1000m³	5.733	4032.79	288		3311.74	338.38	94.67	
2	010101004001	挖基坑土方 1.土壤类别：三类土 2.挖土深度：2m内 3.部位：电梯基坑和集水坑	m³	62.76	23.36	20.8		0.05	1.96	0.55	
	A1-9	人工挖沟槽(基坑)三类土深度2m以内	100m³	0.628	2334.02	2078.4		4.99	195.84	54.79	
	010103	回填									
3	010103001001	回填方 1.密实度要求：满足设计和规范要求，夯填 2.填方材料品种 3.符合相关工程质量规范要求 4.填方部位 5.基础	m³	1506.65	17.37	12.53		2.98	1.46	0.41	
	A1-82	人工回填土　夯填	100m³	15.067	1737.11	1252.8		297.78	145.75	40.78	
4	010103001002	回填方 1.密实度要求：满足设计和规范要求，夯填 2.填方材料品种 3.符合相关工程质量规范要求	m³	598.89	17.37	12.53		2.98	1.46	0.41	

注：由于篇幅有限，第2～34页略。

表-09

总价措施项目清单与计价表

工程名称:广联达办公大厦1#楼　　　　　　　　　　　　　　　第1页 共1页

序号	项目编码	项目名称	计算基础	费率(%)或标准	金额(元)	备注
		建筑工程				
1	桂0118010001	安全文明施工费	分部分项直接费+单价措施项目直接费	6.96	414297.15	∑分部分项及单价措施项目人工费+材料费+机械费
2	桂0118010002	检验试验配合费	分部分项直接费+单价措施项目直接费	0.1	5952.55	∑分部分项及单价措施项目人工费+材料费+机械费
3	桂0118010003	雨季施工增加费	分部分项直接费+单价措施项目直接费	0.5	29762.73	∑分部分项及单价措施项目人工费+材料费+机械费
4	桂0118010004	工程定位复测费	分部分项直接费+单价措施项目直接费	0.05	2976.27	∑分部分项及单价措施项目人工费+材料费+机械费
5	桂0118010005	暗室施工增加费	暗室施工人工费	25	5223.67	
		合计			458212.4	

注:以项计算的总价措施,无"计算基础"和"费率"的数值,可只填"金额"数值,但应在备注栏说明施工方案出处或计算方法。

表-11

其他项目清单与计价汇总表

工程名称:广联达办公大厦1#楼

序号	项目名称	金额(元)	备注
	建筑工程		
1	暂列金额	800000	明细详见表-12-1
2	材料(工程设备)暂估价	—	明细详见表-12-2
3	专业工程暂估价	600000	明细详见表-12-3
4	计日工	2800	明细详见表-12-4
5	总承包服务费		明细详见表-12-5
	合计	1402800	—

注:材料暂估单价进入清单项目综合单价,此处不汇总。

表-12

暂列金额明细表

工程名称:广联达办公大厦 1#楼

序号	项目名称	计量单位	暂定金额(元)	备注
1	暂列金额	元	800000	
	合计		800000	—

注:此表由招标人填写,如不能详列,也可只列暂定金额总额,投标人应将上述暂列金额计入总价中。

表-12-1

材料(工程设备)暂估单价及调整表

工程名称:广联达办公大厦1#楼

第1页 共1页

序号	材料名称、规格、型号	计量单位	数量		暂估(元)		实际用量		差额±		备注
			暂估数量	确认数量	单价	合价	单价	合价	单价	合价	
1	大理石板(地面用)	m²	2355.38		145	341531					
2	圆钢 HPB300 φ10以内(综合)	t	92.732		3542	328457					甲供材
3	螺纹钢筋 HRB335 φ10以上(综合)	t	311.164		3457	1075694					甲供材
	合计					1745681					
	其中:甲供材					1404151					

表-12-2

注:此表由招标人填写"暂估单价",投标人应将上述材料、工程设备暂估单价计入工程量清单综合单价报价中。如为甲供材料需在备注中说明"甲供材"。

专业工程暂估价及结算价表

工程名称:广联达办公大厦1#楼　　　　　　　　　　　　　　　　第1页 共1页

序号	工程名称	工程内容	暂定金额(元)	结算金额(元)	备注
1	幕墙工程	玻璃幕墙工程(含预埋铁件)	600000		
	合计		600000		—

注:此表"暂估金额"由招标人填写,投标人应将"暂估金额"计入投标总价中。结算时按合同约定结算金额填写。

表-12-3

计 日 工 表

工程名称:广联达办公大厦 1#楼　　　　　　　　　　　　　　　　第 1 页 共 1 页

编号	项目名称	单位	暂定数量	综合单价(元)	合价(元)
一	人工				
1	抹灰工	工日	10	100	1000
2	混凝土工	工日	10	120	1200
二	材料				
1	砂(综合)	m³	5	120	600
三	施工机械				
	总计				2800

注:①此表项目名称、暂定数量由招标人填写,编制招标控制价时,单价由招标人按有关计价规定确定。

　　②投标时,单价由投标人自主报价,按暂定数量计算合价计入投标总价中。

　　③计日工单价包含除税金以外的所有费用。

表-12-4

税前项目清单与计价表

工程名称:广联达办公大厦1#楼   第1页 共1页

序号	项目编码	项目名称及项目特征描述	计量单位	工程量	金额(元)	
					单价	合价
1	010801001001	木质门 1. 门代号:M1、M2 2. 类型:成品木质装饰门,含五金	m²	136.5	400	54600
2	010802001001	塑钢门 1. 门代号:LM1 2. 类型:塑钢平开门(>2m²),含五金配件 3. 玻璃品种、厚度:6厚钢化白玻	m²	6.3	268	1688.4
3	010805005001	全玻门 1. 门代号:TLM1 2. 类型:玻璃推拉门(>2m²),含五金配件 3. 玻璃品种、厚度:6厚钢化白玻	m²	6.3	352	2217.6
4	010807001001	塑钢窗 1. 窗代号:LC1、LC2、LC3、LC4、LC5 2. 类型:80系列塑 3. 钢上悬窗不带纱(>2m²),含五金配件 4. 玻璃品种、厚度5厚钢化白玻	m²	500.04	259	129510.36
5	010807003001	金属百叶窗 1. 黑色金属百叶窗(<2m²),含五金 2. 部位:屋面	m²	0.95	315	299.25
6	010807007001	塑钢飘窗 1. 窗代号:TLC1 2. 类型:80系列塑钢平开窗不带纱(>2m²),含五金配件 3. 玻璃品种、厚度:5厚钢化白玻	m²	43.74	259	11328.66
		合计				199644.27

注:税前项目含除税金以外的所有费用。

表-14

规费、税金项目清单与计价表

工程名称:广联达办公大厦1#楼

序号	项目名称	计算基础	计算费率(%)	金额(元)
	建筑工程			
1	规费清单计价合计	建安劳保费+生育保险费+工伤保险费+住房公积金+工程排污费		389937.33
1.1	建安劳保费	人工费+单价措施项目人工费	27.93	317378.37
1.2	生育保险费	人工费+单价措施项目人工费	1.16	13181.49
1.3	工伤保险费	人工费+单价措施项目人工费	1.28	14545.09
1.4	住房公积金	人工费+单价措施项目人工费	1.85	21022.2
1.5	工程排污费	直接费+主材费+单价措施项目直接费+单价措施项目主材费	0.4	23810.18
2	税金	分部分项工程和单价措施项目清单计价合计+总价措施项目清单计价合计+其他项目清单计价合计+税前项目清单计价合计+规费清单计价合计	3.58	319862.1

表-15

发包人提供材料和工程设备一览表

工程名称:广联达办公大厦1#楼   编号:

序号	材料(工程设备)名称、规格、型号	单位	数量	单价(元)	交货方式	送达地点	备注
1	螺纹钢筋 HRB 335 φ10 以上(综合)	t	311.164	4499			
2	圆钢 HPB 300 φ10 以内(综合)	t	92.732	4336			
	合计						

注:此表由招标人填写,供投标人在投标报价、确定总承包服务费时参考。

表-21

承包人提供主要材料和工程设备一览表
（适用造价信息差额调整法）

工程名称：广联达办公大厦1#楼　　　　　　　　　　　　　　　　　　　　　编号：

序号	名称、规格、型号	单位	数量	风险系数(%)	基准单价(元)	投标单价(元)	确认单价(元)	价差(元)	合计差价(元)
1	木质防火门（成品）丙级	m²	32.595	5		360			
2	碎石 GD40商品防水混凝土 C35	m³	25.709	5		442			
3	碎石 GD40商品防水混凝土 C25	m³	12.079	5		421			
4	大理石板（地面用）	m²	2355.384	5		145			
5	闭门器（明装）	套	52	5		72			
6	碎石 GD40商品普通混凝土 C30	m³	769.695	5		406			
7	碎石 GD40商品普通混凝土 C15	m³	206.626	5		375			
8	蒸压加气混凝土砌块 590×100×200	m³	9.076	5		255			
9	碎石 GD20商品普通混凝土 C35	m³	43.99	5		416			
10	钢质防火门（成品）乙级	m²	26.952	5		450			
11	螺纹钢筋 HRB335 φ10以上（综合）	t	311.164	5		3457			
12	碎石 GD40商品防水混凝土 C30	m³	838.857	5		432			
13	大理石踢脚板（直形）	m²	132.6	5		145			
14	防火铰链	副	104	5		15			
15	防火锁	把	29	5		80			

注：①此表由招标人填写除"投标单价"栏的内容，投标人在投标时自主确定投标单价。
②招标人应优先采用工程造价管理机构发布的单价作为基准单价，未发布的，通过市场调查确定其基准单价。

表-22

承包人提供主要材料和工程设备一览表
（适用造价信息差额调整法）

工程名称：广联达办公大厦1#楼

编号：

表-22

序号	名称、规格、型号	单位	数量	风险系数(%)	基准单价(元)	投标单价(元)	确认单价(元)	价差(元)	合计差价(元)
16	防滑砖 300×300×9	m²	85.109	5	76				
17	钢质防火门（成品）甲级	m²	5.741	5	495				
18	圆钢 HPB300 φ10以内（综合）	t	92.732	5	3542				
19	碎石 GD20商品普通混凝土 C25	m³	32.133	5	395				
20	砂（综合）	m³	405.315	5	119.5				
21	碎石 GD20商品普通混凝土 C20	m³	103.355	5	385				
22	碎石 GD20商品普通混凝土 C15	m³	5.349	5	375				
23	防滑砖 600×600×11	m²	1739.324	5	85				
24	碎石 GD40商品普通混凝土 C25	m³	633.035	5	395				
25	陶瓷墙面砖 300×300	m²	1452.776	5	70				
26	粗砂	m³	0.059	5	119				
27	蒸压加气混凝土砌块 590×200×200	m³	341.519	5	265				
28	中砂	m³	97.302	5	125				
	合　计								

注：①此表由招标人填写除"投标单价"栏的内容，投标人在投标时自主确定投标单价。

②招标人应优先采用工程造价管理机构发布的单价作为基准单价，未发布的，通过市场调查确定其基准单价。